中国特色高水平高职学校项目建设成果
人才培养高地建设子项目改革系列教材

EDA 技术应用

王永强　王远飞◎主　编
邵　然　刘　健◎副主编
　　　　董怀国◎主　审

中国铁道出版社有限公司
CHINA RAILWAY PUBLISHING HOUSE CO., LTD.

内 容 简 介

本书是依据电子信息工程技术专业人才培养目标和定位要求，按照最新的职业教育三教改革要求，结合 EDA 技术应用实践开发的项目任务式教材。全书按照教学做一体化教学模式，以提高实际工程应用能力为目的，将 EDA 技术基本知识、VHDL 硬件描述语言、可编程逻辑器件、EDA 工具软件等相关知识贯穿于 7 个项目中，项目内容由浅入深、循序渐进。

全书共分为 7 个学习项目，首先由硬件平台 CPLD 开发板的设计和 PCB 板图绘制入手，以流水灯控制器、数字电子钟、交通灯控制器、数字式频率计、汉字点阵显示控制器、信号发生器 6 个 EDA 应用开发项目，共 16 个任务展开。

本书适合作为高职电子信息工程技术、应用电子技术专业的教材，也可作为 EDA 技术应用、电子创新、ASIC 设计职业技能培训教材以及电子工程技术人员的参考用书。

图书在版编目（CIP）数据

EDA 技术应用/王永强，王远飞主编. —北京：中国铁道出版社有限公司，2022.3

人才培养高地建设子项目改革系列教材

ISBN 978-7-113-28694-1

Ⅰ.①E… Ⅱ.①王… ②王… Ⅲ.①电子电路-电路设计-计算机辅助设计-高等职业教育-教材 Ⅳ.①TN702

中国版本图书馆 CIP 数据核字（2022）第 003058 号

书　　名	EDA 技术应用
作　　者	王永强　王远飞
策　　划	祁　云　　　　　　　　　　编辑部电话：(010)63549458
责任编辑	祁　云　包　宁
封面设计	郑春鹏
责任校对	焦桂荣
责任印制	樊启鹏
出版发行	中国铁道出版社有限公司（100054，北京市西城区右安门西街 8 号）
网　　址	http://www.tdpress.com/51eds/
印　　刷	三河市宏盛印务有限公司
版　　次	2022 年 3 月第 1 版　2022 年 3 月第 1 次印刷
开　　本	787 mm×1 092 mm　1/16　印张：19　字数：467 千
书　　号	ISBN 978-7-113-28694-1
定　　价	49.80 元

版权所有　侵权必究

凡购买铁道版图书，如有印制质量问题，请与本社教材图书营销部联系调换。电话：(010)63550836

打击盗版举报电话：(010)63549461

中国特色高水平高职学校项目建设系列教材编审委员会

顾　问：刘　申　哈尔滨职业技术学院党委书记、院长
主　任：孙百鸣　哈尔滨职业技术学院副院长
副主任：金　淼　哈尔滨职业技术学院宣传（统战）部部长
　　　　杜丽萍　哈尔滨职业技术学院教务处处长
　　　　徐翠娟　哈尔滨职业技术学院电子与信息工程学院院长
委　员：黄明琪　哈尔滨职业技术学院马克思主义学院院长
　　　　栾　强　哈尔滨职业技术学院艺术与设计学院院长
　　　　彭　彤　哈尔滨职业技术学院公共基础教学部主任
　　　　单　林　哈尔滨职业技术学院医学院院长
　　　　王天成　哈尔滨职业技术学院建筑工程与应急管理学院院长
　　　　于星胜　哈尔滨职业技术学院汽车学院院长
　　　　雍丽英　哈尔滨职业技术学院机电工程学院院长
　　　　张明明　哈尔滨职业技术学院现代服务学院院长
　　　　朱　丹　中嘉城建设计有限公司董事长、总经理
　　　　陆春阳　全国电子商务职业教育教学指导委员会常务副主任
　　　　赵爱民　哈尔滨电机厂有限责任公司人力资源部培训主任
　　　　刘艳华　哈尔滨职业技术学院汽车学院党总支书记
　　　　谢吉龙　哈尔滨职业技术学院机电工程学院党总支书记
　　　　李　敏　哈尔滨职业技术学院机电工程学院教学总管
　　　　王永强　哈尔滨职业技术学院电子与信息工程学院教学总管
　　　　张　宇　哈尔滨职业技术学院高建办教学总管

序

中国特色高水平高职学校和专业建设计划(简称"双高计划")是我国为建设一批引领改革、支撑发展、中国特色、世界水平的高等职业学校和骨干专业(群)的重大决策建设工程。哈尔滨职业技术学院入选"双高计划"建设单位,对学院中国特色高水平学校建设进行顶层设计,编制了站位高端、理念领先的建设方案和任务书并扎实开展了人才培养高地、特色专业群、高水平师资队伍与校企合作等项目建设,借鉴国际先进的教育教学理念,开发中国特色、国际水准的专业标准与规范,深入推动"三教改革",组建模块化教学创新团队,实施"课程思政",开展"课堂革命",校企双元开发的活页式、工作手册式、新形态教材。为适应智能时代先进教学手段应用,学校加大优质在线资源的建设,丰富教材的信息化载体,为开发工作过程为导向的优质特色教材奠定基础。

按照教育部印发的《职业院校教材管理办法》要求,教材编写总体思路是:依据学校双高建设方案中教材建设规划、国家相关专业教学标准、专业相关职业标准及职业技能等级标准,服务学生成长成才和就业创业,以立德树人为根本任务,融入课程思政,对接相关产业发展需求,将企业应用的新技术、新工艺和新规范融入教材之中。教材编写遵循技术技能人才成长规律和学生认知特点,适应相关专业人才培养模式创新和课程体系优化的需要,注重以真实生产项目、典型工作任务及典型工作案例等为载体开发教材内容体系,实现理论与实践有机融合。

本套教材是哈尔滨职业技术学院中国特色高水平高职学校项目建设的重要成果之一,也是哈尔滨职业技术学院教材建设和教法改革成效的集中体现,教材体例新颖,具有以下特色:

第一,教材研发团队组建创新。按照学校教材建设统一要求,遴选教学经验丰富、课程改革成效突出的专业教师任主编,选取了行业内具有一定知名度的企业作为联合建设单位,形成了一支学校、行业、企业和教育领域高水平专业人才参与的开发团队,共同参与教材编写。

第二,教材内容整体构建创新。精准对接国家专业教学标准、职业标准、职业技能等级标准确定教材内容体系,参照行业企业标准,有机融入新技术、新工艺、新规范,构建基于职业岗位工作需要的体现真实工作任务、流程的内容体系。

第三,教材编写模式形式创新。与课程改革相配套,按照"工作过程系统化""项目+任务式""任务驱动式""CDIO式"四类课程改革需要设计四大教材编写模式,创新新形态、活页式及工作手册式教材三大编写形式。

第四,教材编写实施载体创新。依据本专业教学标准和人才培养方案要求,在深入企业调研、岗位工作任务和职业能力分析基础上,按照"做中学、做中教"的编写思路,以企业典型工作任务为载体进行教学内容设计,将企业真实工作任务、真实业务流程、真实生产过程纳入教材之中,并开发了教学内容配套的教学资源,满足教师线上线下混合式教学的需要,本套教材配套资源同时在相关平台上线,可随时下载相应资源,满足学生在线自主学习课程的需要。

第五,教材评价体系构建创新。从培养学生良好的职业道德和综合职业能力与创新创业能力出发,设计并构建评价体系,注重过程考核和学生、教师、企业等参与的多元评价,在学生技能评价上借助社会评价组织的1+X考核评价标准和成绩认定结果进行学分认定,每种教材均根据专业特点设计了综合评价标准。

为确保教材质量,学院组成了中国特色高水平高职学校项目建设系列教材编审委员会,教材编审委员会由职业教育专家和企业技术专家组成,同时聘用企业技术专家指导。学校组织了专业与课程专题研究组,对教材持续进行培训、指导、回访等跟踪服务,有常态化质量监控机制,能够为修订完善教材提供稳定支持,确保教材的质量。

本套教材是在学校骨干院校教材建设的基础上,经过几轮修订,融入课程思政内容和课堂革命理念,既具积累之深厚,又具改革之创新,凝聚了校企合作编写团队的集体智慧。本套教材的出版,充分展示了课程改革成果,为更好地推进中国特色高水平高职学校项目建设做出积极贡献!

哈尔滨职业技术学院
中国特色高水平高职学校项目建设系列教材编审委员会
2021年8月

前 言

《EDA 技术应用》是电子信息工程技术专业的 EDA 技术课程的配套教材。基于 EDA 技术的项目设计是本教材的核心,也是电子设计自动化技术应用的核心。本书是根据高职院校的培养目标,按照高职院校教学改革和课程改革的要求,以 EDA 应用实践能力培养为全书逻辑主线,以企业需求和项目设计过程为项目任务主线,确定设计项目和设计任务,明确学习目标,校企合作共同进行教材的开发和编写。编写《EDA 技术应用》的目的是培养学生具有应用 EDA 技术开发电子产品和 AISC 专用集成电路设计的职业能力,在掌握 VHDL 语法知识和 Quartus Ⅱ工具软件操作基础上,着重培养学生 EDA 技术应用实践能力,提升解决综合数字系统、现代电子产品开发过程中遇到的实际问题的能力。在教学中,以理论够用为度,以熟练掌握 EDA 设计开发流程为基础,着重培养学生的 EDA 技术应用实践能力以及分析问题和解决问题的能力。

教材设计的理念与思路是按照学生职业能力成长的过程进行培养:以 EDA 技术应用硬件平台设计为逻辑起点,以由简到繁的 EDA 设计项目为逻辑主线,以真实的电子产品 EDA 设计能力培养为目标,设计本书的项目和任务。本书采用项目任务的模式,以项目实现过程的工作逻辑开发项目内容,内容的选取注重理论联系实际,在教学中以培养学生的 EDA 设计思想和职业素养为重点,以使学生熟练掌握 EDA 设计流程为目的,以培养学生 EDA 技术应用实践能力为核心目标,使学生能够从项目需求分析出发,独立完成项目设计方案、硬件设计调试、软件规划与设计、系统调试与测试,最终具备独立完成 EDA 技术应用项目开发的能力。

本书的特色与创新有如下几个方面:

1. 采用"项目—任务"模式。完全打破了传统知识体系章节的结构形式,校企合作开发了以 EDA 技术应用设计项目为载体的项目—任务式结构;教材设计的教学模式对接集成电路应用设计岗位工作,以 EDA 技术应用项目开发流程为逻辑线,通过完成 EDA 技术应用项目掌握 EDA 设计流程和项目开发方法,实现学习过程与工作过程一致。

2. 全面融入新职业信息、技能大赛考核标准、素质教育与能力培养。将集成电路工程技术人员新职业信息和全国职业院校技能大赛电子产品设计与制作竞赛规程融入教材中,突出了职业道德和职业能力培养。通过学生自主学习,在完成学习性工作任务中训练学生对于知识、技能和职业素养方面的综合职业能力,锻炼学生分析问题、解决问题的能力,注重多种教学方法和学习方法的组合使用,将学生素质教育与能力培养融入教材。

3. 配套教学资源丰富,精品在线开放课程资源支撑学生学习。教学资源主要包括微课视频(58个)、PPT(19个)、VHDL程序文本(55个)、测试题(240道)、作业库(若干)、试卷库(若干)、图片(21张),其中微课视频资源58个累计550分钟,累计资源5 GB。选择精品资源在教材中相应部分设计链接二维码,保障学生实时自学自测的需要。教材支撑的"电子设计自动化"课程在智慧职教上线,2019年被评审为黑龙江省级精品在线开放课程。2021年更新的资源在智慧树平台上线,2021年秋季开放。

本书共设7个项目,16个任务,参考教学时数为64~88学时。

本书由王永强、王远飞任主编,邵然、刘健任副主编,其中,王永强负责确定教材编制的体例及统稿工作,并负责编写项目4至项目7;王远飞负责编写项目2;刘健负责编写项目1;邵然负责编写项目3。哈尔滨理工大学Altera大学计划实验室负责人、高级工程师董怀国任主审并为本书的编写提出了很多专业技术性修改建议。

在此特别感谢哈尔滨职业技术学院中国特色高水平高职学校项目建设系列教材编审委员会给予本教材编写的指导和大力帮助。

由于编者业务水平和经验有限,书中难免有不妥之处,恳请广大读者指正。

编 者

2021年8月

目 录

项目 1　CPLD 开发板设计 ... 1
　　任务 1　绘制 CPLD 开发板原理图 ... 3
　　任务 2　绘制 CPLD 开发板 PCB 板图 ... 21

项目 2　流水灯控制器设计 ... 31
　　任务 1　秒时钟源设计 ... 33
　　任务 2　流水灯控制器系统设计及实现 ... 57

项目 3　数字电子钟设计 ... 81
　　任务 1　数字电子钟计数功能、校时功能模块设计 ... 83
　　任务 2　数字电子钟系统设计及系统实现 ... 98

项目 4　交通灯控制器设计 ... 111
　　任务 1　交通灯控制器设计需求分析 ... 113
　　任务 2　交通灯控制器设计及系统实现 ... 122

项目 5　数字式频率计设计 ... 140
　　任务 1　数字式频率计设计需求分析 ... 142
　　任务 2　数字式频率计计数功能、控制功能模块设计 ... 146
　　任务 3　数字式频率计系统设计及系统实现 ... 161

项目 6　汉字点阵显示控制器设计 ... 175
　　任务 1　单个汉字点阵显示控制器设计及系统实现 ... 177
　　任务 2　多个汉字、图形点阵显示设计及系统实现 ... 189

项目 7　信号发生器设计 ... 214
　　任务 1　信号发生器设计需求分析 ... 216
　　任务 2　信号数据存储器及 ROM 模块设计 ... 221
　　任务 3　信号发生器系统设计及系统实现 ... 272

附录 A　CPLD 开发板总原理图及 PCB 板图、3D 模型图 …………………………… 282

附录 B　CPLD 开发板器件清单 ………………………………………………………… 284

附录 C　设计报告模板 …………………………………………………………………… 286

附录 D　FPGA 开发板原理图及 PCB 板图 …………………………………………… 290

参考文献 ……………………………………………………………………………………… 292

微课资源列表

章名	节名		页码
项目1 CPLD 开发板设计	任务1 绘制CPLD开发板原理图	电子设计自动化的意义	8
		什么是EDA技术	8
		硬件描述语言简介	9
		CPLD核心电路设计	14
		数码管显示模块设计	16
		LED显示模块设计	17
		8×8 LED点阵块模块	17
		8位拨码开关设计	18
		8位DA转换模块设计	19
	任务2 绘制CPLD开发板PCB板图	无	无
项目2 流水灯控制器设计	任务1 秒时钟源设计	VHDL的基本结构	39
		VHDL基本语句	39
		赋值语句	41
		IF语句的用法	43
		进程语句	44
		EDA工具软件简介及重要意义	45
		Quartus工具软件介绍及项目开发步骤	45
		模10计数器的设计	46
		分频器设计	47
		文本输入法	51
		仿真方法	52、103
	任务2 流水灯控制器系统设计及实现	信号与变量的区别	59
		VHDL语言要素	62
		EDA开发设计流程	64
		基于CPLD的流水灯设计及仿真	74
		硬件调试基础	76
		硬件调试方法	76
		基于CPLD的流水灯设计及硬件调试	78
项目3 数字电子钟设计	任务1 数字电子钟计数功能、校时功能模块设计	CASE语句的用法	90
		奇偶校验器设计	91
		LOOP语句的用法	92
		模60计数器的设计	95
		模24计数器的设计	97
		模12计数器的设计	97

续表

章名	节名		页码
项目3 数字电子钟设计	任务2 数字电子钟系统设计及系统实现	多路开关设计	98
		原理图输入法	101
		仿真方法	52、103
		基于CPLD的数字电子钟设计及仿真	105
		基于CPLD的数字电子钟设计及硬件调试	108
项目4 交通灯控制器设计	任务1 交通灯控制器设计需求分析	空调控制器设计	115
		内存控制器设计	118
	任务2 交通灯控制器设计及系统实现	并行信号赋值语句	123
		条件信号赋值语句WHEN语句	124
		选择信号赋值语句WITH SELECT语句	125
		基于CPLD的交通灯控制器的设计及仿真	134
		基于CPLD的交通灯控制器的设计及硬件调试	138
项目5 数字式频率计设计	任务1 数字式频率计设计需求分析	无	无
	任务2 数字式频率计计数功能、控制功能模块设计	非门设计	147
		2输入与门设计、与非门设计	147
		2输入或门设计、或非门设计	147
		2输入异或门设计	147
		双向总线缓冲器设计	148
		3-8译码器设计	149
		7段共阳数码管译码器设计	150
		D触发器设计	152
		移位寄存器设计	154
		具有清零端的4位二进制计数器设计	155
		8位异步复位的可预置加减计数器设计	156
	任务3 数字式频率计系统设计及系统实现	元件例化语句	165
项目6 汉字点阵显示控制器设计	任务1 单个汉字点阵显示控制器设计及系统实现	基于CPLD的LED点阵显示控制器的设计及硬件调试	179
	任务2 多个汉字、图形点阵显示设计及系统实现	基于CPLD的LED汉字显示屏的设计及硬件调试	206
项目7 信号发生器设计		无	

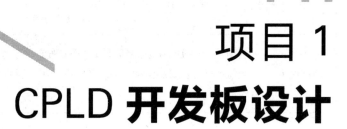

项目 1
CPLD 开发板设计

项目导入

当前 EDA 设计逐渐成为电子设计的热点和主流，EDA 实验开发平台、FPGA 开发板、CPLD 开发板等学习平台需求量日益增加。冰城科技公司接到客户订单，需要为某学校开发一款用于 EDA 技术应用学习的 CPLD 套件，需要为客户提供 CPLD 开发板原理图、PCB 板图以及器件清单、EDA 项目资源。要求 CPLD 开发板能够实现流水灯控制器、数字电子钟、交通灯控制器、数字频率计、LED 汉字点阵显示控制器、信号发生器等项目。因此，冰城科技公司编制了 CPLD 开发板硬件设计任务书，具体内容见表 1-1。

表 1-1 CPLD 开发板硬件设计任务书

项目 1	CPLD 开发板设计	课程名称	EDA 技术应用
教学场所	EDA 技术实训室	学时	8
任务说明	利用 Protel DXP 或者 Altium Designer 等软件完成 CPLD 开发板的电路设计与原理图绘制、PCB 板图设计。 功能要求： (1) 完成 CPLD 开发板核心电路设计，包括 CPLD 核心器件、时钟电路、JTAG 下载电路、+5 V 电源电路。CPLD 输出 I/O 接口 P1～P7。 (2) 数码管输出电路，包括 6 个独立的数码管显示输出电路。 (3) LED 显示电路设计，包括 8 个 LED 灯，颜色涉及红、黄、绿、蓝四色，4 个一组，呈 90°分布。 (4) 8×8 LED 点阵显示模块。 (5) 8 位拨码开关输入模块。 (6) 8 位 DAC 输出模块		

任务说明	注:所有模块都用独立的 I/O 引出,方便学生学习体会 EDA 设计的灵活性以及引脚锁定与硬件的对应关系。要求调试好 CPLD 开发板,为 LED 流水灯、数字电子钟、交通灯控制器、数字频率计、LED 汉字点阵显示、信号发生器等项目设计开发奠定基础
器材设备	计算机、Altium Designer 软件、电子元件、基本电子装配工具、测量仪器、多媒体教学系统
设计调试	
调试说明	利用 Altium Designer 软件实现一个 CPLD 开发板的原理图和 PCB 板图设计,能够达到任务书的功能要求。需要制作硬件的学生可以按照绘制的 PCB 板图打印输出,热转印法腐蚀电路板、焊接装配 CPLD 开发板

学习目标

(1)正确规划 CPLD 开发板硬件资源并绘制 CPLD 开发板功能框图;
(2)能根据 CPLD 开发板功能框图和设计要求选择合理器件;
(3)能根据 CPLD 开发板功能框图及器件选型设计单元电路;
(4)能整合 CPLD 开发板单元电路绘制 CPLD 开发板总原理图;
(5)能根据总原理图绘制 CPLD 开发板 PCB 板图;
(6)能根据总原理图提出开发板器件清单;
(7)具备严谨、求实的科学态度;
(8)具备精益求精的工匠精神。

项目需求分析

常见的 CPLD 开发板主要由 CPLD 器件和外围接口电路组成,可供学生学习理解基本的 EDA 开发流程,掌握组合逻辑电路设计、时序逻辑电路设计、加法器、计数器等基本的数字逻辑器件的设计方法并验证,帮助 EDA 初学者快速入门 EDA 技术。

根据设计需求,CPLD 开发板要能实现 LED 流水灯、数字电子钟、LED 点阵显示等一些综合性较强的设计,并且实现数字频率计、交通灯控制器、信号发生器等一些复杂的工程应用项目。因此,CPLD 开发板需要包含以下电路:CPLD 核心模块、电源电路、JTAG 下载电路、时钟电路、数码管显示模块、8 位 DA 模块、8 位拨码开关、8×8 LED 点阵模块、LED 显示输出电路。具体功能框图如图 1-1 所示。

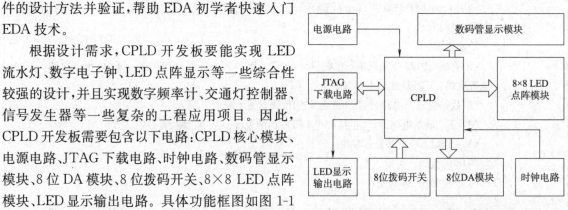

图 1-1 CPLD 开发板功能框图

项目实施

任务 1　绘制 CPLD 开发板原理图

任务解析

学生通过完成本任务,应能够根据设计需求分析设计 CPLD 开发板单元电路,绘制 CPLD 开发板总原理图,掌握 CPLD 开发板设计的方法。

知识链接

一、Altium Designer 15.1 绘制原理图的方法

1. Altium Designer 15.1 新建工程的方法

Altium Designer(以下简称 AD)软件中新建工程至少有两种方法:一种是选择 File→New→Project 命令建立新的工程文档,再逐个添加原理图、PCB、原理图库、PCB 元件库等具体文件,如图 1-2 所示;另一种方法是单击工具栏中的"新建"按钮,弹出 New Project 对话框,新建工程,如图 1-3 所示。

有了工程,原理图的设计才能更新到 PCB 图。

如图 1-4 所示,右击左侧 Projects 选项卡中的工程文档,在弹出的快捷菜单中选择 Add New to Project(给工程添加新的)命令,逐个添加原理图、PCB、原理图库、PCB 库。

所有文件添加完成后,右击工程文档,在弹出的快捷菜单中选择 Save Project(保存工程)命令,如图 1-5 所示。

此时注意"保存类型",针对不同文件,编写不同的文件名,例如.SchDoc 是原理图,那么可命名为 SCH_CPLD_EPM7128,如图 1-6 所示。这样命名的好处是在文件比较多时,从资源管理器中检索查看会比较容易。

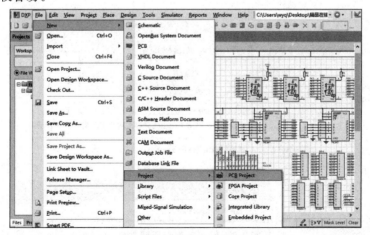

图 1-2　新建工程

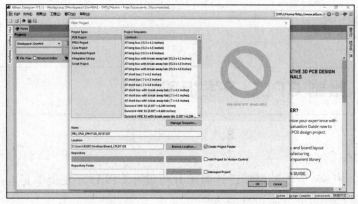

图 1-3　New Project 对话框

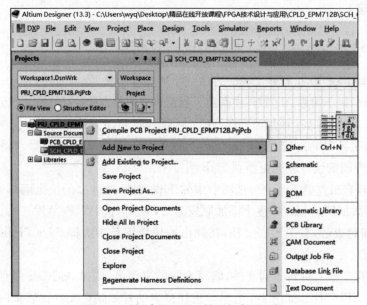

图1-4　对新建的工程文档添加各项文件

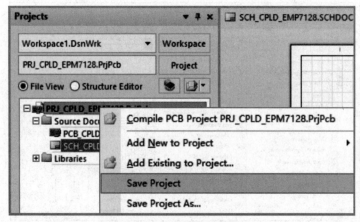

图 1-5　保存工程与所属文件

图 1-6　逐个编写文件名并保存

2. 绘制原理图

绘制原理图时要多善于运用快捷键，这样事半功倍。例如，按【P】键可调出图 1-7 所示菜单，若再按【P】键则进入放置器件对话框，而按【W】键则鼠标光标变为十字光标，此时可连接导线。

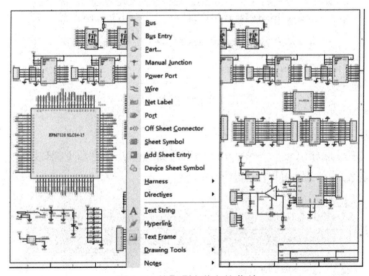

图 1-7　按【P】键弹出的菜单

在新建的原理图中绘制电路，其中元器件若在 AD 软件中自带的库中能够找到，则使用。若是库中没有的，则需要打开原理图库进行手工绘制，绘制原理图库的同时，最好连带把对应的 PCB 元件库也一并绘制，并且在原理图库的器件属性中选中与之对应的封装，这样待最后编译时既不易报错，又避免了回头再一一绘制与之对应封装的麻烦。推荐大家自己制作出一套属于自己的器件库，这样日积月累对未来的设计大有裨益，不过要注意对于元器件的命名一定要规范，切不可取一些无实际意义的名字，以免对以后的使用和管理产生麻烦。例如，在输出 BOM 物料清单时，规范的元器件命名可以使 BOM 清单非常清晰，利于阅读和使用，而杂乱无章的器件名称会使采购器件变得毫无头绪。另外，还要特别注意原理图库与 PCB 库中的引脚序号一定要一一对应，不要有颠倒、不同等情况发生，以免最后焊接器件时，电路出错，甚至发生短路。

在电路设计中还要根据实际需求，如体积、成本、可靠性，对电路的稳定性、电磁兼容性(EMC)等问题进行适当的处理。

如图 1-8 所示，电路原理图绘制完成后，在 Project(工程)→Compile PCB Project(编译 PCB 工程)命令，如果原理图中有规则错误的地方，则会弹出 Message 窗口，提示错误原因。解决所有错误，直至 Message 窗口内无错误。Message 窗口内除了错误消息，还有警告消息，有些警告消息可能是无法消除的。例如，双运放器件(库中分为 Part1、Part2)，在设计中只用到了其中的一个，而另一个并没有使用，这时 AD 软件编译时会报警告消息(器件存在未使用到的部分)，当然这个问题并不会有大的影响。若想消除该警告，可以采取将 Part2 运放电路设计成跟随器的方式，输出接负输入端，正输入端接电源，这样既不会报警告消息，又避免未用到运放悬空可能产生的干扰。

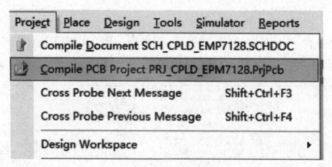

图 1-8　原理图编译

3. 更新到 PCB

编译完成后，选择 Design(设计)→Update PCB Document(更新 PCB 文件)命令，此步骤会导入 PCB 元件和网络表到 PCB 文件中，如图 1-9 所示。

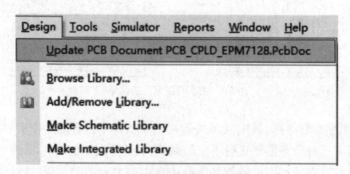

图 1-9　从原理图更新到 PCB 文件

运行更新步骤，弹出"工程更改顺序"对话框，如图 1-10 所示。其中，"生效更改"会完成对各项变化的检测，但不执行到 PCB 文件，而"执行更改"则会将检测和执行全部自动完成，并且在全部完成后，自动切换到 PCB 文件，如图 1-11 所示。

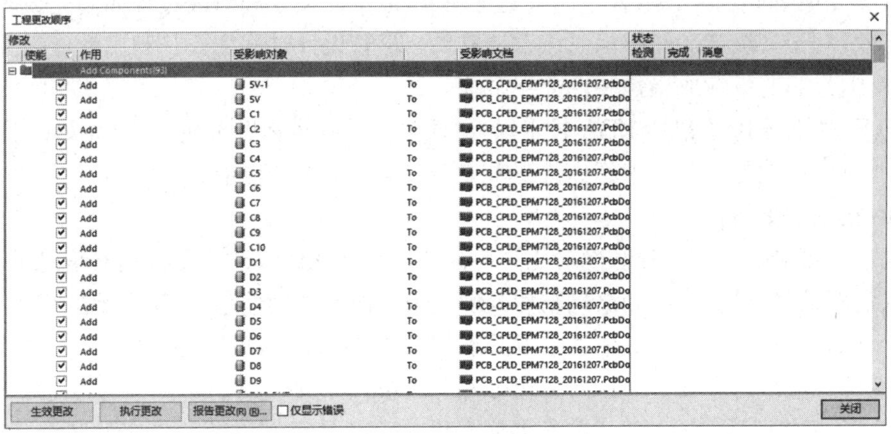

图 1-10 "工程更改顺序"对话框

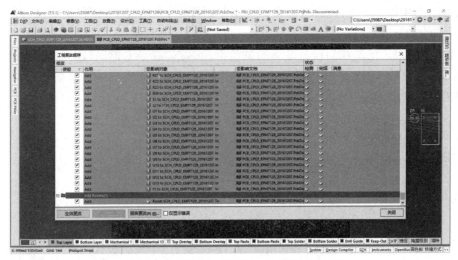

图 1-11 更新完成后软件自动打开 PCB 文件

二、EDA 技术基础知识

1. EDA 技术的概念

EDA 技术就是电子设计自动化(Electronic Design Automation)技术。EDA 技术主要有狭义的 EDA 技术和广义的 EDA 技术。

本书中的 EDA 技术是狭义的 EDA 技术,是指以硬件描述语言(Hardware Description Language,HDL)作为系统逻辑功能描述的主要表达方式,以计算机、EDA 工具软件和硬件开发系统为开发环境,以大规模可编程逻辑器件为设计载体,以专用集成电路(Application Special Integrated Circuit,ASIC)、单片电子系统(System On Chip,SOC)为设计目标的电子产品自动化的设计过程。

电子设计工程师只需利用硬件描述语言,在 EDA 工具软件中完成对系统硬件功能的描述,EDA 工具自动完成逻辑编译、逻辑化简、逻辑分割、逻辑综合及优化、逻辑布局布线、逻辑仿真,直至对于特定目标芯片的适配编译、逻辑映射和编程下载等工作,设计者就可以得到最终形成的集成电子系统或专用集成芯片。尽管目标系统是硬件,但整体设计和修改过程如同完成软件设计一样方便和高效,利于升级产品和继承以往设计成果。尽管设计过程主要是利用硬件描述语言来完成程序设计,但最终的设计成果是硬件数字系统。

广义的 EDA 技术除了包括 EDA 技术以外,还包括计算机辅助分析(CAA)技术,印制电路板计算机辅助设计等,但是这些技术不具备逻辑综合和逻辑适配的功能。

2. EDA 技术的重要性

当前的信息革命是以数字化和网络化为特征的。数字化大大改善了人们对信息的利用,更好地满足了人们对信息的需求;而网络化则使人们更为方便地利用信息,使整个地球成为一个"地球村"。以数字化和网络化为特征的信息技术具有极强的渗透性和基础性,改变着人类的生产和生活方式,改变着经济形态和社会、政治、文化等各个领域。

20 世纪 90 年代以后,EDA 技术的发展使现代电子产品正在以前所未有的革新速度,向着功能多样化、体积最小化、功耗最低化迅速发展。集成电路的设计不断向超大规模、极低功耗和超高速的方向发展;专用集成电路(ASIC)的设计成本不断降低,在功能上,现代的集成电路已能实现单片电子系统的功能。

当前集成电路设计已经成为科技发展的最前沿和热点,有专家指出,现代电子设计技术的发展,主要体现在 EDA 工程领域。EDA 是电子产品开发研制的动力源和加速器,是现代电子设计的核心。EDA 技术应用的发展变得越来越重要。

电子设计自动化的意义

3. EDA 技术的知识体系

EDA 技术内容丰富,主要涉及以下几个方面:
(1)可编程逻辑器件的原理、结构及应用;
(2)硬件描述语言 HDL,如 VHDL;
(3)EDA 工具软件的使用;
(4)硬件开发系统。

大规模可编程逻辑器件是利用 EDA 技术进行电子系统设计的载体,硬件描述语言是利用 EDA 技术进行电子系统设计的主要表达手段,软件开发工具是利用 EDA 技术进行电子系统设计的智能化的自动化设计工具,硬件开发系统则是利用 EDA 技术进行电子系统设计的下载工具及硬件验证工具。

什么是EDA技术

硬件工程师利用硬件描述语言 HDL 描述硬件的结构和硬件的行为,用设计工具将这些描述综合映射成与半导体工艺有关的硬件工艺文件,半导体器件 FPGA、CPLD 等则是这些硬件工艺文件的载体。当 FPGA 器件加载、配置上不同的工艺文件时,这个器件便具有相应的功能。随着现代电子技术的飞速发展,以 HDL 语言表达设计意图、FPGA 作为硬件载体、计算机作为设计开发工具、EDA 软件作为开发环境的现代电子设计方法日趋成熟。

硬件描述语言(Hardware Describe Language,HDL)以文本形式来描述数字系统硬件结构和行为,是一种用形式化方法来描述数字电路和系统的语言,可以从上层到下层(从抽象的系统级到具体的寄存器级)逐层描述设计者的设计思想。常用的硬件描述语言种类很多,如 VHDL、Verilog-HDL、ABEL-HDL 等。

4. 可编程逻辑器件简介

可编程逻辑器件 PLD、FPGA 和 CPLD 是新一代的数字逻辑器件,具有高集成度、高速度、高可靠性等最明显的特点,其时钟延时可达纳秒级,结合其并行工作方式,在超高速应用领域和实时测控方面有非常广阔的应用前景,在高可靠应用领域,如果设计得当,将不会存在类似于 MCU 的复位不可靠和 PC 可能跑飞等问题。FPGA/CPLD 的高可靠性还表现在,几乎可以将整个系统下载于同一芯片中,实现所谓由大规模 FPGA 构成的片上系统(System On Programmable Chip,SOPC)。

微 课

硬件描述语言简介

应用 EDA 技术完成的设计有很好的兼容性和可移植性,可以很方便地移植到其他目标器件和系统中,也可以很好地利用其他工程师的设计成果,设计成果可继承性很高。在实际应用中可以利用 IP 核(Core)即知识产权核等现成的逻辑合成,而未来大系统的设计仅仅是各类再应用逻辑与 IP 核的拼装,设计周期短,而且也适合高职学生利用前人设计成果完成应用设计。

与 ASIC 设计相比,FPGA/CPLD 显著的优势是开发周期短,投资风险小,产品上市速度快,市场适应能力强和硬件升级回旋余地大,而且当产品定型和量产扩大后,可将实际生产中验证可靠的 VHDL 设计迅速实现 ASIC 生产。

(1)可编程逻辑器件的基本结构和编程原理

根据数字电路知识可知,各种逻辑关系都可以化简成"与或"逻辑表达式,也就是说数字系统可以由与门、或门来实现。因此如图 1-12 所示,简单 PLD 的基本结构正是由"与阵列"和"或阵列"构成主体,由它们来实现逻辑函数。除此之外,与阵列的每个输入端都有输入缓冲电路,用于降低对输入信号的要求,使之具有足够的驱动能力,并产生原变量和反变量两个互补的信号。

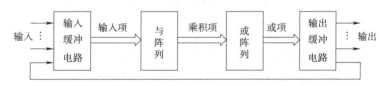

图 1-12 PLD 器件的基本原理结构图

PLD 的输出方式有多种,可以由或阵列直接输出(组合方式),也可以通过寄存器输出(时序方式),输出可以是低电平有效,也可以是高电平有效。不管采用什么方式,在输出端口上往往做有三态电路,且有内部通路将输出信号反馈到与阵列输入端。新型的 PLD 器件则将输出电路做成宏单元,设计者可以根据需要对其输出方式组态,从而使 PLD 的功能更灵活、更完善。

(2)PLD 逻辑符号的画法和约定

为了便于对 PLD 器件进行分析,需要回顾一下数字电路课程的相关知识。门电路的与门、或门、非门的图形符号如图 1-13 所示。

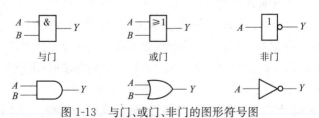

图 1-13 与门、或门、非门的图形符号图

部分复合逻辑门的图形符号如图 1-14 所示。

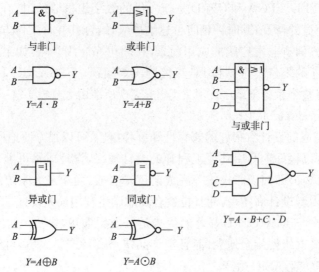

图 1-14　与非门、或非门、与或非门、异或门、同或门的图形符号

阵列中十字交叉处的连接情况有 3 种：未连接、固定连接和可编程连接。具体如图 1-15 所示。

图 1-15　交叉点的连接方式

为使多输入与门、或门的图形容易画、容易读，可采用图 1-16 所示的方法来表示。

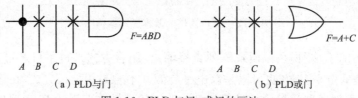

图 1-16　PLD 与门、或门的画法

5. CPLD 和 FPGA

CPLD、FPGA 在数字系统设计领域中使用较为广泛，但两者在结构上是有差异的，FPGA 的编程逻辑单元主要是 SRAM，它的可编程逻辑颗粒比较细，以一个 D 触发器为核心的逻辑宏单元为一个颗粒，相互间都存在可编程布线区，所以逻辑设计比较灵活。CPLD 的逻辑颗粒就要粗得多，它是以由多个宏单元构成的逻辑宏块的形式存在的。CPLD 是基于乘积项的结构，它的基本工作原理与 GAL 器件十分相似，可以看成是由许多 GAL 器件合成的逻辑体，只是相邻块的乘积项可以互借，且每一逻辑单元都能单独引入时钟，从而可实现异步时序逻辑。

（1）CPLD 的结构

复杂的可编程逻辑器件 CPLD 是基于"与或"阵列的乘积项结构。在 CPLD 中，Altera 公司的

MAX7000 系列器件具有一定的典型性,本书中的项目案例是基于 Altera 的 EPM7128SLC84-15 芯片。下面就以 MAX7128 为例介绍 CPLD 的基本结构。MAX7128 的结构如图 1-17 所示。

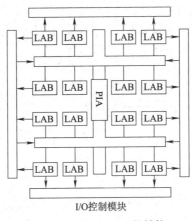

图 1-17 MAX7128 的结构

MAX7128 由五部分构成,即逻辑阵列块(Logic Array Block,LAB)、宏单元、扩展乘积项(共享和并联)、可编程互联阵列(Programmable Interconnect Array,PIA)和 I/O 控制模块。

每个逻辑阵列块(LAB)由 16 个宏单元组成。MAX7000 系列包含 32～256 个宏单元不等,每个宏单元都有可编程的"与"阵列和固定的"或"阵列,主要用来实现逻辑函数。多个 LAB 按阵列形式排布,通过 PIA 和全局总线实现相互连接,从而可以构成更复杂的数字逻辑系统。全局总线是一种可编程的通道,可以把器件中的任何信号连接到它的目的地。所有 MAX7000S 器件的专用输入、I/O 引脚和宏单元的输出信号都连接到 PIA,而 PIA 可把这些信号送到整个器件的任何地方。I/O 控制模块的作用主要是实现对输入/输出方式的灵活控制和选择。EPM7128SLC84-15 芯片的标号中 7 代表 MAX7000 系列器件,128 代表共有 128 个逻辑宏单元,S 代表 MAX7000S 系列的器件,LC 代表 PLCC 封装形式,84 代表 84 个引脚。

(2) FPGA 的结构

FPGA(Field Programmable Gate Array,现场可编程门阵列)是大规模可编程逻辑器件除 CPLD 外的另一大类 PLD 器件。FPGA 基于查找表(Look Up Table,LUT)结构,其查找表单元如图 1-18 所示。

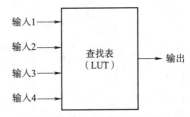

图 1-18 FPGA 查找表单元

一个 N 输入 LUT 可以实现 N 个输入变量的任何逻辑功能,如 N 输入"与"、N 输入"异或"等。

图 1-18 所示为 4 输入 LUT,其内部如图 1-19 所示。一个 N 输入的查找表,需要 SRAM 把 N 个输入构成的真值表存储起来,共 2^N 个位的 SRAM 单元。显然 N 不可能很大,否则 LUT 的利用率很低,输入多于 N 个的逻辑函数,必须用几个查找表分开实现。

在图 1-19 中,如果假设所有的 2 选 1 多路选择器都是当输入信号 A、B、C、D 为 1 时选择上一路输出;反之,选择下一路输出,则根据图中 RAM 单元存储信息可知,本查找表可实现的逻辑函数表达式为

$$Y=\overline{A}\overline{B}\overline{C}D+A\overline{B}\overline{C}D+\overline{A}B\overline{C}D+\overline{A}\overline{B}C\overline{D}$$

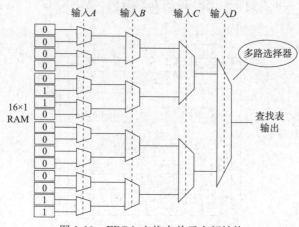

图 1-19 FPGA 查找表单元内部结构

(3) CPLD 和 FPGA 的选型

CPLD 和 FPGA 的性能比较：CPLD 和 FPGA 在结构、性能等方面均有差异，见表 1-2。

表 1-2 CPLD 和 FPGA 的结构和性能比较

结构和性能	CPLD	FPGA
集成规模	小（最大数万）	大（最大数十万）
颗粒度	大（PAL 结构）	小（PROM 结构）
互联方式	总线	分段总线、长线、专用互联
编程工艺	EPROM、EEPROM、Flash	SRAM
编程类型	ROM	RAM（须与外部存储器 EPCS 连用）
信息	固定，断电不丢失	可实时重构，断电丢失
触发器数	少	多
单元功能	强	弱
速度	高	低
引脚到引脚的延时	确定，可预测	不确定，不可预测
功耗	高	低
加密性能	可加密	不可加密
适用场合	逻辑系统	数据型系统

CPLD 和 FPGA 的选用原则：由于 CPLD 和 FPGA 在价格、性能、逻辑规模、封装和使用的 EDA 工具软件性能等方面各有不同，因此对于不同的开发项目，必须综合选择器件。在实际工程应用中应该考虑以下问题。

器件的逻辑资源：设计一个应用系统，首先要考虑的是所选器件的逻辑资源量是否满足项目需要和系统需求。由于 CPLD 和 FPGA 的应用项目设计时，多数是要把芯片焊接、装配到 PCB 上，然后再设计或修改逻辑功能，并且需要的逻辑和布线资源在实际调试前很难准确确定，而且系统设计完成后,还有可能要增加某些新功能,后期也还有硬件升级的可能性。因此,适当估测一下项目需要的逻辑资源以确定使用什么样的器件,对于提高产品的性价比是很有好处的。而且目前主流的器件因生产量的原因,有时器件资源和性能增加很多而器件的选购价格增加不多,所以器件选型时要综合考虑。

器件的生产厂家:Altera、Lattice、Xilinx 3 家公司都是主流的 PLD 生产厂商。目前 Altera 公司已经被 Intel 公司收购。相对来说 Xilinx 公司的器件在应用市场占有量较大,但从设计开发、工具软件集成度和学习使用的角度来看,Altera 公司与我国的很多大学合作,学习资源和设计资源较多,学习者可以以 Altera 公司器件入门。在实际产品开发时再综合器件选型,以往的设计成果也可以很容易地继承和移植到新系统中。

器件的工作速度:随着 PLD 集成技术的不断提高,CPLD 和 FPGA 的工作速度也不断提高,引脚到引脚的延时已达到纳秒级,目前 Altera、Xilinx 公司的器件标称工作频率最高都可超过 300 MHz,在一般的项目中,器件的工作频率已经足够了。在具体设计时,对芯片的速度选择不是越快越好,而是使芯片速度与所设计系统的最高工作速度一致即可,能够满足项目需要即可。

器件的功耗:由于系统编程需要,CPLD 的工作电压多为 5 V,而 FPGA 的工作电压流行趋势是越来越低,3.3 V 和 2.5 V 的 FPGA 的使用已经非常普遍。因此,就功耗而言,FPGA 具有绝对的优势。

器件的类型:CPLD 和 FPGA 是两种不同结构类型的器件,一个是基于乘积项的结构,在系统编程后断电逻辑不丢失;一个是基于查找表的结构,在系统编程后信息断电丢失,需要与片外存储器 EPCS 配合实现逻辑系统。

对于普通规模的项目,如果产品批量不是很大,通常选用 CPLD 比较好。因为中小规模的 CPLD 价格比较便宜,上市速度快,能直接用于系统。CPLD 编程后即可保持下载的逻辑功能,使用方便,电路简单。目前的 CPLD 大多数都是在系统可编程,便于进行硬件修改和升级,而且具有良好的器件加密功能。对于大规模逻辑设计、ASIC 设计或者 SOC 设计,则多采用 FPGA。

任务实施

CPLD 开发板整体结构主要由 CPLD 部分和输入、输出接口部分组成,其核心器件 CPLD 芯片和外围接口电路都是通过编程实现对外围接口器件的控制和通信,选择这些芯片时应充分考虑外围接口电路,如芯片所提供的 I/O 线是否能满足要求,是否能满足功能要求,还要考虑是否制作、装配、调试方便。

一、CPLD 核心电路设计

从器件市场供应角度以及学习资源供给角度,可选择 Altera 公司的器件,例如 Max Ⅱ 系列器件 EPM240T100 等主流 CPLD 器件。但考虑此类器件多为 SMT 贴片封装,采用 PCB 生产线生产的 PCB 装配效果更好,但不利于初学者和不具备条件的学生采用。因此本设计采用 PLCC 封装的 EPM7128SLC84-15 芯片。此芯片采用 PLCC 封装,学习者可以自己绘制 PCB,用热转印法腐蚀 PCB 板,用简单的装配工具就可以实现 CPLD 开发板装配、调试和 EDA 技术学习。此芯片不是当前的主流芯片,但市场尚有供应,学生很容易实现。

CPLD 核心电路模块如图 1-20 所示。

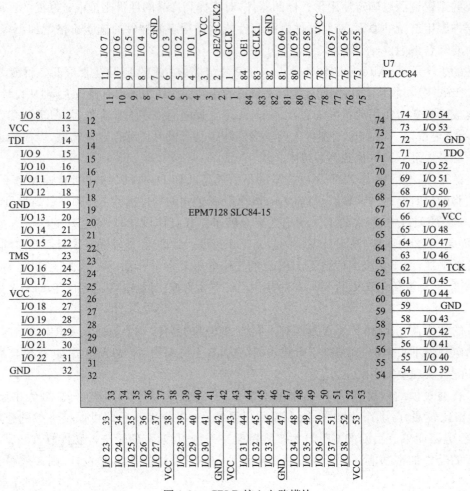

图 1-20 CPLD 核心电路模块

CPLD核心电路设计

电源电路模块如图 1-21 所示。外部输入 5 V 直流电源,经电源开关 S2 控制,为开发板供电,由红色发光二极管 D8 指示电源工作情况。

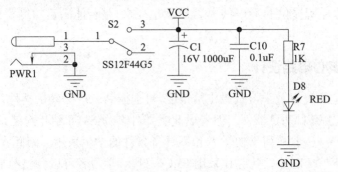

图 1-21 电源电路模块

注:图中 0.1uF 即 $0.1\mu F$,1K 即 $1\ k\Omega$,下同。

根据 Altera 公司提供的资料可查知，MAX7000 系列 CPLD 是采用 IEEE 1149.1 JTAG 接口方式对器件进行在系统编程的。与 USB-Blaster 的 10 芯接口相连的是 TCK、TDO、TMS 和 TDI 这四条 JTAG 信号线。JTAG 接口本来是用来作为边界扫描测试的，把它用作编程接口则可以省去专用的编程接口，减少系统的引出线。其中 1 脚 TCK 信号通过 1 kΩ 下拉电阻接地，3 脚 TDO、5 脚 TMS、9 脚 TDI 分别通过 1 kΩ 上拉电阻接 +5 V 电源。具体电路如图 1-22 所示。

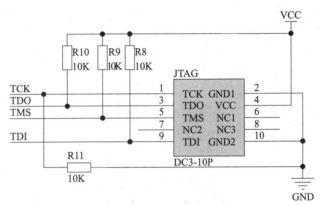

图 1-22 JTAG 下载接口电路

根据 MAX7000 系列 CPLD 的器件手册，MAX7128 系列 CPLD 的芯片可支持 10 MHz 外部输入时钟，因此采用 10 MHz 有源晶振作为板载时钟。其中 1 脚悬空，3 脚接 GCLK1 即 EPM7128SLC84-15 芯片的 83 脚，具体电路如图 1-23 所示。

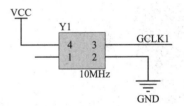

图 1-23 时钟电路

二、6 位数码管显示电路设计

为完成数字电子钟、数字频率计等设计项目的需求，开发板规划 6 位静态共阳数码管作显示输出。为在 EDA 设计时节省 CPLD 芯片资源，使初学者更容易理解 EDA 设计原理，直指设计项目的核心，因此 6 个数码管每个选 1 片 74LS47 作为共阳数码管的译码驱动电路。每片 74LS47 的 A、B、C、D 输入均引出到 4 个插针上（P1～P6 接口），输出的 ABCDEFG 段码分别接共阳数码管 DS1～DS6 的段码输入上。具体电路如图 1-24 所示。

三、8 位 LED 发光二极管显示电路设计

为完成流水灯、交通灯控制器等设计项目的需求，开发板设计 8 位 LED 发光二极管作为显示输出。为使 EDA 设计项目更直观，LED 发光二极管采用锁存器 74HC573 作为显示驱动电路。锁存器 74HC573 采用直通方式，11 脚 LE（图中简写为 L，下同）接电源 VCC，1 脚 OE（图中简写为 E，下同）接地，将输入 D0～D7 状态不变经锁存器 74HC573 通过 Q0～Q7 输出；Q0～Q7 接发光二极管阴极，再通过 1 kΩ 的下拉电阻接地。因此，当 74HC573 输入 P9 为高电平时，输出端 Q0～Q7 输出为高电平，LED 发光二极管两端获得正向电压，可通过 5 mA 左右的电流，使发光二极管点亮；即送 74HC573 高电平时，可点亮对应的发光二极管。具体电路如图 1-25 所示。

微课
数码管显示
模块设计

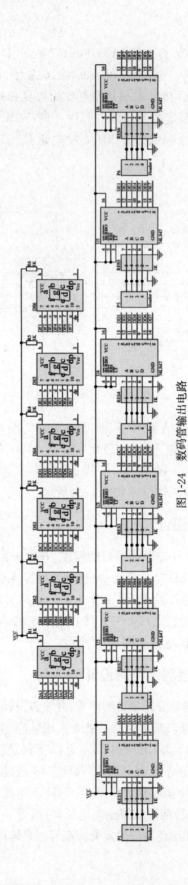

图 1-24 数码管输出电路

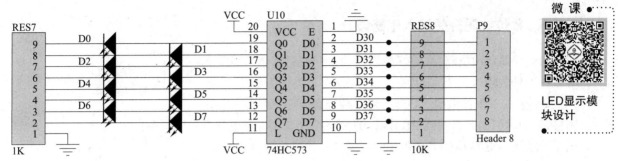

图 1-25　8 位 LED 发光二极管显示电路

四、8×8 LED 点阵显示电路设计

为完成汉字及图形显示控制器设计的需求，开发板设计一个 8×8 LED 点阵模块作点阵显示输出。LED 点阵显示原理如图 1-26 所示。点阵的 L1～L8 为列数据线、H1～H8 为行数据线。64 个发光二极管 D11～D88 按行分为 8 组，每行 8 个，同一行的 8 个发光二极管的所有阳极都接在一起，形成 H1～H8 的 8 个行数据线。64 个发光二极管 D11～D88 按列分为 8 组，每列 8 个，同一列的 8 个发光二极管的所有阴极都接在一起，形成 L1～L8 的 8 个列数据线。根据原理图可知当行数据线 H1 送高电平，列数据线 L1 送低电平时，发光二极管 D11 获得正向电压，D11 导通发光；即 LED 点阵块控制时，需要行送高电平、列送低电平即可点亮相应的 LED 模块的一个点。

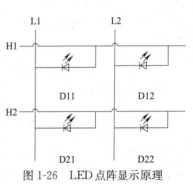

图 1-26　LED 点阵显示原理

同样为使 EDA 设计项目更直观，8×8 LED 点阵模块的行列控制驱动也采用直通的 74HC573 驱动。由 2 片 74HC573 输出分别控制 8×8 LED 点阵模块的行和列。具体电路如图 1-27 所示。

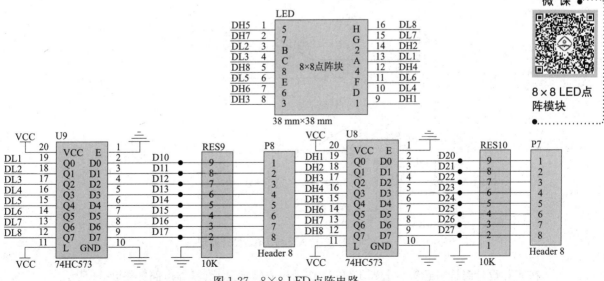

图 1-27　8×8 LED 点阵电路

五、8 位拨码开关输入电路设计

为完成简单门电路、交通灯控制器、数字频率计、信号发生器等设计项目的输入需求,设计一个 8 位拨码开关作为输入模块。8 位拨码开关一端接电源 VCC,另外一端分别通过 10 kΩ 下拉电阻接地,同时引出 8 根线到 P10 接口的 8 个插针上。具体电路如图 1-28 所示。8 位拨码开关在 ON 状态时,上下两端导通;OFF 状态时,上下两端断开。当拨码开关 SW1 拨动到 ON 时,上下两端导通,即 P10 的插针 1 直接与电源 VCC 相连,电压降在电阻 R13 上,P10 插针 1 上获得高电平;当拨码开关 SW1 拨动到 OFF 时,上下两端断开,即 P10 的插针 1 与电源 VCC 断开,通过 1 kΩ 下拉电阻 R13 直接与地相连,P10 插针 1 上获得高电平。在 EDA 设计时接口 P10 做输入时,ON 表示输入低电平,即逻辑 0;OFF 表示输入高电平,即逻辑 1。

微 课

8位拨码开关设计

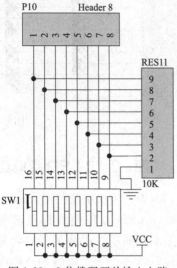

图 1-28　8 位拨码开关输入电路

六、8 位 DA 模块设计

为完成信号发生器输出的数字信号转换成模拟信号,需设计 8 位 DA 模块。本设计中选用 DAC0832 作为 8 位 DA 模块的数模转换芯片。DAC0832 是电流输出型 DA,因此需要设计电流转换成电压电路。本设计电源设计时只设计了 +5 V 的电源,因此 DA 模块后的反馈电路设计采用单电源设计。通过 DAC0832 数据手册可知,单电源支持 DAC 设计,如图 1-29 所示。

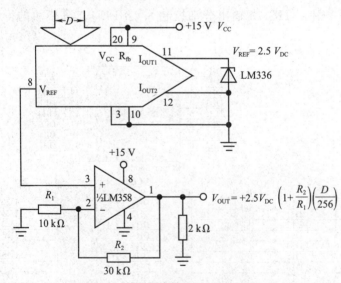

图 1-29　单电源支持 DAC 设计原理

在实际设计时选择运算放大器 LM324 作为核心转换芯片,具体电路如图 1-30 所示。

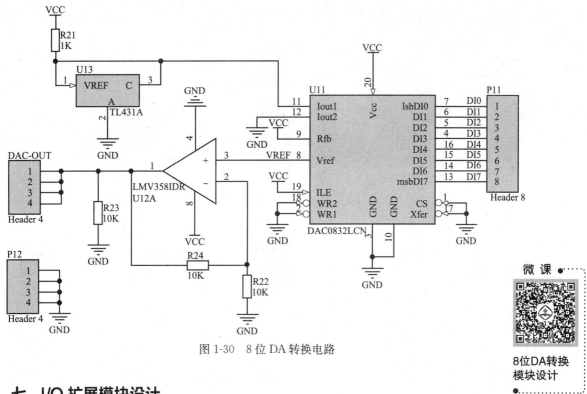

图 1-30 8 位 DA 转换电路

七、I/O 扩展模块设计

为完成不同的创新设计，利于学生体会 EDA 设计的灵活性和硬件设计的原理，将 EPM7128SLC84-15 芯片的全部 I/O 都引出来，分别定义成 I/O 1～I/O 60。具体电路如图 1-31 所示。

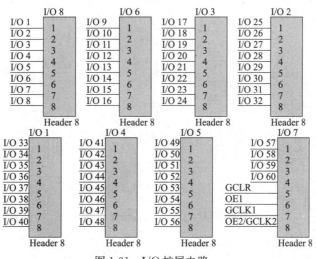

图 1-31 I/O 扩展电路

CPLD 开发板总电路如图 1-32 所示。

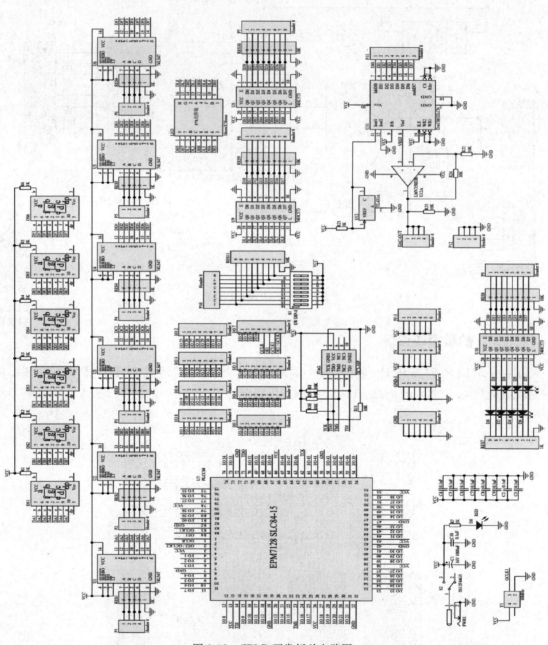

图 1-32 CPLD 开发板总电路图

任务 2　绘制 CPLD 开发板 PCB 板图

任务解析

学生通过完成本任务,可掌握 CPLD 开发板 PCB 板图的绘制方法,能够根据 CPLD 开发板总原理图,绘制 CPLD 开发板 PCB 板图。

知识链接

一、设定 PCB 板图的电气、机械规则

如图 1-33 和图 1-34 所示,可以设定电气、机械规则等,但不要超出 PCB 加工厂的最高设计能力。设置规则、设计外框。选择 Design(设计)→Rules(规则)命令(见图 1-33),需要设置的规则(设置规则的目的在于绘制电路时规范设计,防止设计不合理、避免低级设计错误)主要有:最小线间隔(主要受限于工厂加工能力)、线宽范围(主要受限于工厂加工能力和设计极限)、过孔大小范围(主要受限于工厂加工能力和设计极限)、敷铜与过孔、焊盘连接类型与约束、机械部分孔径约束、孔与孔间距、最小阻焊层裂口(避免锡料流动防止短路)、最小丝印间距(避免标志重叠难以查看)、器件摆放最

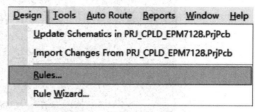

图 1-33　设置 PCB 设计规则

图 1-34　修改具体设计规则

小垂直间距与水平间距(防止器件意外重叠无法装配或焊接)、器件最大高度(防止器件过高以至于超出外壳无法装配)等设置。这些规则最初设计时不一定能一步设定到位,在后续的绘制过程中还需不断修改调整。

如图 1-35 所示,根据装配需求,可绘制电路板外形、机械固定孔、槽等,先行将绘制范围固定下来。注意,为了便于加工厂识别,尽可能用 Keep-Out Layer 绘制边框、机械固定孔、槽等,切不可 Keep-Out Layer、Mechanical 1 等层混合绘制,这样做容易令加工厂无所适从,从而导致结果与设计不符。

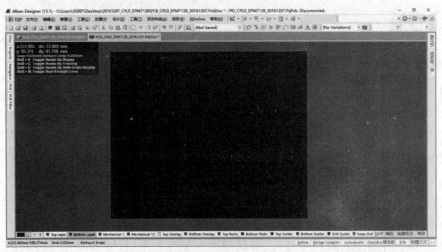

图 1-35　绘制板边框

二、器件布局

根据原理图中的子电路,依据电气要求把元器件封装分别归总起来,布局在电路板绘制区域内,如图 1-36 所示。

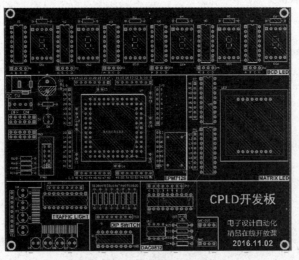

图 1-36　手工调整器件布局

三、绘制顺序与原则

对于两层板绘制线的顺序是地线、电源线、模拟信号线、数字信号线,对于四层板绘制线的顺序是分割地层、电源层,再绘制模拟信号线、数字信号线。绘制数字信号线时还要注意尽量避免对模拟信号干扰。地线、电源线尽可能较粗,信号线尽可能短,尽可能减少过孔数目,如图 1-37 和图 1-38 所示。

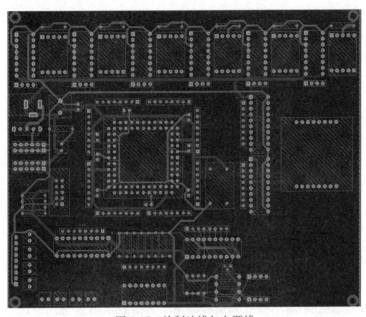

图 1-37　绘制地线与电源线

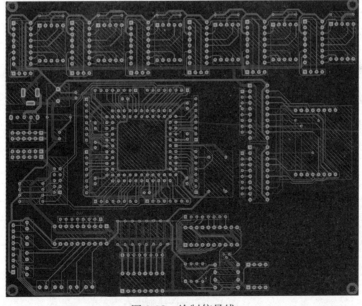

图 1-38　绘制信号线

四、敷铜设计

后期对于 Top Layer(顶层)与 Bottom Layer(底层)要分别敷铜,需要注意的是,全面的敷铜不一定就是好的,部分电路是不宜敷铜的。例如,严格阻抗控制的设计,敷铜会引入大量分布电容,继而影响阻抗控制,电源板首要的是良好的布线,而使用敷铜不易控制环路,有的设计会包含许多地,这时就要分别对这些地敷铜,避免互相影响,如图 1-39 所示。

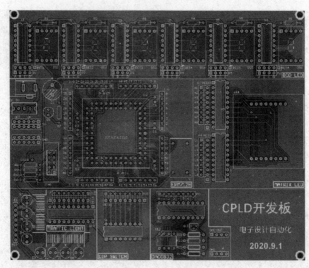

图 1-39 添加敷铜

敷铜一般还要设置死铜移除,设置死铜移除易于观察敷铜覆盖不到的地方,解决覆盖不到的方法也很简单,根据情况选择调整布线或加入过孔等。

敷铜有实心敷铜和网格敷铜之分,实心铜可通过更大电流、电气性能好,网格铜上的阻焊层与基板结合好,PCB 加工中如果需要用波峰焊等焊接工艺时,尽可能不要使用实心铜,原因是波峰焊局部高温产生的机械应力会引起敷铜和阻焊翘曲、起鼓、开裂。

五、设计规则检查

最后还要运行设计规则检查,选择 Tools(工具)→Design Rule Check(设计规则检查)命令,如图 1-40 所示。最后进行设计规则检查有助于发现未连接、短路、重叠等一系列问题。

如图 1-41 所示,可以设定设计规则并运行设计规则检查。

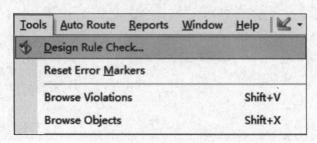

图 1-40 设计规则检查

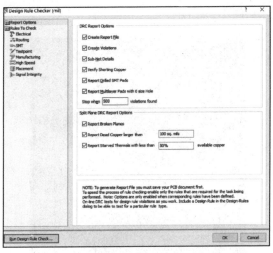

图 1-41　设定设计规则并运行设计规则检查

当弹出 Message 窗口后,可打开 PCB,此时双击 Message 窗口中的消息会迅速在 PCB 中得到问题的具体定位,修复这些问题,直至错误报告为零,如图 1-42 所示。

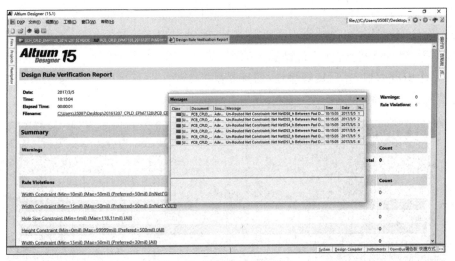

图 1-42　设计规则检查报告

一、工程设定

按照本任务知识链接中介绍的内容及设置顺序,设定 PCB 设计原则。

二、PCB 图绘制

1. 绘制电源模块

电源入口设计,电源线与地线的绘制尽可能宽,并且布局上电源指示灯、开关、接线端子集中放置，便于后期使用和观察，如图 1-43 所示。

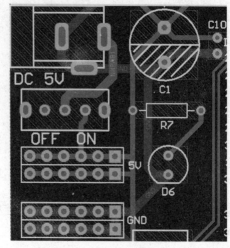

图 1-43　电源入口设计

2. 绘制 CPLD 模块

CPLD 的核心设计主要包括引脚引出、JTAG 编程接口、晶振、去耦电容等部分，如图 1-44 所示。其中，晶振的设计原则是尽可能地靠近 CPLD 芯片，时钟引脚连线越短越好，不要有直角和锐角布线。JTAG 编程接口的设计也同样遵循靠近原则，减少干扰，提高通信稳定性。去耦电容要布局靠近芯片的每个电源入口，并且良好接地，而且要尽可能最短距离接地，这样才会有良好的去耦效果，提升芯片工作稳定性。

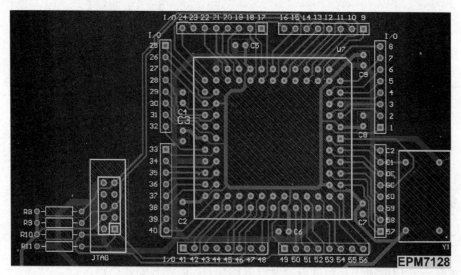

图 1-44　CPLD 核心设计

说明：功能模块电路设计要考虑到美观、易用。例如对于这块开发板，后期的使用是跳线连接的方式，布局时，要避免跳线遮挡数码管、点阵、发光二极管、拨码开关等显示、操作部件。同样的，电源线和地线依然要尽量粗，数字信号线与模拟信号线尽量避免互相干扰。最后还可适当添加丝印层指示文字或图案,提升 PCB 的易用性。

3. 绘制其他功能电路

按照上述原则依次完成数码管显示模块、8×8 LED 点阵模块、8 位 LED 灯输出模块、8 位拨码开关输入模块、8 位 D/A 转换模块的 PCB 绘制。最后绘制的 PCB 如图 1-45 所示。

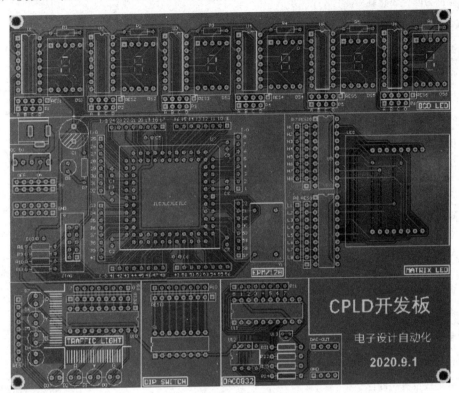

图 1-45 最后绘制的 PCB

项目测试

按照全国职业院校技能大赛电子产品设计与制作竞赛规程,结合印制电路制板工考核标准,整理项目 1 测试项目见表 1-3。

表 1-3 CPLD 开发板 PCB 设计测试

一、结构及布局			
描述	结果		备注
	正确	错误	
□ PCB 尺寸是否正确,板框的四周是否为圆角			
□ 安装孔定位尺寸、接插件及有结构要求的器件的放置是否符合结构图			
□ 安装孔周围 100 mil(1 mil=0.025 4 mm)区域内不得有走线及任何元器件			
□ 元器件的选型与封装是否相符			

描述			
☐ 所有具有极性的元器件在 X 或 Y 方向是否方向一致			
☐ 所有元器件(不包括结构件)是否离板边有 3 mm 以上距离			
☐ 发热元件是否均匀摆布,温度敏感元件(不包括温度检测元件)是否远离发热量大的元件			
☐ 安装孔应都为非金属化孔			
☐ IC 去耦电容是否尽量靠近其电源脚,且电源与地之间的回路面积是否最小			
☐ 晶振是否尽量靠近相关的元器件布置			
☐ 模拟电路与数字电路占不同的区域,并严格分开			
☐ 大型塑封的 IC(PLCC)相互间距是否有 3 mm 以上距离			
☐ 接插件的方向是否正确,1 脚是否有清晰的标识			
☐ PCB 整体布局是否均衡,重心合理			
☐ 电路模块的位置安排是否合理			
☐ 有安规要求的器件摆放是否符合要求			
☐ 有电气隔离的电路布局要严格隔开,达到安规要求			

二、常规电气

描述	正确	错误	备注
☐ 确认是否运行了 DRC 检查,错误标识是否都已排除			
☐ 确认是否用原理图与 PCB 进行网络对比,网络一致			
☐ 确认所有走线是否平滑、整齐			
☐ 确认所有走线没有尖锐角和直角			
☐ 确认所有走线没有一端浮空			
☐ 确认板上没有多余的、废弃的走线			
☐ 同一网络的走线宽度是否一致			
☐ 确认同一网络走线没有发生自环			
☐ 走线的分支是否尽可能短			
☐ 过孔的大小及其焊盘的大小设制是否合理			
☐ 有时序要求的线组是否等长			
☐ 电源、地平面的分区是否合理			
☐ 高速信号线和低速信号线是否分开			
☐ 电气隔离电路的间距是否达到要求			
☐ 整板敷铜的间隔设置是否合理			
☐ 铜箔的连接方式是否合理			
☐ 确认板上没孤铜、废铜存在			
☐ IC 的去耦电容与 IC 的电源引脚连线是否合理			

描述	正确	错误	备注
☐ 确认电源模块、电感、电容本体下没有走线			
☐ 确认晶振本体下无信号线穿过,并铺设地网络的铜箔			
☐ 高频线尽量不要从插座脚间穿过			
三、电源部分			
描述	正确	错误	备注
☐ 线宽是否够			
☐ 电气间隙是否符合要求			
☐ 安规间距是否符合要求			
☐ 电流走向是否正确			
☐ 网络的环路面积是否尽量小			
☐ 强电输入部分是否按原理图布局			
☐ 电流输入信号按差分方式走线			
☐ 数字部分与模拟部分是否特别处理			
☐ 强电输入电感、电阻、二极管、电容等下是否有走线			
☐ 三极管的 B、C、E 是否与封装对应			
☐ 接插排线的 1、2 脚是否要交叉对应			
☐ 所有穿线孔、焊点是否与连接线大小一致			
四、可制造性			
描述	正确	错误	备注
☐ 丝印面上是否清楚地标示了版本号、日期等			
☐ 有极性元件的方向一致性			
☐ 极性元件是否标示极性			
☐ 元件位号方向的一致性			
☐ 文字的大小			
☐ 文字不可覆盖在 PAD 上			
☐ 多引脚元件 1 脚是否有文字标注			
☐ 底层 SMT 元件距 DIP 元件引脚距离是否合理			
☐ 所有走线是否离板边 1 mm 以上			
☐ 确认所有元件没有相互干涉			

项目总结

本项目中利用 AD 软件完成了 CPLD 开发板的原理图设计、PCB 板图绘制,学习了基于大规模可编程逻辑器件的硬件系统设计基本设计、开发方法,使学生获得了 EDA 应用系统硬件设计经验,以利于学生今后进行更大规模的硬件系统、平台的设计。

课程教学中可以采用分组教学的方式,团队合作完成项目。项目结束后,以小组为单位进行项目设计成果的检查和设计过程考核。

润物无声

中国"芯"

2018年美国制裁中国中兴公司,禁止中兴通讯在未来7年内向美国企业购买敏感产品,虽然最终禁购事件得以解决,但还是给中兴公司的发展造成了极大的影响。2020年美国升级对中国华为公司的禁令,要求芯片制造商不能采用美国公司的工具生产华为所用的零部件,给华为公司的生产造成了极大的困难,在集成电路供应上卡住了企业的脖子。2020年12月30日,国务院学位委员会、教育部正式发布关于设置"交叉学科"门类、"集成电路科学与工程"一级学科的通知,反映了集成电路科学与工程在科技发展中的重要地位,也反映了我国在弥补集成电路人才缺口方面所做的努力。

据工人日报2021年9月3日报道,全球"芯片荒"愈演愈烈,多个制造行业受到冲击。报道称在新冠疫情等多重因素的共同影响下,全球电子芯片的生产、供应从去年开始出现短缺,而这又对依赖芯片的汽车、通信、家电等多个制造行业造成直接影响。这些都昭示了芯片科技对于我国科技发展、经济发展的重要性。正如习近平总书记在2021年3月16日出版的第6期《求是》杂志上发表的《努力成为世界主要科学中心和创新高地》文章中指出的:"实践反复告诉我们,关键核心技术是要不来、买不来、讨不来的。只有把关键核心技术掌握在自己手中,才能从根本上保障国家经济安全、国防安全和其他安全。"同学们要不负韶华,努力学习,熟练掌握ASIC设计应用方法,为祖国的科技发展贡献力量。

项目拓展

本设计是各位学生设计的第一个EDA开发平台,比较简单。在进行一些复杂的系统设计时资源就显得有些不足。

(1)选择一些主流的Altera的CPLD/FPGA芯片,设计并制作CPLD/FPGA开发板来完成更复杂的设计。具体设计样例可以参考附录A的电路图。在后续的设计中,学生可以尝试优化PCB布局布线,设计出更加规范的PCB板图。

(2)按照项目给出的案例和附录A中的原理图、PCB板图资源,腐蚀或委托加工CPLD开发板的印制电路板,按照附录B中的器件清单采购器件,焊接装配CPLD开发板,根据CPLD开发板电路原理图,自行设计硬件调试和测试方案,为后续的EDA项目开发奠定基础。

项目 2
流水灯控制器设计

项目导入

冰城科技公司收到客户订购的 CPLD 开发板任务时,客户同时要求为开发板提供若干配套的 EDA 项目资源。冰城科技公司为使学生掌握 EDA 设计的基础知识、VHDL 语言的基础知识,理解 EDA 的开发设计流程,掌握基本的 EDA 设计开发方法,掌握软件设计与硬件结合的设计、调试方法,深刻体会 EDA 设计的便捷,决定以流水灯控制器项目为入门项目,同时使学生的分立元件的流水灯设计、单片机控制的流水灯设计经验迁移到应用 EDA 技术上,提高学生的学习效率。公司提出 CPLD 流水灯控制器设计任务书见表 2-1。

表 2-1 CPLD 流水灯控制器设计任务书

项目 2	流水灯控制器设计	课程名称	EDA 技术应用
教学场所	EDA 技术实训室	学时	16
任务说明	利用 VHDL 语言和 CPLD 开发板,完成一个 8 位的流水灯的设计,流水的速度为每秒移位一次。在 EDA 开发环境下实现项目设计,在 CPLD 开发板上进行调试,实现功能。 功能要求: (1)具有以秒为时间单位依次轮流点亮 LED 发光二极管的功能。 (2)流水灯的显示模式要在 4 种或 4 种以上。 (3)不同的流水灯显示模式可以通过拨码开关手动控制或者根据时间推移自动轮流显示		
器材设备	计算机、Quartus Ⅱ、CPLD 开发板、多媒体教学系统、万用表等测量仪器		
设计调试			
调试说明	在 CPLD 开发板上,利用 CPLD 器件和 VHDL 语言,实现一个流水灯的设计,能够达到任务书的功能要求		

学习目标

(1) 能正确阐述电子设计自动化概念和 EDA 知识体系；
(2) 能正确阐述 EDA 项目开发设计流程；
(3) 能使用 Quartus Ⅱ 软件创建工程；
(4) 能使用 Quartus Ⅱ 软件实现原理图设计输入并成功编译；
(5) 能使用 Quartus Ⅱ 软件实现原理图文本输入并成功编译；
(6) 能使用 Quartus Ⅱ 软件对设计工程进行引脚分配；
(7) 能使用 VHDL 语言设计分频器；
(8) 能使用 VHDL 语言设计数据选择器；
(9) 能使用 VHDL 语言设计不同功能的流水灯控制器；
(10) 能够正确分析流水灯控制器设计任务并提出合理的设计方案；
(11) 能够利用 EDA 技术实现流水灯控制器设计；
(12) 具备认真、严谨、规范、科学、高效的工作作风。

项目需求分析

明确流水灯的控制功能要求后，首先要结合 CPLD 开发板进行硬件资源规划。要实现带手动切换不同控制模式的秒计时流水灯就必须具备外部的时钟源、拨码输入键、LED 显示输出、LED 显示驱动、CPLD 核心电路。因此确定使用 10 MHz 晶振作为时钟源的输入，8 位拨码开关中的 2 位作输入信号，8 位 LED 灯作显示输出。根据对流水灯的设计任务分析，结合项目 1 设计成果，绘制数字电子钟原理框图如图 2-1 所示。

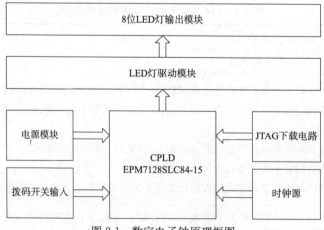

图 2-1 数字电子钟原理框图

要完成流水灯控制器的设计，达到设计任务书的功能要求。就要完成分频器的设计，将板载 10 MHz 的时钟信号分频获得 1 Hz 的时钟信号（秒脉冲）。再利用 VHDL 语言完成流水灯控制器实现流水控制。

基于 CPLD 的流水灯控制器功能框图如图 2-2 所示。

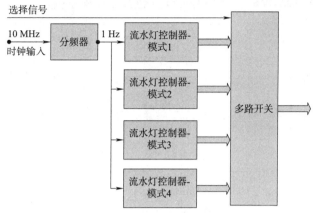

图 2-2　基于 CPLD 的流水灯控制器功能框图

项目实施

任务 1　秒时钟源设计

任务解析

根据项目需求分析结果可知,将板载 10 MHz 的时钟信号分频可以获得 1 Hz 的时钟信号(秒脉冲)。为了将 10 MHz 信号分频成 1 Hz 信号就需要设计 10 000 000(10^7)分频器。为简化设计可以设计 10 分频器,通过级联的方式提高分频系数,即用 7 个 10 分频器级联即可获得分频系数 10^7 的分频器,达到设计目的。因此本任务聚焦到 10 分频器设计。

知识链接

一、VHDL 硬件描述语言

1. VHDL 程序的基本结构

VHDL 是一种用普通文本形式设计数字系统的硬件描述语言,主要用于描述数字系统的结构、行为、功能和接口,可以在任何文字处理软件环境中编辑。VHDL 程序将一项工程设计项目(又称设计实体)分成描述外部端口信号的可视部分和描述端口信号之间逻辑关系的内部不可视部分,这种将设计项目分成内、外两个部分的概念是硬件描述语言(HDL)的基本特征。

一个完整的 VHDL 程序通常包含库、程序包、实体、结构体和配置五部分,如图 2-3 所示。其中必须包括实体(Entity)和结构体(Architecture)。一个设计实体可看成一个盒子,通过它只能了解其外部输入及输出端口,无法知道盒子里的东西,而结构体则用来描述盒子内部的详细内容。

至于完整的 VHDL 程序是什么样,实际上并没有统一的标准,因为不同的程序设计目的可以有不同的程序结构。除实体和结构体外,多数程序还要包含库和程序包。

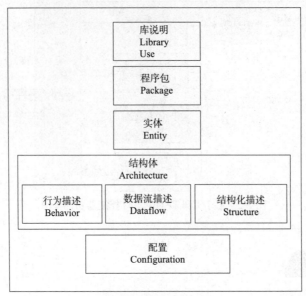

图 2-3 VHDL 程序结构

实体中定义了一个设计模块的外部输入和输出端口,即模块(或元件)的外部特征,描述了一个元件或一个模块与其他部分(模块)之间的连接关系,可以看作输入/输出信号和芯片管脚信息。一个设计可以有多个实体,只有处于最高层的实体称为顶层实体,EDA 工具的编译和仿真都是对顶层实体进行的。处于低层的各个实体都可作为单个元件,被高层实体调用。

结构体主要用来说明元件内部的具体结构,即对元件内部的逻辑功能进行说明,是程序设计的核心部分,描述的是模块(或元件)的内部特征。

库是程序包的集合,不同的库有不同类型的程序包。程序包用来定义结构体和实体中要用到的数据类型、元件和子程序等。

【例 2-1】用 VHDL 设计一个非门(反向器)。

非门即 $y=\bar{a}$,设反相器的 VHDL 的文件名是 not1.vhd,其中的 .vhd 是 VHDL 程序文件的扩展名。程序结构如下:

```
--库和程序包部分
LIBRARY IEEE;                              --打开 IEEE 库
USE IEEE.STD_LOGIC_1164.ALL;               --调用库中 STD_LOGIC_1164 程序包
--实体部分
ENTITY not1 IS                             --实体名为 not1
PORT (                                     --端口说明
    a:IN    STD_LOGIC;                     --定义端口类型和数据类型
    y:OUT   STD_LOGIC);
END not1;                                  --实体结束
--结构体部分
```

```
ARCHITECTURE inv OF not1 IS                --结构体名为 inv
BEGIN
    y <= NOT a;                            --将 a 取反后赋值给输出端口 y
END inv;                                   --结构体结束
```

说明：-- 双短画线是注释标识符，其右侧内容是对程序的具体注释，并不执行。所有语句都是以分号结束，另外程序中不区分字母的大小写。双短画线后面是注释和说明语句，编译时不会编译到项目中，不影响设计结果，只是对程序的解释和说明，帮助理解程序。

这是一个完整的 VHDL 源程序实例。其中的第一部分是库和程序包，是用 VHDL 编写的共享文件，定义结构体和实体中要用到的数据类型、元件、子程序等，放在名为 IEEE 的库中。

第二部分是实体，相当于定义电路单元的管脚信息。实体名是自己任意取的，但要注意要与项目名和文件名相同，并符合标识符规则。实体以 ENTITY 开头，以 END 结束。

第三部分是结构体，用来描述电路的内部结构和逻辑功能。结构体名也是任意取的，结构体以 ARCHITECTURE 开头，以 END 结束。BEGIN 是开始描述实体端口逻辑关系的标志，有行为描述、数据流（又称寄存器）描述和结构描述三种描述方式，这里采用的是数据流描述方式。符号 <= 是信号赋值运算符，从电路角度看就是表示信号传输；NOT 是关键字，表示取反（对后面的信号 a 操作），结构体实现了将 a 取反后传送到输出端 y 的功能。

【例 2-2】用 VHDL 设计一个将输入端信号直接送到输出端输出的程序。

```
序号
1    ENTITY mybody IS                      --mybody 是实体名
2    PORT (                                --定义端口
3        in1     : IN    BIT;
4        output1 : OUT   BIT );
5    END mybody;                           --实体结束
6    ARCHITECTURE myprog OF mybody IS      --结构体名 myprog
7    BEGIN                                 --结构体开始
8        output1 <= in1;                   --输入状态直接送到输出
9    END myprog;                           --结构体结束
```

程序的 1~5 行构成实体部分，mybody 是实体名。PORT 是关键字（又称保留字），定义了实体（元件）的端口（相当于管脚）信息。in1 是一个管脚（位信号）名称，自己定义，IN 表示信号传输方向是输入，BIT 是数据类型名称，其取值范围是'0'、'1'。output1 也是一个管脚名称，OUT 表示输出。END 是结束标志，只有一个实体时其右边的实体名称 mybody 可以省略。

程序的 6~9 行构成结构体部分，OF mybody 说明结构体是属于实体 mybody，OF 右边的实体名称必须与实体部分的实体名称相同。BEGIN 是结构体开始的标志，该关键字是必需的。END myprog 是结构体结束标志，只有一个结构体时结构体名 myprog 可省略。

由于例 2-2 实体中信号使用的数据类型（BIT）和结构体中的运算符（<=）都是默认类型，所以程序文件可省略库和程序包。

1) VHDL 的库和程序包

（1）库：库是专门用于存放预先编译好的程序包的地方，对应一个文件目录，程序包的文件就

放在此目录中。库的说明总是放在设计单元的最前面,表示该库资源对以下的设计单元开放。库语句格式如下:

```
LIBRARY  库名
```

常用的库有 IEEE 库、STD 库和 WORK 库。

①IEEE 库:是 VHDL 设计中最常用的资源库,包含 IEEE 标准的 STD_LOGIC_1164、NUMERIC_BIT、NUMERIC_STD 以及其他一些支持工业标准的程序包。其中最重要和最常用的是 STD_LOGIC_1164 程序包,大部分程序都是以此程序包中设定的标准为设计基础。

②STD 库:是 VHDL 的标准库,VHDL 在编译过程中会自动调用该库,所以使用时不需要用语句另外说明。

③WORK 库:是用户在进行 VHDL 设计时的现行工作库,用户的设计成果将自动保存在该库中,是用户自己的仓库,同 STD 库一样,使用该库不需要任何说明。

(2)程序包:程序包是用 VHDL 语言编写的一段程序,可以供其他设计单元调用和共享,相当于公用的"工具箱",各种数据类型、子程序等一旦放入了程序包,就成为共享的"工具",使用它可以减少代码的输入量,使程序结构清晰。

调用程序包的通用模式为:

```
USE 库名.程序包名.ALL;
```

常用预定义程序包有以下 4 个:

①STD_LOGIC_1164 程序包。STD_LOGIC_1164 程序包定义了一些数据类型、子类型和函数。数据类型包括:STD_ULOGIC、STD_ULOGIC_VECTOR、STD_LOGIC 和 STD_LOGIC_VECTOR,用得最多最广的是 STD_LOGIC 和 STD_LOGIC_VECTOR 数据类型。调用 STD_LOGIC_1164 程序包中的项目需要使用以下语句:

```
LIBRARY IEEE;
USE IEEE.STD_LOGIC_1164.ALL;
```

该程序包预先在 IEEE 库中编译,是 IEEE 库中最常用的标准程序包,其数据类型能够满足工业标准,非常适合 CPLD(或 FPGA)器件的多值逻辑设计结构。

②STD_LOGIC_ARITH 程序包。该程序包是美国 Synopsys 公司的程序包,预先编译在 IEEE 库中。主要是在 STD_LOGIC_1164 程序包的基础上扩展了 UNSIGNED(无符号)、SIGNED(符号)和 SMALL_INT(短整型)三个数据类型,并定义了相关的算术运算符和转换函数。

③STD_LOGIC_SIGNED 程序包。该程序包预先编译在 IEEE 库中,也是 Synopsys 公司的程序包。主要定义有符号数的运算,重载后可用于 INTEGER(整数)、STD_LOGIC(标准逻辑位)和 STD_LOGIC_VECTOR(标准逻辑位向量)之间的混合运算,并且定义了 STD_LOGIC_VECTOR 到 INTEGER 的转换函数。

④STD_LOGIC_UNSIGNED 程序包。该程序包用来定义无符号数的运算,其他功能与 STD_LOGIC_SIGNED 相似。

2)VHDL 的实体

VHDL 描述的对象称为实体,是设计中最基本的模块。实体提供一个设计单元的公共信息

（相当于框图）。实体具体代表什么几乎没有限制，可以是任意复杂的系统、一块电路板、一个芯片、一个单元电路等。如果对系统自顶向下分层来划分模块，则各层的设计模块都可作为实体。实体的格式如下：

```
ENTITY 实体名 IS
    [GENERIC(类属说明)]
[PORT(端口说明)]
END 实体名;
```

实体名代表该电路的元件名称，所以最好根据电路功能来定义。例如，对于 4 位二进制计数器，实体名可以定义为 counter4b，这样容易分析程序。[ ]中的内容是可选项，根据需要可以做说明，不需要时可以不做说明。

类属说明是实体说明的一个可选项，主要为设计实体指定参数，可以用来定义端口宽度、实体中元件的数目、器件延迟时间等。使用类属说明可以使设计具有通用性。类属说明相关知识学生可以自行查阅资料学习。

端口说明也是实体说明的一个可选项，负责对实体中输入和输出端口进行描述。实体与外界交流的信息必须通过端口输入或输出，端口的功能相当于元件的一个管脚。实体中的每一个输入、输出信号都被称为一个端口，一个端口就是一个数据对象。端口可以被赋值，也可以作为信号用在逻辑表达式中。端口说明语句格式如下：

```
PORT(端口信号名 1:端口模式 1 数据类型 1;
    ……;
端口信号名 n:端口模式 n 数据类型 n);
```

端口信号名是设计者为实体的每一个对外通道所取的名字；端口模式是指这些通道上的信号传输方向，共有 4 种传输方向，见表 2-2。

表 2-2 端口信号传输方向

方向定义	说 明
IN	单向输入模式，将变量或信号信息通过该端口读入实体
OUT	单向输出模式，信号通过该端口从实体输出
INOUT	双向输入/输出模式，既可以输入端口，还可以输出端口
BUFFER	缓冲输出模式，具有回读功能的输出模式，可以输入端口，也可以输出端口

其中，IN 相当于电路中的只允许输入的管脚；OUT 相当于只允许输出的管脚；INOUT 相当于双向管脚，是在普通输出端口基础上增加了一个三态输出缓冲器和一个输入缓冲器构成的，既可以作输入端口，也可以作输出端口；BUFFER 是带有输出缓冲器并可以回读的管脚，是 INOUT 的子集，BUFFER 作输入端口使用时，信号不是由外部输入，而是从输出端口反馈得到，即 BUFFER 类的信号在输出到外部电路的同时，也可以被实体本身的结构体读入，这种类型的信号常用来描述带反馈的逻辑电路，如计数器等。

数据类型指的是端口信号的类型，常用端口数据类型见表 2-3。

表 2-3 常用端口数据类型

关键字	说 明
BOOLEAN	布尔类型,取值有 FALSE、TRUE 两种,只用于关系运算,不能用于计算
BIT	二进制位类型,取值只能是 0、1,由 STANDARD 程序包定义
BIT_VECTOR	位向量类型,表示一组二进制数,常用来描述地址总线、数据总线等端口
STD_LOGIC	工业标准的逻辑类型,取值 0、1、X、Z 等,由 STD_LOGIC_1164 程序包定义
STD_LOGIC_VECTOR	工业标准的逻辑向量类型,是 STD_LOGIC 的组合
INTEGER	整数类型,可用作循环的指针或常数,通常不用作 I/O 信号

3) VHDL 的结构体

一个实体中可以有一个结构体,也可以有多个结构体,但各个结构体不应有重名,结构体之间没有顺序上的差别。结构体用来描述设计实体的内部结构或行为,是实体的一个重要组成部分,定义了实体的具体功能,规定了实体中的信号数据流程,确定了实体中内部元件的连接关系。其格式如下:

```
ARCHITECTURE 结构体名 OF 实体名 IS
    [结构体说明部分;]
BEGIN
    功能描述语句;
END 结构体名;
```

结构体说明部分是一个可选项,位于关键字 ARCHITECTURE 和 BEGIN 之间,用来对结构体内部所使用的信号、常数、元件、函数和过程加以说明。要注意的是,所说明的内容只能用于这个结构体,若要使这些说明也能被其他实体或结构体所引用,则需要先把它们放入程序包。在结构体中也不要把常量、变量或信号定义成与实体端口相同的名称。

位于 BEGIN 和 END 之间的结构体功能描述语句是必需的,具体描述结构体(电路)的行为(功能)及其连接关系,主要使用信号赋值、块(Block)、进程(Process)、元件例化(Component Map)及子程序调用等 5 类语句。

【例 2-3】通过中间信号 m 实现输入端到输出端的数据传输。

```
ENTITY mybody IS                        -- 实体名为 mybody
PORT(  in1:IN    BIT;                   -- 定义端口
       output1:OUT  BIT);
END mybody;
ARCHITECTURE myprog OF mybody IS        -- 结构体名为 myprog
    SIGNAL m:BIT;                       -- 定义中间信号 m
BEGIN
    m <= in1;                           -- 输入信号传送给中间信号
    output1 <= m;                       -- 中间信号送给输出信号
END myprog;
```

2. VHDL 基本语句

VHDL 程序是由一系列 VHDL 语句组成的，VHDL 语句包括顺序语句和并行语句。只有掌握这些语句的特点和使用方法，才能正确高效地利用 VHDL 进行电子系统功能的描述。有的语句，例如赋值语句、过程调用语句、断言语句等，既可作为并行语句，又可以作为顺序语句，这由所在的语句块决定。对于顺序语句，程序执行时按照语句的书写顺序执行，前面语句的执行结果可能直接影响后面语句的执行。并行语句作为一个整体运行，程序执行时只执行被激活的语句，而不是所有语句；对所有被激活语句的执行也不受语句书写顺序的影响，这就是 VHDL 可以模拟实际硬件电路工作时的并行性。从分工上说，顺序语句主要用于实现模块的算法或行为，顺序语句不能直接构成结构体，必须通过进程、过程调用等间接实现结构体。并行语句则主要用于表示算法模块间的连接关系，可以直接构成结构体。

VHDL基本结构

1) 顺序语句

顺序语句是构成进程（Process）、过程（Procedure）和函数（Function）的基础。即进程、过程、函数是由顺序语句组成的，顺序语句只能出现在进程、过程和函数中。VHDL 的顺序语句主要有用于流程控制的 IF 语句、CASE 语句、LOOP 语句、NEXT 语句、EXIT 语句和等待语句（WAIT）、返回语句（RETURN）、空操作语句（NULL）、赋值语句和过程调用语句等。

VHDL基本语句

（1）赋值语句。赋值语句的功能就是将一个值或一个表达式的运算结果传递给某一数据对象，如信号或者变量，或由此组成的数组。VHDL 设计实体内的数据传递以及对端口界面外部数据的读写都必须通过赋值语句的运行来实现。

赋值语句有两种，变量赋值语句和信号赋值语句。

变量赋值语句：:=

变量赋值语句的语法格式为：

> 目的变量:=表达式;

信号赋值语句：<=

信号赋值语句的语法格式为：

> 目的信号<=信号表达式;

变量与信号的区别前面已经分析过了，变量赋值是立即发生的，即是一种零延时的赋值行为；信号赋值并不是立即发生的，它发生在进程结束的时候。信号赋值过程总是有某种延时的，它反映了硬件系统并不是立即发生的，它发生在一个进程结束的时候。它反映了硬件系统的重要性，综合后可以找到与信号对应的硬件结构，如一根传输导线、一个输入/输出端口或一个 D 触发器。

【例 2-4】变量赋值语句例程。

```
LIBRARY IEEE;
USE IEEE.STD_LOGIC_1164.ALL;
ENTITY dff2 IS
PORT(clk,d1:IN STD_LOGIC;
     q:OUT STD_LOGIC);
```

```
END dff2;
ARCHITECTURE bhv OF dff2 IS
  BEGIN
  PROCESS(clk)
    VARIABLE a,b:STD_LOGIC;
    BEGIN
      IF RISING_EDGE(clk) THEN         --判别时钟上升沿
        a:=d1;                          --变量赋值
        b:=a;                           --变量赋值
        q<=b;
      END IF;
    END PROCESS;
END bhv;
```

说明:在时序逻辑电路中经常要通过时钟的上升沿或者下降沿触发。RISING_EDGE(clk)函数是判别时钟上升沿的函数,当时钟 clk 信号上升沿来临时,RISING_EDGE(clk)函数返回 TRUE。同样还可以用 clk'event AND clk='1'表示时钟上升沿。clk 信号发生变化时 clk'event 返回'1'并且同时 clk='1' 则代表时钟上升沿。同样可以用 clk'event AND clk='0'表示时钟下降沿。

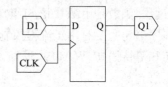

图 2-4 变量赋值程序的逻辑电路图

因为变量赋值语句是即时生效的,所以 D1 经历一次信号赋值(<=),即可以用一个 D 触发器来实现,如图 2-4 所示。

【例 2-5】信号赋值语句例程。

```
LIBRARY IEEE;
USE IEEE.STD_LOGIC_1164.ALL;
ENTITY dff1 IS
PORT(clk,d1:IN STD_LOGIC;
     q:OUT STD_LOGIC);
END dff1;
ARCHITECTURE bhv OF dff1 IS
   SIGNAL a,b:STD_LOGIC;
BEGIN
     PROCESS(clk)
     BEGIN
       IF RISING_EDGE(clk) THEN       --判别时钟上升沿
         a<=d1;                        --信号赋值
         b<=a;                         --信号赋值
         q<=b;                         --信号赋值
       END IF;
     END PROCESS;
END BHV;
```

项目 2 流水灯控制器设计

因为信号赋值语句是延时生效的,所以 D1 经历 3 次信号赋值(<=),即可以用 3 个 D 触发器来实现,如图 2-5 所示。

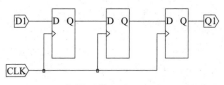

图 2-5 信号赋值程序的逻辑电路图

说明:书中前面的例程用到了好多后面讲到的语法知识,各位读者可以先忽略这部分,关注于例子中所要重点表达的内容,到所有语法学习完后,再来阅读这部分程序,可以理解整个程序的设计思想。

(2) IF 语句。IF 语句是一种条件语句,它根据语句中所设置的一种或多种条件,有选择地执行指定的顺序语句。IF 语句有以下 3 种结构:

第一种 IF 语句的流程图如图 2-6 所示。

```
IF 条件语句 THEN                              --第一种 IF 语句,用于门闩控制
    顺序语句;
END IF;
```

二选一 IF 语句的流程图如图 2-7 所示。

```
IF 条件语句 THEN                              --第二种 IF 语句,用于二选一控制
  顺序语句 1;
ELSE
  顺序语句 2;
END IF;
```

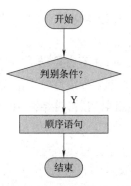

图 2-6 IF 语句的流程图(门闩结构)　　图 2-7 IF 语句的流程图(二选一结构)

多选择控制 IF 语句的流程图如图 2-8 所示。

```
IF 条件语句 THEN                              --第三种 IF 语句,用于多选择控制
  顺序语句 1;
```

```
ELSIF 条件句 THEN
  顺序语句 2;
  …
ELSE
  顺序语句 N;
END IF;
```

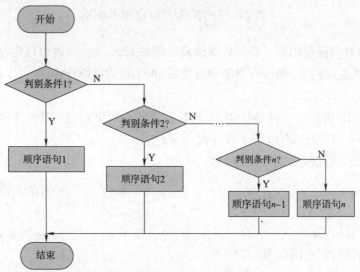

图 2-8 IF 语句的流程图(多选择结构)

【例 2-6】最简单的 IF 语句。

```
k1: IF (a>b) THEN
  output <= '1';
END IF k1;
```

k1 是条件语句标号,可有可无。若条件表达式(a>b)的比较结果为 TRUE,则向信号 output 赋值 1,否则信号 output 保持不变。

二选一的 IF 语句则不同,当判别条件不满足即 FALSE 时,并不直接结束条件语句的执行,而是转向 ELSE 分支的另一段顺序语句继续执行。这种结构语句具有条件分支的功能,通过测定所设条件的真伪以决定执行哪一组顺序语句,在执行完其中一组语句后,再结束 IF 语句。

【例 2-7】用于二选一控制的第二种 IF 语句。

```
FUNCTION and_func (x, y: IN BIT) RETURN BIT IS
BEGIN
  IF x = '1' AND y= '1' THEN RETURN '1';
  ELSE RETURN '0';
  END IF;
END and_func;
```

IF 语句中的条件语句返回的必须是 BOOLEAN 类型值。

【例 2-8】用于二选一控制的第二种 IF 语句。

```
LIBRARY IEEE;
USE IEEE.STD_LOGIC_1164.ALL;
ENTITY control_stmts IS
   PORT (a, b, c: IN BOOLEAN;
       output: OUT BOOLEAN);
END control_stmts;
ARCHITECTURE example OF control_stmts IS
BEGIN
   PROCESS (a, b, c)
     VARIABLE n: BOOLEAN;
   BEGIN
     IF a THEN n:=b;
     ELSE              n:=c;
     END IF;
        output<= n;
   END PROCESS;
END example;
```

IF 语句的用法

2)并行语句

前面讲过,并行语句主要用于表示算法模块间的连接关系,可以直接构成结构体,使结构体具有层次性,简单易读。并行语句在结构体中的执行是同步进行的,或者说是并行运行的,其执行方式与书写顺序无关。并行语句主要包括生成语句、条件信号赋值语句、元件例化语句、并行信号赋值语句、块语句、进程语句、子程序调用语句。因为本书属于项目式教材,因此在内容选择时项目需要逐步展开,初学者可以在完成全书所有项目之后再重新学习 VHDL 语法的知识结构,可以使大家由易到难,逐步掌握 EDA 的设计知识和方法。

进程语句:进程语句(PROCESS)是 VHDL 程序中使用最频繁和最能体现 VHDL 特点的语句,它提供了一种用算法(顺序语句)描述硬件行为的方法。进程语句具有并行和顺序行为的双重性。一个结构体可具有一个或多个并行运行的进程结构,但每个进程内部却是由一系列顺序语句构成的。进程语句与结构体中的其余部分进行信息交流是靠信号完成的。

进程语句格式:

```
[进程标号:] PROCESS[(敏感信号表)][IS]
   [进程说明语句]
BEGIN
   顺序语句
END PROCESS[进程标号];
```

进程语句的内部结构如图 2-9 所示。

进程语句的特点:PROCESS 为一无限循环语句、具有明显的顺序/并行运行双重性、进程必须由敏感信号的变化来启动、进程语句本身是并行语句。

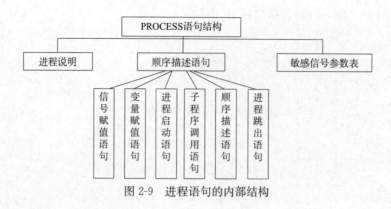

图 2-9 进程语句的内部结构

【例 2-9】用进程描述一个 4 位二进制加法计数器。

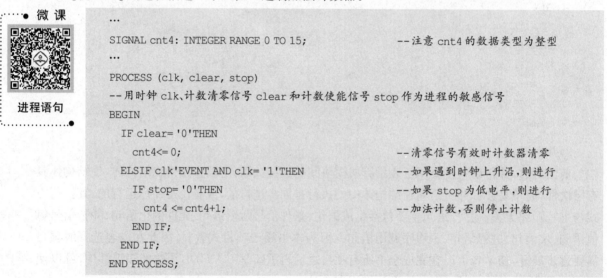

```
...
SIGNAL cnt4: INTEGER RANGE 0 TO 15;        --注意 cnt4 的数据类型为整型
...
PROCESS (clk, clear, stop)
--用时钟 clk、计数清零信号 clear 和计数使能信号 stop 作为进程的敏感信号
BEGIN
  IF clear= '0'THEN
    cnt4<= 0;                              --清零信号有效时计数器清零
  ELSIF clk'EVENT AND clk= '1'THEN         --如果遇到时钟上升沿,则进行
    IF stop= '0'THEN                       --如果 stop 为低电平,则进行
      cnt4 <= cnt4+1;                      --加法计数,否则停止计数
    END IF;
  END IF;
END PROCESS;
```

二、Quartus Ⅱ 工具软件

Quartus Ⅱ 工具是 Altera 公司推出的 EDA 开发工具,同第三代设计工具 MaxPlus Ⅱ 相比,其功能更加完善,特别适合于大规模逻辑电路的设计。MaxPlus Ⅱ 与 Quartus Ⅱ 相比更加简单,对于一些较老的器件和设计可能需要 MaxPlus Ⅱ 工具作为开发环境。只要具备 Quartus Ⅱ 工具的使用能力,完成 MaxPlus Ⅱ 工具环境下的项目开发比较容易,本书不做介绍。Quartus Ⅱ 工具的开发设计流程与其他工具软件一样,也包括设计输入、设计实现(编译)、设计仿真、编程或配置、硬件调试几个过程。Quartus Ⅱ 工具支持图形输入、文本输入等多种设计方法。

Altera 公司的 Quartus Ⅱ 工具是一个全面的、易于使用且具有独立解决问题能力的软件,可以完成设计流程中输入、综合、布局布线、时序分析、仿真和编程下载等功能。在学习时可以安装其他版本的 Quartus Ⅱ 软件,使用方法都大同小异。但不同操作系统下,不同版本的 Quartus Ⅱ 软件的安装方法以及 License 的安装方法会有不同,使用时要注意。

启动 Quartus Ⅱ 软件后的图形用户界面如图 2-10 所示。本书使用的 Quartus Ⅱ 工具版本是 Version 9.1,有 32 位和 64 位操作系统的版本。

Quartus Ⅱ 软件的图形用户界面分为六大区域：工程导航区、菜单命令区、快捷工具条、工作区、状态区、信息区。

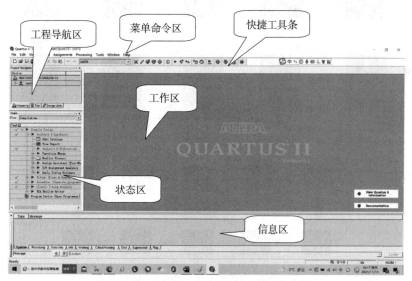

EDA工具软件简介及重要意义

Quartus工具软件介绍及项目开发步骤

图 2-10　Quartus Ⅱ 软件的图形用户界面

任务实施

根据任务解析首先设计 10 分频器，再通过级联方式扩大分频系数。

一、10 分频器 VHDL 程序设计

本任务的核心是完成一个 10 分频器的设计。10 分频器意味着外部时钟 clk 经历 10 个时钟周期之后，分频器输出信号经历一个周期。故需要设计一个计数器统计外部时钟 clk 的经历时钟周期的个数，才可以实现分频。因此本项目的核心需要设计一个能够实现 0~9 的模 10 的加计数器，加计数器的加计数行为由外部时钟 clk 的上升沿触发。

根据上面的分析可以画出分频器的时序如图 2-11 所示。

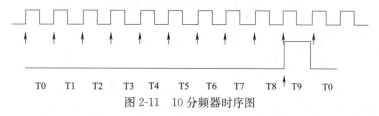

图 2-11　10 分频器时序图

模 10 计数器工作过程可以用图 2-12 表示。

转换为二进制数可以用图 2-13 表示。

从模 10 计数器工作过程可以总结出当最大计数达到 9（二进制 1001）时，计数值跳变到 0（二进制 0000），否则外部时钟 clk 的上升沿触发加计数行为，因此可以画出 10 分频器的流程图如图 2-14 所示。

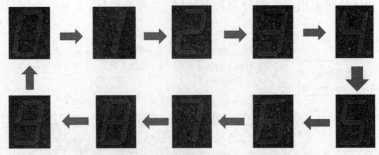

图 2-12　模 10 计数器工作过程图

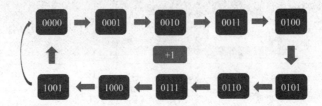

图 2-13　模 10 计数器工作过程图(二进制数表示)

微　课

模10计数器的设计

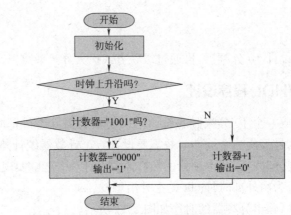

图 2-14　10 分频器程序流程图

根据图 2-14 流程图编写 10 分频器的 VHDL 程序。

【例 2-10】 10 分频器的 VHDL 例程。

```
LIBRARY IEEE;                              --定义库
USE IEEE.STD_LOGIC_1164.ALL;
USE IEEE.STD_LOGIC_UNSIGNED.ALL;
ENTITY fen10 IS                            --定义设计实体,实体名 fen10,与工程同名
  PORT(clk:IN STD_LOGIC;
       qout:OUT STD_LOGIC);
END fen10;
ARCHITECTURE arc OF fen10 IS               --定义结构体,结构体名 arc
```

```
BEGIN
  PROCESS(clk)                                      --定义进程
    VARIABLE cnt0:STD_LOGIC_VECTOR(3 DOWNTO 0);     --定义计数变量
  BEGIN
    IF clk'EVENT AND clk='1' THEN                   --判别时钟上升沿↑
      IF cnt0="1001" THEN                           --cnt0=9吗?
        cnt0:="0000";
        qout<='1';
      ELSE
        cnt0:=cnt0+1;
        qout<='0';
      END IF;
    END IF;
  END PROCESS;
END arc;
```

说明:设计实体名与 VHDL 源程序(.vhd)的文件名必须同名,本例中只有一个设计文件,因此设计实体名,VHDL 源程序(.vhd)的文件名与工程名称均相同。如果有多个设计文件时,只有工程的顶层文件和工程同名,其他文件均不能与工程同名;但每个 VHDL 源程序(.vhd)的文件名必须与本文件的实体名同名,否则编译会报错。

微 课

分频器设计

二、10 分频器设计输入与仿真

1. 设置工程

每个 EDA 设计都是一个工程(Project),EDA 的开发设计文件必须存储在工程目录中(不可以直接存储在磁盘的根目录下,也不要存储在中文路径下,文件夹和文件的命名要符合 VHDL 的文字规则),因此必须建立一个存放与工程相关的所有设计文件的文件夹。例如在 C 盘下新建一个 EDA 文件夹,用于存储所有 EDA 项目的工程文件。在 EDA 文件夹下新建 fen10 文件夹存放本设计的所有设计文件。创建好文件夹后选择 File(文件)→New Project Wizard(新建工程向导)命令为工程指定工作目录、分配工程名称、指定顶层设计实体名称及设定工程的其他属性。

(1)打开 Quartus Ⅱ 软件,选择 File(文件)→New Project Wizard(新建工程向导)命令,如图 2-15 所示,打开新建工程窗口。

(2)在弹出的 Introduction 对话框中单击 Next 按钮,在弹出的工程设置对话框的第一栏中设定工程文件存放目录(设定为刚刚建立的 fen10 或学生自建的工程文件夹,可以通过单击输入栏右侧的"浏览"按钮 ... 来设定),在第二栏中输入工程名字 fen10(可以自己定义,工程名一定要体现工程的功能或特点,文件夹和文件名字都要符合文字规则),如图 2-16 所示。

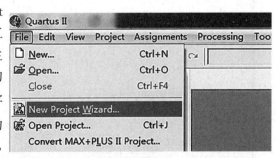

图 2-15 新建工程向导

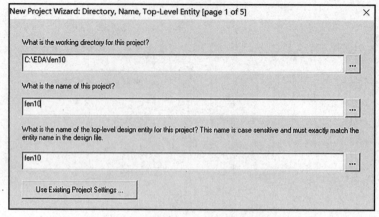

图 2-16　设置工程路径和工程名

(3)单击 Next 按钮,将已完成的设计文件添加到工程中(由于是一个新工程尚无设计文件无须添加,学生在进行实际项目开发时,可以将以前的设计成果和设计文件提前复制到工程目录下,在此步骤中即可添加文件),此处继续单击 Next 按钮,如图 2-17 所示。

(4)在弹出的器件选择和设置(Family & Device Setting)对话框中,首先在器件系列(Family)下拉列表中选择 MAX7000S(因为使用的开发板核心器件是 EPM7128SLC84-15,所以必须选择该款芯片作为工程的目标芯片)。在右侧的引脚数(Pin count)下拉列表中选择 84,在可用的器件(Available devices)列表中选择 EPM7128SLC84-15,如图 2-18 所示。然后单击 Next 按钮。

(5)在弹出的 EDA 工具设置(EDA Tools Setting)对话框中可以设置第三方的综合、仿真和时序分析工具。默认使用 Quartus Ⅱ 软件自带的设计工具,这里直接单击 Next 按钮,如图 2-19 所示。

(6)在弹出的工程设置统计窗口中列出了新建工程设置的有关信息,如图 2-20 所示,检查无误后单击 Finish 按钮。完成工程设置。

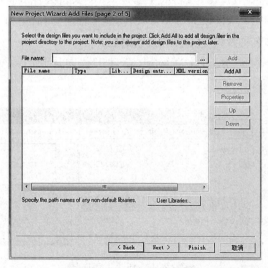

图 2-17　添加设计文件

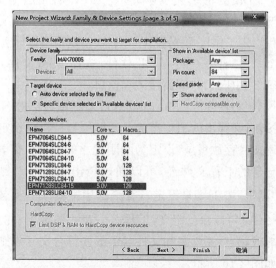

图 2-18　选择目标芯片

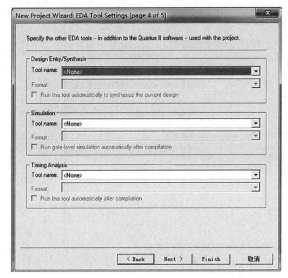
图 2-19 第三方工具选择

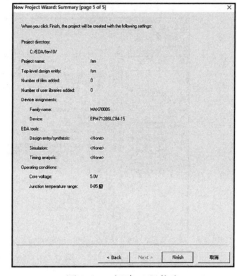
图 2-20 新建工程信息

新建工程完成后就可以开始设计输入了。

2. 10 分频器 VHDL 程序输入

(1)选择 File→New 命令(或者按【Ctrl+N】组合键),在弹出的 New 对话框中选择 VHDL File 选项,单击 OK 按钮(或者双击 VHDL File 选项),准备输入 VHDL 程序,如图 2-21 所示。

(2)如图 2-22 所示,在工作区 VHDL 输入窗口中输入 10 分频器 VHDL 程序(见例 2-10)。

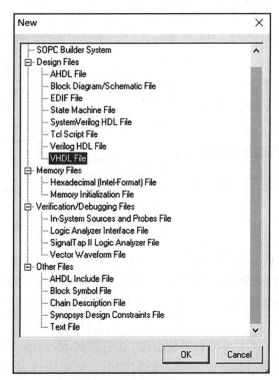
图 2-21 新建 VHDL 文件

图 2-22　10 分频器 VHDL 程序输入图

(3)如图 2-23 所示,选择 File→Save 命令。

(4)如图 2-24 所示,在弹出的"另存为"对话框中,在"文件名"文本框中输入 fen10。单击"保存"按钮,即可实现文件保存。(说明:"文件名"文本框中一定要输入 VHDL 程序中 ENTITY 后定义的实体名,见图 2-23 画线处所示;否则文件编译报错。保存完成后,VHDL 程序变为 fen10.vhd,即图 2-24 圈注处。)

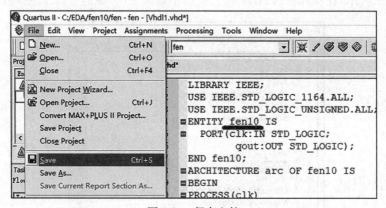

图 2-23　保存文件

3. 项目编译

确认设计文件输入完成,工程文件也保存完成以后,就可以进行工程编译了,编译主要是对设计项目进行检错、语法检查、逻辑综合、结构综合、输出结果的编辑配置和时序分析等。

(1)选择 Processing→Start Compilation 命令(或单击工具栏中的 Compilation 编译按钮),即可开始编译,如图 2-25 所示。

(2)编译时左侧的 Task 栏中显示编译的进度,在信息区 Message 栏中显示编译过程中的相关信息。编译完成以后会弹出编译是否通过的对话框。例如编译通过,出现 Full Compilation was successful(2 warnings)提示框,如图 2-26 所示。单击"确定"按钮完成项目编译。

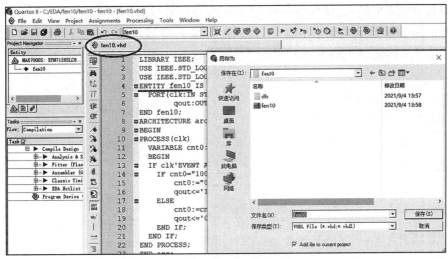

图 2-24　10 分频器 VHDL 程序输入文件保存

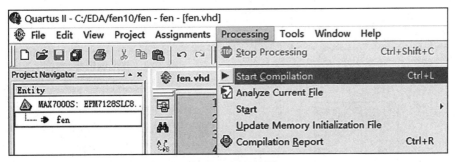

图 2-25　项目编译

图 2-26　编译通过

最后在编译报告中可以查看工程编译的相关信息。例如目标器件、顶层实体名称、使用的资源、使用的引脚数等信息。

4. 设计仿真

编译通过表示设计文件没有语法和连接错误,设计功能是否实现,还需要通过仿真来验证。接下来进行功能和时序仿真。

(1)新建波形仿真文件(选择 File→New 命令),选择 Vector Waveform File 选项,打开波形编辑器,如图 2-27 和图 2-28 所示。

（2）设置仿真结束时间（选择 Edit→End Time 命令），如图 2-29 所示。

（3）在弹出的 End Time 对话框中输入 10 μs（因为基于 CPLD、FPGA 的设计中器件的工作速度都比较快，都达到纳秒级，因此仿真总时间可以根据实际需要设定，本例中设定为 10 μs），如图 2-30 所示。

图 2-27　新建波形仿真文件

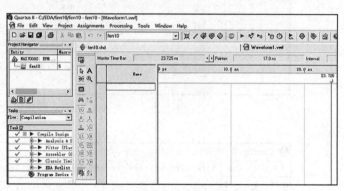

图 2-28　波形编辑器

图 2-29　设置仿真时间

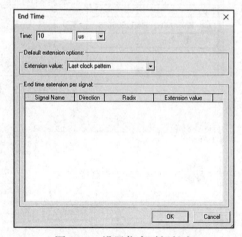

图 2-30　设置仿真时间长度

● 微　课
仿真方法

（4）在波形编辑器中添加工程的端口信号。在波形编辑器的 Name 列中右击，在弹出的快捷菜单中选择 Insert→Insert Node or Bus 命令，如图 2-31 所示。

（5）在弹出的对话框中单击 Node Finder 按钮，如图 2-32 所示。

（6）在弹出的 Node Finder 对话框中单击 List 按钮，即可在 Nodes Found 列中列出当前工程中的所有端口，如图 2-33 所示。单击"添加所有"按钮 ≫（图 2-33 圈注处），Selected Nodes 栏中即可出现选中信号。

（7）单击图 2-33 中的 OK 按钮，在弹出的对话框中继续单击 OK 按钮，即可完成仿真文件的信号插入。完成信号插入以后的波形编辑器如图 2-34 所示。

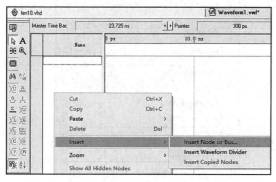

图 2-31　添加仿真输入/输出信号

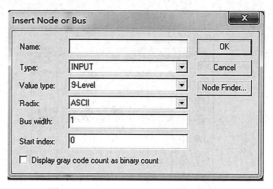

图 2-32　Insert Node or Bus 对话框

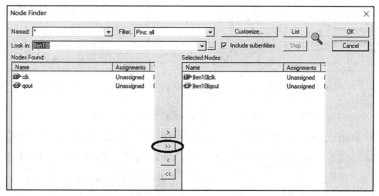

图 2-33　Node Finder 对话框

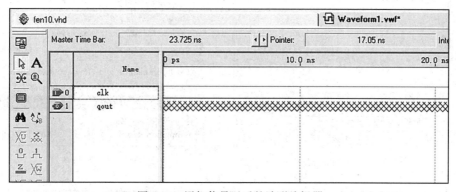

图 2-34　添加信号以后的波形编辑器

(8) 选中 clk 信号，单击 Overwrite Clock 按钮，如图 2-35 所示。

(9) 在弹出的 Clock 对话框中设置 clk 信号的时钟周期，在 Period 栏中输入 40 ns，即设置 clk 时钟周期为 40 ns，如图 2-36 所示。

(10) 设置完成以后就可以存储波形文件了。选择 File→Save as 命令即可保存。默认与工程文件同名的文件存储在工程目录下，如图 2-37 所示。文件的默认扩展名为 .vwf。保存以后波形文件名显示为 fen10.vwf。文件保存完成以后，即可仿真。

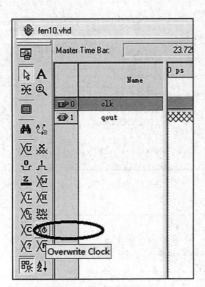
图 2-35 设置时钟信号

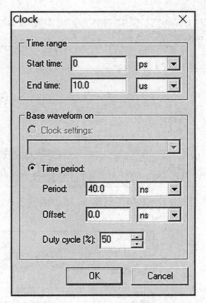
图 2-36 设置 clk 时钟周期

(11) 选择 Processing→Start Simulation 命令,如图 2-38 所示。

仿真后的波形输出文件如图 2-39 所示。经过分析可知,clk 经历 10 个时钟周期后,qout 输出经历一个完整的信号周期。对比图 2-11 可验证 10 分频器能实现 10 分频的功能。

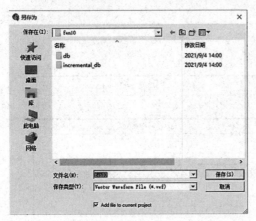
图 2-37 保存波形文件

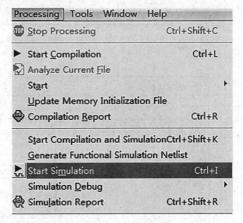
图 2-38 运行仿真

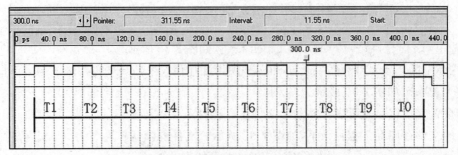
图 2-39 仿真输出波形文件

三、秒时钟源的实现

在实际设计过程中,单纯的文本输入、原理图输入方法都有局限性。原理图的输入方法适于表现元件与模块之间的连接关系和信号传递关系,文本输入文件适用于底层模块的功能描述和实现,因此常常采用原理图和文本混合输入方法。下面在一个新的工程 sclk 中实现秒时钟源。

1. 设置工程

在 EDA 文件夹下新建 sclk 文件夹作为工程目录。按照图 2-15 至图 2-20 所示操作方法新建 sclk 工程。新建后的工程如图 2-40 所示。

2. 添加 10 分频器模块

(1)在工程中新建一个 VHDL 文件,输入 10 分频的 fen10 源程序,将 VHDL 文件保存成 fen10(因为实体名称为 fen10,所以设计文件保存成 fen10.vhd),如图 2-41 所示。

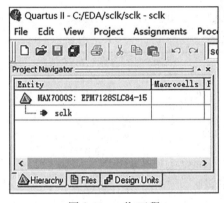

图 2-40 sclk 工程

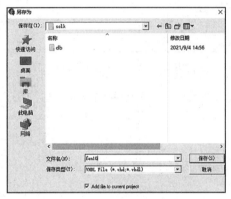

图 2-41 保存 VHDL 设计文件

(2)选择 File→Create 命令;或选择 Update→Create Symbol Files for Current File 命令,为新建的 VHDL 设计文件生成一个元件,如图 2-42 所示。

3. 添加顶层设计文件

(1)选择 File→New 命令,弹出 New 对话框,选择 Block Diagram/Schematic File 选项,新建一个原理图输入文件作为工程的顶层设计文件。如图 2-43 所示,将顶层设计文件保存为 sclk.bdf。

图 2-42 创建元件

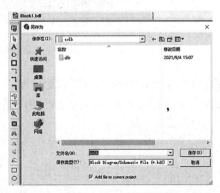

图 2-43 保存 sclk 工程顶层设计文件

(2) 在顶层文件空白处双击,选择新生成的 fen10 元件,如图 2-44 所示。单击 OK 按钮完成 10 分频模块添加。重复操作 6 次,共添加 7 个 10 分频模块。

(3) 单击工具条中的"节点连线工具"，如图 2-45 所示。把鼠标移动到 fen10 模块的 qout 端口上,按住鼠标左键拖动到下一个 fen10 模块的 clk 端口上,松开鼠标左键即可实现 fen10 模块的级联。

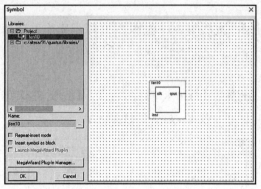
图 2-44 添加 fen10 元件

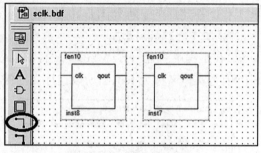
图 2-45 连接元件信号

重复操作,7 个 10 分频模块级联后顶层文件如图 2-46 所示。

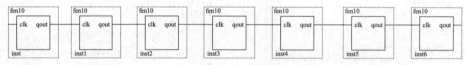
图 2-46 分频模块级联

(4) 右击第一个 fen10 模块,在弹出的快捷菜单中选择 Generate Pins for Symbol Ports 命令,为设计添加 clk 时钟信号,如图 2-47 所示。

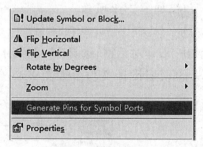
图 2-47 自动添加端口

同理,右击最后一个 fen10 模块,在弹出的快捷菜单中选择 Generate Pins for Symbol Ports 命令,为设计添加 qout 输出信号。保存设计文件,最终的工程如图 2-48 所示。

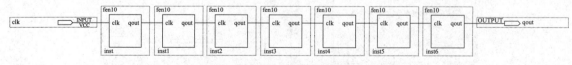
图 2-48 顶层原理图

说明:输入、输出信号也可在原理图文件空白处双击,在 Name 输入栏中输入 input 或者 output,单击 OK 按钮,添加输入、输出信号。同样的操作也可在添加元件对话框中完成,在 Libraries 列表下的器件库中选择需要的元件添加。

顶层文件保存好之后,对项目编译,即可实现 10^7 分频器的设计,即 clk 输入 10 MHz 信号,qout 输出 1 Hz 信号。本设计中学生仿真时,可以先从 2 个 10 分频级联开始,验证 100 分频的功能,然后再增加 fen10 模块,验证 1 000 分频等分频系数的实现。

任务 2　流水灯控制器系统设计及实现

任务解析

根据项目功能要求,流水灯的显示模式要在 4 种或 4 种以上,并没有明确控制模式,要求学生开放设计。本任务采用 4 种简单的移位模式来引导学生完成设计并实现系统调试。假设移位的模式设定为依次向左移位,依次向右移位,依次从中间向两边移位,依次从两边向中间移位。

知识链接

一、VHDL 语言要素(数据对象与运算操作符)

VHDL 语言具有计算机编程语言的一般特性,其语言要素是编程语句的基本单元,是 VHDL 作为硬件描述语言的基本结构元素,反映了 VHDL 重要的语言特征。VHDL 语言要素主要包括文字规则、数据对象、数据类型、类型转换、运算操作符。本任务中主要介绍数据对象和运算操作符。

1. 数据对象

在 VHDL 中,数据对象(Data Objects)就是用来存放数据的一些单元,它类似于一种容器,可以接受不同数据类型的赋值。数据对象主要包括常量、变量和信号。

1)常量(Constant)

常量就是指在设计实体中不会发生变化的值,它的定义和设置主要是为了使设计实体中的常数更容易阅读和修改。作为一种硬件描述语言的元素,常量在硬件电路设计中具有一定的物理意义,它通常用来代表硬件电路中的电源或者地线。

常数定义的一般表述:

```
CONSTANT 常数名:数据类型 :=表达式;
```

例如:

```
CONSTANT Vcc :REAL:= 3.3;
```

2)变量(Variable)

变量主要用于对暂时数据进行局部存储,它是一个局部量,只能用在进程和子程序中。

变量定义的一般表述：

```
VARIABLE 变量名：数据类型 :=初始值；
```

例如：

```
VARIABLE x: INTEGER;                          --定义变量 x 为整型变量
VARIABLE y,z: INTEGER:=2;                     --定义变量 y,z 为整型变量,初始值为 2
```

变量赋值符号为":="，变量赋值语句：

```
目标变量名 :=表达式；
```

说明：变量定义语句中的初始值可以是一个变量数据类型相同的常数值，也可以是一个表达式。初始值不是必需的，综合过程中将忽略所有的初始值。在进程或子程序中，变量的值由变量赋值语句决定。目标变量名可为单值变量或数组型变量。表达式必须与目标变量是相同数据类型，其可以是运算表达式或一个值。

```
VARIABLE   a, b : BIT_VECTOR(0 TO 7);
a:="1010101";                                 --位矢量赋值
a(3 TO 6):=('1', '1', '0', '1');              --段赋值
a(0 TO 5):=b(2 TO 7);
a(7):='0';                                    --位赋值
```

变量具有以下特点：
——一个局部量，只能在进程中和子程序中使用。
——不能将信息带出对它作定义的当前设计单元。
——一种理想化的数据传输，立即发生，不延时。
说明：VHDL 不支持变量附加延时语句。

3) 信号（Signal）

信号是描述硬件系统的基本数据对象，在元件之间起互连作用，类似于硬件电路中的连接线。信号是全区量，可以作为并行语句间的信息交流通道，也能用于进程之间的通信。信号通常在结构体、程序包和实体说明中使用，其定义语法格式如下：

```
SIGNAL 信号名：数据类型 :=初始值；
```

说明：信号具有全局特性，可见性同常量；初始值仅在行为仿真中有效。

```
SIGANAL sys_clk: BIT :='0';                   --系统时钟
SIGNAL sys_busy: BIT :='1';                   --系统总线状态
SIGNAL count: BIT_VECTOR(7 DOWNTO 0);         --计数器宽度
```

信号赋值语句表达式：

```
目标 信号名<=表达式；
```

说明：这里的表达式可以是运算表达式或是数据对象（变量、信号或常量），符号"<="表示延时赋值操作，可以设置延时量。目标信号获得传入的数据并不是即时的，而是要经历过一个特定的延时过程，因此符号"<="两边的数值并不是在任一瞬间总是一致的，这与实际器件的传播延迟

语句特性十分接近,显然与变量的赋值过程有很大差别。所以信号赋值语句用"<="符号而不是":="。需要注意的是信号的初始赋值符号仍然是":=",这是因为仿真的时间坐标是从初始赋值开始的,在此之前无所谓时间延时。

信号作为一种数值容器,不但可以容纳当前值,也可以保持历史值。但在进程中,如果同一信号有多个驱动源(赋值源),即在同一进程中有同名信号被多次赋值,其结果只有最后的赋值语句被启动,并进行赋值操作。

```
…
SIGNAL a, b, c, y, z: INTEGER ;
…
PROCESS(a,b,c)
BEGIN
    y<= a * b;
    z<= c - a;

    y<= b;
END PROCESS ;
```

在这段代码中,定义了一个进程,a、b、c 被列入进程敏感信号列表,当进程运行后,信号赋值将自上而下顺序执行,但第一项赋值操作并不会发生,这是因为 y 的最后一项驱动源是 b,因此 y 被赋值 b。

4)信号与变量的区别

信号赋值可以有延时时间,变量赋值无延时时间;信号除当前值外还有许多相关值,如历史信息等,变量只有当前值;进程对信号敏感,对变量不敏感;信号可以是多个进程的全局信号,但变量只是局部量,仅在定义它之后的顺序域内可见;信号可以看作硬件的一根连线,但变量无此对应关系。

信号与端口的区别:信号无方向说明,实体端口有方向的限制;信号是实体内部信号,用 SIGNAL 显示信号定义,实体端口是隐形的信号(实质作了隐式的信号定义),在结构体中可以看作信号加以使用。

微课
信号与变量的区别

2. 运算操作符

VHDL 的算术或逻辑运算表达式由操作数和操作符组成。操作数是各种运算的对象,操作符是规定运算的方式。

VHDL 的操作符有 4 类,即算术操作符、逻辑操作符、关系操作符、符号操作符。常用 VHDL 操作符的分类、功能和适用的操作数数据类型如表 2-4 所示。

表 2-4 VHDL 操作符列表

类　型		操作符	功　能	操作数数据类型
算术操作符	求和	+	加法	整数、实数、物理量
		−	减法	整数、实数、物理量
	并置	&	并置	一维数组

续表

类型		操作符	功能	操作数数据类型
算术操作符	求积	*	乘法	整数和实数(包括浮点数)
		/	除法	整数和实数(包括浮点数)
		REM	求余	整数
		MOD	求模	整数
	混合	**	指数运算	整数
		ABS	取绝对值	整数
	移位	SLL	逻辑左移	BIT 或 BOOLEAN 一维数组
		SRL	逻辑右移	BIT 或 BOOLEAN 一维数组
		SLA	算术左移	BIT 或 BOOLEAN 一维数组
		SRA	算术右移	BIT 或 BOOLEAN 一维数组
		ROL	逻辑循环左移	BIT 或 BOOLEAN 一维数组
		ROR	逻辑循环右移	BIT 或 BOOLEAN 一维数组
逻辑操作符		AND	与	BIT、BOOLEAN、STD_LOGIC
		OR	或	BIT、BOOLEAN、STD_LOGIC
		NOT	非	BIT、BOOLEAN、STD_LOGIC
		NAND	与非	BIT、BOOLEAN、STD_LOGIC
		NOR	或非	BIT、BOOLEAN、STD_LOGIC
		XOR	异或	BIT、BOOLEAN、STD_LOGIC
		XNOR	同或	BIT、BOOLEAN、STD_LOGIC
关系操作符		=	等于	任何数据类型
		/=	不等于	任何数据类型
		>	大于	枚举和整数类型及对应的一维数组
		<	小于	枚举和整数类型及对应的一维数组
		>=	大于或等于	枚举和整数类型及对应的一维数组
		<=	小于或等于	枚举和整数类型及对应的一维数组
符号操作符		+	正	整数
		−	负	整数

1)逻辑操作符

操作数的数据类型及位宽必须相同,先做括号里的运算,再做括号外的运算。若运算符只有 OR、AND 和 XOR 中的一种,不需要加括号;否则,需要加括号说明运算顺序。

```
SIGNAL a,b,c : STD_LOGIC_VECTOR (3 DOWNTO 0);
SIGNAL d,e,f,g : STD_LOGIC_VECTOR (1 DOWNTO 0);
```

```
    SIGNAL h,I,j,k : STD_LOGIC;
    SIGNAL l,m,n,o,p : BOOLEAN;
    ...
    a<= b AND c;                              --b、c相与后向a赋值,a、b、c的数据类型都是4
位长的位矢量
    d<= e OR f OR g;                          --两个操作符OR相同,不需要括号
    h<= (i NAND j)NAND k;                     --NAND不属于上述三种运算符中的一种,必须加
括号
    l<= (m XOR n)AND(o XOR p);                --操作符不同,必须加括号
    h<= i AND j AND k;                        --两个操作符都是AND,不必加括号
    h<= i AND j OR k;                         --两个操作符不同,未加括号,表达错误
    a<= b AND e;                              --操作数b与e的位矢长度不一致,表达错误
    h<= i OR l;                               --i的数据类型是位STD_LOGIC,而l的数据类
型是
    ...                                       --布尔量BOOLEAN,因而不能相互作用,表达错误
```

2)算术操作符

算术操作符中的并置"&"用于位的连接,可以形成向量;或用于位矢量的连接,从而构成更大的位矢量。

并置操作符"&":

并置操作符"&"用于位的连接,使用规则:

①用于位的连接,形成位矢量。

②用于两个位矢量的连接,从而构成更大的位矢量。

③位的连接,可以用并置运算符连接法,也可以用集合体连接法。例如:

```
    DATA_C <= D0 & D1 & D2 & D3;              --用并置运算符连接法构成4位位矢量
    DATA_C <= (D0, D1, D2, D3);               --用集合体连接法构成4位位矢量
    SIGNAL A: STD_LOGIC_VECTOR (0 TO 3);      --定义信号A为4位位矢量
    DATA_E<= A & DATA_C;                      --DATA_E为一个8位位矢量
```

乘、除法在使用时应特别注意电路的可综合性。移位操作符中逻辑左移SLL执行时,数据左移,右端空出来的位置填充"0";逻辑右移SRL执行时,左端空出来的位置填充"0";逻辑循环左移ROL和逻辑循环右移ROR执行时是自循环方式,它们移出来的位将用于依次填充移空出来的位置;SLA和SRA是算术移位操作符,其移空位置用最初的首位来填补。

【例2-11】利用SLL和数据类型转换函数实现3-8译码器设计。

```
LIBRARY IEEE;
USE IEEE.STD_LOGIC_1164.ALL;
USE IEEE.STD_LOGIC_UNSIGNED.ALL;
ENTITY decoder3to8 IS
    PORT (
        input: IN STD_LOGIC_VECTOR (2 DOWNTO 0);
        output: OUT  BIT_VECTOR(7 DOWNTO 0));
```

```
END decoder3to8;
ARCHITECTURE behave OF decoder3to8 IS
BEGIN
  output <= "00000001" SLL CONV_INTEGER ( input );
END behave ;
```

3)关系操作符

6 种关系运算操作符包括:"="(等于)、"/="(不等于)、">"(大于)、"<"(小于)、">="(大于或等于)、"<="(小于或等于)。

关系操作符的作用是将两个操作数进行数值比较或关系排序判断,并将结果以 BOOLEAN 类型的数据(即 TRUE 或 FALSE)表示出来。使用关系运算操作符对两个对象进行比较时,数据类型一定要相同,但是位长不一定相同。

【例 2-12】关系运算符的应用举例。

```
SIGNAL a STD_LOGIC_VECTOR (3 DOWNTO 0);
SIGNAL b STD_LOGIC_VECTOR (3 DOWNTO 0);
    a <= "1010";                    --将 10 代入 a,代入赋值符
    b <= "0111";                    --将 7 代入 b,代入赋值符
IF (a > b) THEN                     --关系比较符
    c<= "0000";                     --代入赋值符
ELSE
    c <= "1111";                    --代入赋值符
END IF;
...
```

4)操作符的运算优先级

符号操作符"＋""－"的操作数只有一个,操作数的数据类型是整数。操作符"＋"对操作数不作任何改变,操作符"－"作用于操作数后的返回值是对原操作数取负,在实际使用中,取负操作数需加括号。例如:

　　　　z := x*(-y);

VHDL语言要素

5)操作符的运算优先级

各种操作符的优先级见表 2-5。

表 2-5　操作符的优先级

操作符	优先级
NOT、ABS、**	最高
*、/、MOD、REM	
＋(正)、－(负)	
＋(加)、－(减)、&	
SLL、SRL、SLA、SRA、ROL、ROR	
=、/=、>、<、>=、<=	
AND、OR、NAND、NOR、XOR、XNOR	最低

二、EDA 设计流程

利用 EDA 技术对 CPLD/FPGA 进行开发设计的流程如图 2-49 所示,主要包括设计输入、设计实现、设计仿真、编程或配置、硬件调试 5 个步骤。

1. 设计输入

设计输入就是将要设计的电路以开发软件要求的某种形式表达出来,并输入计算机,这是在 EDA 软件平台上对 FPGA/CPLD 开发的最初步骤。设计输入有多种表达方式,多数 EDA 工具都支持的设计输入方式主要有图形输入法和文本输入法。图形输入又包括原理图输入、状态图输入和波形图输入 3 种常用方法;而文本输入主要指硬件描述语言输入方式,可以是 VHDL 语言描述,也可以是 ABEL HDL 或者是 Verilog-HDL 等硬件描述语言。

状态图输入法:状态图输入法是用绘图的方法,根据电路的输入条件和不同状态之间的转换方式,在 EDA 工具的状态图编辑器上绘制出状态图,由 EDA 编译器和综合器将此状态变化流程图编译综合成电路网表。

波形图输入法:波形图输入法是根据待设计电路的功能,将该电路的输入信号和输出信号的时序波形图在相应的 EDA 工具编译器中画出来,EDA 工具能据此完成电路设计。

原理图输入法:原理图输入法是图形输入法中最常用的,本书中主要介绍原理图输入法和硬件描述语言输入法。原理图是图形化的表达方式,它类似于传统的电子设计过程中所画的原理图,只不过它是在 EDA 工具软件的图形编辑界面上绘制完成的。这一点有利于将学生曾经学习过的 Multisim、Proteus、Altium Designer 的原理图设计方法的知识迁移,有利于学生对 EDA 技术的学习。

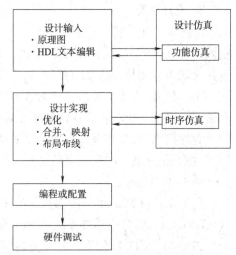

图 2-49 基于 CPLD/FPGA 的 EDA 设计流程

原理图由逻辑器件(符号)和连接线构成,特别适合用来描述接口和连接关系。在硬件描述语言中也有用元件例化语句来实现电路元件的接口和连接关系的描述,但对初学者来说,原理图的理解更直观。

HDL 文本输入法:这种方式与传统的计算机软件语言的输入编辑基本一致。HDL(如 VHDL 或 Verilog HDL)采用文本方式描述设计并在 EDA 工具软件的文本编辑器中输入,其逻辑描述能力强,但不适合描述接口和连接关系。本书中的文本输入法采用的是 VHDL 语言来描述。硬件描述语言支持布尔方程、真值表、状态机等逻辑描述方式,适合描述计数器、译码器、比较器和状态机等的逻辑功能,在描述复杂设计时,非常简洁,具有很强的逻辑描述和仿真功能。

在实际设计、开发过程中可以采用原理图作为顶层文件直观地表示系统的总体框架,在顶层文件中调用 VHDL 实现的电路模块,再进行系统的设计实现。

2. 设计实现

设计实现主要由 EDA 开发工具依据设计输入文件自动生成用于器件编程、波形仿真及延时分析等所需的数据文件。此过程对设计项目是核心过程，但对用户来说，几乎是自动化的。设计者无须做什么工作，只需根据需要，通过设置"设计实现策略"等参数来控制设计实现过程，从而使设计更优化。EDA 开发工具中主要由综合器、适配器两个软件包来实现该过程，主要完成以下工作。

综合：整个综合过程就是将设计者在 EDA 平台上编辑输入的 HDL 文本、原理图或状态图形描述，依据给定的硬件结构组件和约束控制条件进行编译、优化、转换和综合，最终获得门级电路甚至更底层的电路描述网表文件。由此可见，综合器工作前，必须给定最后实现的硬件结构参数，它的功能就是将软件描述与给定的硬件结构用某种网表文件的方式对应起来，成为相应的映射关系。

适配：适配器又称结构综合器，它的功能是将由综合器产生的网表文件配置于指定的目标器件中，使之产生最终的下载文件，如 JEDEC、Jam 格式的文件。适配所选定的目标器件（FPGA/CPDL 芯片）必须属于原综合器指定的目标器件系列。逻辑综合通过后必须利用适配器将综合后网表文件针对某一具体的目标器件进行逻辑映射操作，其中包括底层器件配置、逻辑分割、逻辑优化、逻辑布局布线操作。适配完成后可以利用适配所产生的仿真文件作精确的时序仿真，同时产生可用于编程的文件。

3. 设计仿真

仿真就是让计算机根据一定的算法和一定的仿真库对 EDA 设计进行模拟，以验证设计，排查错误。仿真是 EDA 设计过程中的重要步骤，是工程技术人员项目开发时的重要手段。设计仿真包括功能仿真和时序仿真两部分。

功能仿真：功能仿真是直接对 VHDL、原理图描述或其他描述形式的逻辑功能进行模拟，以验证其实现的功能是否满足设计的要求，仿真过程不涉及任何具体器件的硬件特性。

时序仿真：时序仿真就是接近真实器件运行特性的仿真，仿真文件中已包含了器件硬件特性参数，仿真精度高。时序仿真的仿真文件必须来自针对具体器件的综合器与适配器。

4. 编程或配置

通常，将对 CPLD 的下载称为编程（Program），对 FPGA 中的 SRAM 进行直接下载的方式称为配置（Configure），但对于 OTP FPGA 的下载和对 FPGA 的专用配置 ROM 的下载仍称为编程。

FPGA 与 CPLD 的辨别和分类主要依据其结构特点和工作原理。通常的分类方法是：将以乘积项结构方式构成逻辑行为的器件称为 CPLD，如 Lattice 的 ispLSI 系列、Xilinx 的 XC9500 系列、Altera 的 MAX7000S 系列和 Lattice（原 Vantis）的 Mach 系列等。将以查表法结构方式构成逻辑行为的器件称为 FPGA，如 Xilinx 的 SPARTAN 系列、Altera 的 cyclone 或 ACEX1K 系列等。

微 课

EDA开发设计流程

5. 硬件调试

硬件调试是最后将已编程或配置过的 CPLD 或者 FPGA 的硬件系统进行统一测试，以便最终验证设计项目在目标系统上的实际工作情况，以排除错误，改进设计。

任务实施

一、左流水控制 VHDL 程序设计

模式 1：依次向左移位。

假设输出高电平点亮一个 LED 灯，因此左流水控制内部信号的暂存状态如图 2-50 所示。

D7	D6	D5	D4	D3	D2	D1	D0
0	0	0	0	0	0	0	1
0	0	0	0	0	0	1	0
0	0	0	0	0	1	0	0
0	0	0	0	1	0	0	0
0	0	0	1	0	0	0	0
0	0	1	0	0	0	0	0
0	1	0	0	0	0	0	0
1	0	0	0	0	0	0	0

图 2-50 左流水控制状态转换图

由图 2-50 可知信号 D 的状态有 00000001 开始 '1' 的位置依次前移，当移动到 10000000 时，重新跳变到 00000001 状态。依次循环往复。

依此分析，绘制程序流程图如图 2-51 所示。

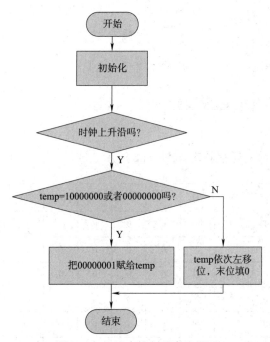

图 2-51 左流水控制程序流程图

移位操作可以采用并置操作符 & 来实现。例如用 temp(7 downto 0)<= temp(6 downto 0)&'0';表示。即用 temp(6)赋值给 temp(7)，temp(5)赋值给 temp(6)，依此类推，最后把 '0' 赋值给 temp(0);实现了 temp 依次左移位，末位填 '0'。

此流程图用 VHDL 语言描述如下：

```
LIBRARY IEEE;
USE IEEE.STD_LOGIC_1164.ALL;
USE IEEE.STD_LOGIC_UNSIGNED.ALL;
ENTITY ledleft IS                              ---实体名字 LED 向左 ledleft
   PORT(clk:IN STD_LOGIC;
        dataout:OUT STD_LOGIC_VECTOR(7 DOWNTO 0));
END ledleft;
ARCHITECTURE behav OF ledleft IS
SIGNAL temp:STD_LOGIC_VECTOR(7 DOWNTO 0);
BEGIN
   PROCESS(clk)
     BEGIN
     IF clk'EVENT AND clk= '1' THEN
        IF temp= "00000000" OR temp= "10000000" THEN
           temp<= "00000001";
        ELSE
           temp<= temp(6 downto 0)&'0';          --temp 依次左移位,末位填'0'
        END IF;
     END IF;
     dataout<= temp;
   END PROCESS;
ENDbehav;
```

二、右流水控制 VHDL 程序设计

模式 2：依次向右移位。

右流水控制的内部信号的暂存状态如图 2-52 所示。

D7	D6	D5	D4	D3	D2	D1	D0
1	0	0	0	0	0	0	0
0	1	0	0	0	0	0	0
0	0	1	0	0	0	0	0
0	0	0	1	0	0	0	0
0	0	0	0	1	0	0	0
0	0	0	0	0	1	0	0
0	0	0	0	0	0	1	0
0	0	0	0	0	0	0	1

图 2-52 右流水控制状态转换图

右流水控制程序流程图如图 2-53 所示。

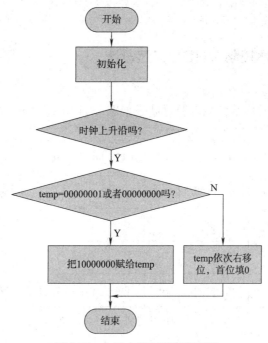

图 2-53 右流水控制程序流程图

依据流程图编写 VHDL 程序如下：

```
LIBRARY IEEE;
USE IEEE.STD_LOGIC_1164.ALL;
USE IEEE.STD_LOGIC_UNSIGNED.ALL;
ENTITY ledright IS
  PORT(clk:in STD_LOGIC;
       dataout:OUT STD_LOGIC_VECTOR(7 DOWNTO 0));
END ledright;
ARCHITECTURE behav OF ledright IS
SIGNAL temp:STD_LOGIC_VECTOR(7 DOWNTO 0);
BEGIN
  PROCESS(clk)
    BEGIN
    IF clk'EVENT AND clk= '1' THEN
       IF temp= "00000000" OR temp= "00000001" THEN
          temp<= "10000000";
       ELSE
          temp<= '0'&temp(7 downto 1);
       END IF;
    END IF;
```

```
        dataout<= temp;
    END PROCESS;
END behav;
```

三、中间向两边流水控制 VHDL 程序设计

模式 3：依次中间向两边移位。

中间向两边流水控制的内部信号的暂存状态如图 2-54 所示。

D7	D6	D5	D4	D3	D2	D1	D0
0	0	0	1	1	0	0	0
0	0	1	0	0	1	0	0
0	1	0	0	0	0	1	0
1	0	0	0	0	0	0	1

图 2-54 中间向两边流水控制状态转换图

中间向两边流水控制程序流程图如图 2-55 所示。

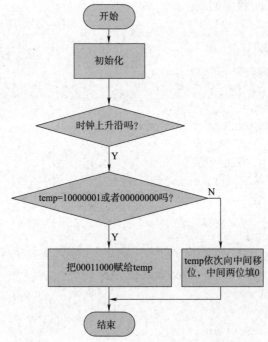

图 2-55 中间向两边流水控制程序流程图

依据流程图编写 VHDL 程序如下:

```
LIBRARY IEEE;
USE IEEE.STD_LOGIC_1164.ALL;
USE IEEE.STD_LOGIC_UNSIGNED.ALL;
ENTITY ledcenter IS
   PORT(clk:IN STD_LOGIC;
        dataout:OUT STD_LOGIC_VECTOR(7 DOWNTO 0));
END ledcenter;
ARCHITECTURE behav OF ledcenter IS
SIGNAL temp:STD_LOGIC_VECTOR(7 DOWNTO 0);
BEGIN
   PROCESS(clk)
     BEGIN
     IF clk'EVENT AND clk='1' THEN
        IF temp="00000000" OR temp="10000001" THEN
           temp<="00011000";
        ELSE
           temp<= temp(6 downto 4)&"00"&temp(3 downto 1);
        END IF;
     END IF;
        dataout<= temp;
   END PROCESS;
END behav;
```

四、两边向中间流水控制 VHDL 程序设计

模式 4:依次从两边向中央移位。

两边向中间流水控制的内部信号的暂存状态如图 2-56 所示。

D7	D6	D5	D4	D3	D2	D1	D0
1	0	0	0	0	0	0	1
0	1	0	0	0	0	1	0
0	0	1	0	0	1	0	0
0	0	0	1	1	0	0	0

图 2-56 两边向中间流水控制状态转换图

两边向中间流水控制程序流程图如图 2-57 所示。

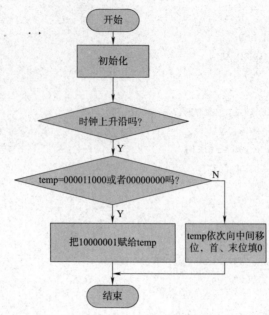

图 2-57 两边向中间流水控制程序流程图

依据流程图编写 VHDL 程序如下：

```
LIBRARY IEEE;
USE IEEE.STD_LOGIC_1164.ALL;
USE IEEE.STD_LOGIC_UNSIGNED.ALL;
ENTITY ledbothsides IS
  PORT(clk:IN STD_LOGIC;
       dataout:OUT STD_LOGIC_VECTOR(7 DOWNTO 0));
END ledbothsides;
ARCHITECTURE behav OF ledbothsides IS
SIGNAL temp:STD_LOGIC_VECTOR(7 DOWNTO 0);
BEGIN
  PROCESS(clk)
    BEGIN
    IF clk'EVENT AND clk= '1' THEN
        IF temp= "00000000" OR temp= "00011000" THEN
            temp<= "10000001";
        ELSE
            temp<= '0'&temp(7 downto 5)&temp(2 downto 0)&'0';
        END IF;
    END IF;
    dataout<= temp;
  END PROCESS;
END behav;
```

五、模式切换 VHDL 程序设计

项目功能要求学生完成 4 个不同的模式切换,就需要设计一个 4 选 1 的多路开关(数据选择器),因为是 4 选 1 的,因此选择信号需要有 2 位的矢量信号,包括 00、01、10、11 四种状态。分别把不同的输入信号送到输出。控制程序流程图如图 2-58 所示。

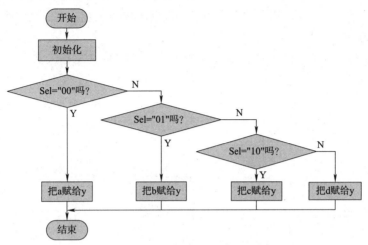

图 2-58 4 选 1 多路开关的流程图

依据流程图编写 VHDL 程序如下:

```
LIBRARY IEEE;
USE IEEE.STD_LOGIC_1164.ALL;
ENTITY mux41 IS
PORT(sel:IN STD_LOGIC_VECTOR(1 DOWNTO 0);
     a,b,c,d:IN STD_LOGIC_VECTOR(7 DOWNTO 0);
     y:OUT STD_LOGIC_VECTOR(7 DOWNTO 0));
END mux41;
ARCHITECTURE bhv OF mux41 IS
BEGIN
    PROCESS(sel)
    BEGIN
        IF sel="00" THEN
            y<=a;
        ELSIF sel="01" THEN
            y<=b;
        ELSIF sel="10" THEN
            y<=c;
        ELSE
            y<=d;
        END IF;
    END PROCESS;
END bhv;
```

六、流水灯控制器系统设计及项目测试

完成了各功能模块的 VHDL 程序设计并仿真验证后,就可以进行项目系统设计。

1. 设置工程

在 EDA 文件夹下新建 ledrun 文件夹作为流水灯项目的工程目录,新建工程 ledrun,目标器件选择 MAX7000 系列器件 EMP7128SLC84-15。设置的项目工程信息如图 2-59 所示。

2. 生成功能模块

按照本项目任务 1 分频器设计方法,在项目中先新建 VHDL 文本输入文件 fen10,把以前设计的分频器 fen10 代码复制、粘贴到文件中,将文件保存成 fen10.vhd。文件保存后选择 File→Create 命令,或选择 Update→Create Symbol Files for Current File 命令,创建 fen10 元件,如图 2-60 所示。

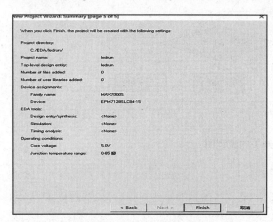

图 2-59 项目工程信息

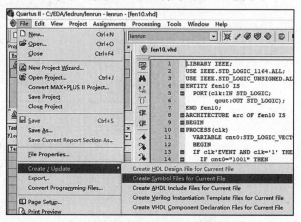

图 2-60 创建 fen10 元件

说明:文件名字一定不要保存错误,如果存储成默认的工程名字 ledrun,因为设计实体名称与设计文件名称不一致就会报错。工程的顶层设计文件才可以存储成工程名字,其他的都不可以,设计时要注意。顶层设计文件完成输入前也不要对工程进行系统编译,否则会因为顶层设计文件原因编译报错。

同理编辑 VHDL 文本文件 ledleft,把左移位的代码输入到设计文件中,将文件保存成 ledleft.vhd。通过 Create Symbol Files for Current File 按钮,创建 ledleft 元件。同理创建 ledright 元件、ledcenter 元件、ledbothsides 元件、mux41 元件。

3. 编辑工程顶层文件

新建一个原理图输入文件,将文件保存成默认的工程文件名,即 ledrun.bdf。

顶层文件各模块连接如图 2-61 所示。

在顶层设计文件中添加 7 个 10 分频模块,获得 1 Hz 信号(秒计时单位),依次添加左流水控制模块、右流水控制模块、中间向两边流水控制模块、两边向中间流水控制模块、4 选 1 多路开关模块到顶层文件中。添加 clk 输入信号,添加 dataout 输出信号,把 clk 与第一个 10 分频器的输入时钟 clk 端口连接,把 dataout 信号与 mux41 模块输出 y 连接在一起。因为 mux41 的输出 y 是总线形式 y[7..0],因此连线也必须是总线形式(即 Bus Line)。如果连接线是单根连线(即 Node Line)形式,可以右击相应的连线,在弹出的快捷菜单中选择 Bus Line 命令,即可改为总线形式,如

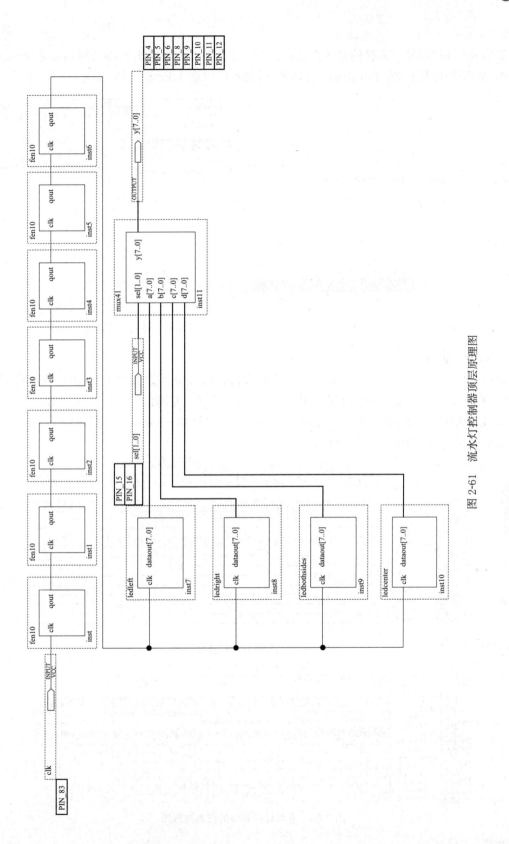

图 2-61 流水灯控制器顶层原理图

图 2-62 所示。

输出 dataout 信号因为接的是 8 位总线,因此需要定义 8 个输出引脚。可以双击 dataout 输出引脚,如图 2-63 所示,在 Pin name(引脚名字)文本框中输入 dataout[7..0]。

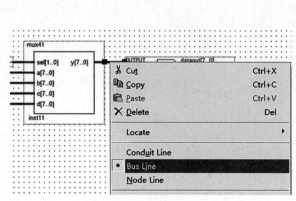

图 2-62　设置总线 Bus Line

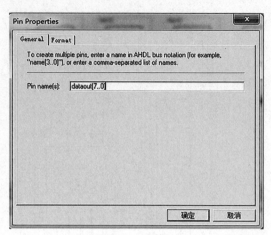

图 2-63　设置总线输出 dataout[7..0]

4. 编译和仿真

顶层文件的元件连接好之后,就可以对工程文件进行编译。如果想仿真,可以先把分频器去掉,再进行仿真。仿真操作过程已经介绍过,这里不再重复。左移位的仿真波形如图 2-64 所示。从波形图中可以看出,低电平 0 依次从 dataout(0) 移动到 dataout(7),循环往复。

系统整体仿真波形如图 2-65 所示。

基于CPLD的流水灯设计及仿真

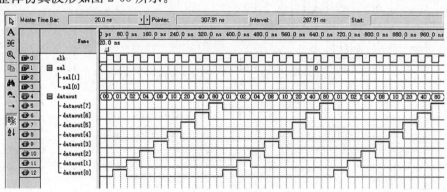

图 2-64　左流水灯的仿真波形图

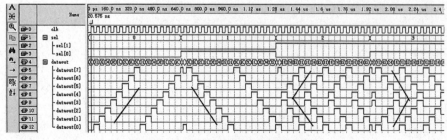

图 2-65　流水灯控制器的仿真波形图

5. 引脚锁定

(1) 设置未使用引脚高阻态。选择 Assignments→Device 命令，如图 2-66 所示，在弹出的对话框中选择 Device and Pin Options 选项。

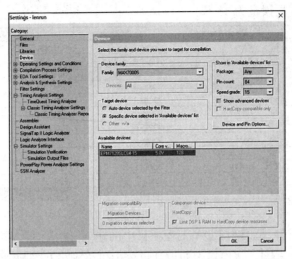

图 2-66　工程参数设置对话框

(2) 如图 2-67 所示，在弹出的对话框中。选择 Unused Pins 选项卡，在 Reserve all unused pins 下拉列表中选择 As input tri-stated 选项，依次单击 OK 按钮。即设置未使用引脚输入高阻态。

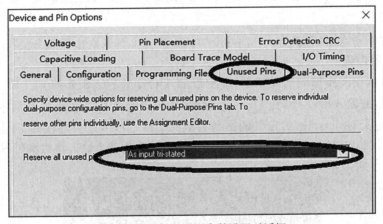

图 2-67　器件与引脚参数设置对话框

(3) 选择 Assignments→Pins 命令，如图 2-68 所示。

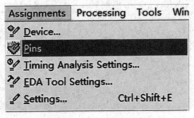

图 2-68　引脚设置

(4)如图 2-69 所示,在弹出的对话框中将 clk 锁定为 83 脚、将 dataout[0]锁定为 4 脚、将 dataout[1]锁定为 5 脚、将 dataout[2]锁定为 6 脚、将 dataout[3]锁定为 8 脚、将 dataout[4]锁定为 9 脚、将 dataout[5]锁定为 10 脚、将 dataout[6]锁定为 11 脚、将 dataout[7]锁定为 12 脚、将 sel[0]锁定为 15 脚、将 sel[1]锁定为 16 脚。

		Node Name	Direction	Location
1		clk	Input	PIN_83
2		dataout[7]	Output	PIN_12
3		dataout[6]	Output	PIN_11
4		dataout[5]	Output	PIN_10
5		dataout[4]	Output	PIN_9
6		dataout[3]	Output	PIN_8
7		dataout[2]	Output	PIN_6
8		dataout[1]	Output	PIN_5
9		dataout[0]	Output	PIN_4
10		sel[1]	Input	PIN_16
11		sel[0]	Input	PIN_15
12		TCK	Input	

图 2-69 引脚锁定图

说明:为什么锁定引脚,是因为 EDA 工程项目中的输入、输出信号需要与 CPLD 器件的引脚对应起来,因此需要锁定引脚。在项目 1 的设计过程中可整理出 CPLD 器件的引脚与外部 I/O 的对应关系。如外部 10 MHz 的有源晶振连接了 CPLD 的 83 脚,4、5、6、8、9、10、11、12 脚对应 I/O 1、I/O 2、I/O 3、I/O 4、I/O 5、I/O 6、I/O 7、I/O 8。所以 clk 信号锁定为 83 脚,dataout[0]~dataout[7]锁定为 4 脚~6 脚和 8 脚~12 脚。15 脚、16 脚对应 I/O9、I/O10,所以 sel[0]锁定为 15 脚,将 sel[1]锁定为 16 脚。

所有参数设置完成后,单击 Start compilation 按钮对工程重新完整编译一次。

6. 硬件调试

硬件调试基础

硬件调试方法

(1)取 8P 杜邦线将 CPLD 开发板的 I/O 1~I/O 8 连接到 LED 灯的驱动模块 74LS573 的输入接口 P9,让 I/O 1 连接到 P9 接口的最右侧的插针,然后依次向左连接,因为前面定义时 dataout(0)定义的是最右侧的 LED 灯,因此要连接到 P9 接口的最右侧的插针上。取 2P 杜邦线将 I/O 9~I/O 10 连接到拨码开关输入接口插针 SW1 和 SW2 上,如图 2-70 所示。

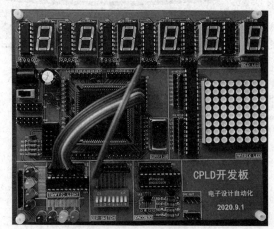

图 2-70 系统接线图

(2)连接 CPLD 开发板的 +5 V 电源线和 USB-Blaster 下载线到 CPLD 开发板的 JTAG 接口。USB-Blaster 下载线很常见,学生可在实验室申请或自行购买。

第一次连接 USB-Blaster 下载线时需要添加驱动,驱动文件在 Quartus Ⅱ 安装目录的 altera\91\quartus\drivers\usb-blaster 文件中。具体路径如图 2-71 所示。

驱动添加完成以后,在计算机的设备管理器中就可以看到 USB-Blaster 下载线了,如图 2-72 所示。

图 2-71 USB-Blaster 下载线驱动

(3)回到 Quartus 软件中,选择 Tools→Programmer 命令,如图 2-73 所示。

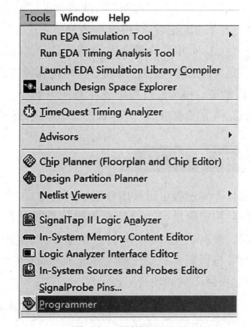

图 2-72 USB-Blaster 设备驱动   图 2-73 器件编程选项

(4)在弹出的对话框中勾选 Program/Configure 栏中的复选框。有的时候在硬件安装栏 (Hardware Setup)没有信息,就需要单击 Hardware Setup 按钮,添加 USB-Blaster 下载线。准备好以上工作以后,单击左侧的 Start 按钮,如图 2-74 所示。

(5)将项目文件下载到 CPLD 芯片 EPM7128SLC84-15 中,项目下载后的结果如图 2-74 所示。学生可以拨动拨码开关 SW1、SW2 进行模式切换。SW1、SW2 均为 OFF 时,sel 为 00,显示模式 1 流水控制;SW1 为 OFF、SW2 为 ON 时,sel 为 01,显示模式 2 流水控制;SW1 为 ON、

SW2 为 OFF 时，sel 为 10，显示模式 3 流水控制；SW1、SW2 均为 ON 时，sel 为 11，显示模式 4 流水控制。

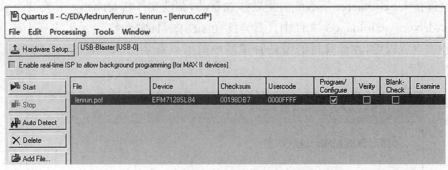

图 2-74　器件编程

基于CPLD的流水灯设计及硬件调试

提示：项目调试过程中可能会出现，规划的 sel 为 00，显示模式 1 左流水控制；sel 为 01，显示模式 2 右流水控制。而实际情况是 sel 为 00，右流水；sel 为 01，左流水。出现这种情况就需要学生认真对照资源规划，对照引脚锁定和操作说明，看看是否是输出信号 dataout 与 LED 灯输出接口高低位接反，如果是接反了，将 8P 杜邦线接正确即可解决。还有可能出现 LED 灯应该亮时没有亮，或者是灭灯流水，或者是不移位等情况。这时需要测试硬件电路是不是功能正常，时钟电路是否功能正常，LED 灯是高电平驱动亮还是低电平驱动亮灯信息。总之，实际系统调试时，会遇到各种各样的问题，按照先确定硬件功能是否正常，再检查软件控制功能是否正常，再通过原理分析确定软硬件调试与系统连接是否正常，逐步排查产生问题的原因，依次解决。在调试过程中要注意用电安全、操作规范，仪器仪表的正确使用方法，养成认真、严谨、规范、科学、高效的工作作风，锲而不舍的钻研精神，精益求精的工匠精神。

项目测试

项目实施过程可以采用分组学习的方式，学生 2～3 人组成开发团队，团队协作完成项目，项目完成后按照附录 C 中设计报告样例撰写项目设计报告，小组按照测试表 2-6 所示完成交换测试，教师抽查学生测试结果，评价学生学习、实践过程。

参考全国职业院校技能大赛电子产品设计与制作和全国大学生电子设计大赛样题和评分标准，拟定项目 2 测试项目见表 2-6。

表 2-6　流水灯控制器测试表

项　　目		主要内容	分数
设计报告	系统方案	比较与选择 方案描述	5
	理论分析与设计	时钟源信号分析计算 不同流水控制模式程序流程图绘制	5
	电路与程序设计	功能电路选择 控制程序设计	10

设计报告	测试方案与测试结果	合理设计测试方案及恰当的测试条件 测试结果完整性 测试结果分析	10
	设计报告结构及规范性	摘要 设计报告正文的结构 图表的规范性	5
	总分		35
功能实现	完成完整的 EDA 设计流程,开展软、硬件调试		5
	点亮 LED 灯		5
	秒计时功能实现		10
	4 种流水灯控制功能实现(不同组的控制模式不可雷同,小组要为每种控制模式提供程序流程图和控制说明、测试方法)		20
	模式切换功能		10
完成过程	在教师的指导下,能团队合作确定合理的设计方案和开发计划		5
	在教师的指导下,能团队合作解决遇到的问题		5
	设计过程中的操作规范、团队合作、职业素养和工作效率等		5
	总分		65

项目总结

本项目完成了一个基于 CPLD 的流水灯控制器的设计。流水灯的设计任务相对比较简单,尤其是学生很可能已经具备单片机应用设计的基础,在单片机设计中经常将流水灯的设计作为入门设计。因此利于学生将以前的学习经验和设计经验迁移到本项目中。另外,本项目主要完成的是分频器的设计、流水灯控制的设计以及系统实现的过程。通过这样的项目学习让学生从以往的设计中获得设计经验,引导学生初步掌握 EDA 技术的基本开发流程和方法。

润物无声

IT 名家倪光南的事迹

倪光南,1939 年 8 月 1 日出生于浙江宁波,计算机专家,中国工程院院士。1961 年倪光南从南京工学院毕业后被分配到中国科学院计算技术研究所工作;1964 年作为外围设备插件组长参与的 119 机研制项目获得全国科技大会奖;1968 年参与 717 机显示器研制;1981 年至 1983 年在加拿大国家研究院做访问研究员;1984 年初组织课题组研发出了汉字处理的第二项产品,即"LX-80 联想式汉字图形微型机系统";11 月应邀出任"中国科学院计算技术研究所新技术发展公司"总工程师;1989 年 11 月 14 日计算所公司改名为联想集团公司,倪光南担任公司董事兼总工,主持开发了联想系列微机;1994年被遴选为中国工程院首批院士。倪光南一向力主自主核心技术,在联想工作期间他坚持认为联想下一步应当进军核心技术,并顺应计算机与通信融合(ICT)的趋势及早作出部署。为此,倪光南于1992年立项研发联想程控交换机。1994年7月,联想与华为同时取得了入网证。当时罗争领导的联想程控交换机事业部已成为联想集团第二大部,其全面实力超过了当时的华为。1993年,倪光南组织了软件中心、小型机部、R&D部三个部门联合开发LXBS金融平台软件。

1994年,倪光南在联想领导层参与下又与复旦大学和长江计算机公司达成合资建立芯片设计中心("联海微电子设计中心")的意向,准备大力发展集成电路芯片设计能力。1995年开始,倪光南就不遗余力地呼吁中国发展IT核心技术,特别是自主操作系统和国产CPU,认为这是关系到信息安全,也关系到产业持续发展的问题。倪光南始终坚持,中国应当通过自主创新,掌握操作系统、CPU等核心技术。从1999年起,他积极支持开源软件,促进建立中国自主完整的软件产业体系。他秉承核心技术不能受制于人的信念,推动中国智能终端操作系统产业联盟的工作,为中国计算机事业的发展做出了贡献。事实证明倪院士的远见卓识和敏锐观察是多么值得钦佩,我们要响应倪院士的号召,为祖国的芯片科技发展而奋发学习、努力工作。

项目拓展

本项目中完成了一个简单的LED流水灯的设计,并实现了手动进行模式切换。

(1)如果这些显示模式不是靠手动切换而是自动进行模式切换,该如何实现?在CPLD开发板上实现自动转换模式的流水灯。

提示:最简单的修改方式可以编写一个显示模式选择信号发生器(模4的计数器,计数的结果为00、01、10、11四个状态)来代替手动拨码开关输入即可。这个模4的计数器的输入时钟可以根据同一显示模式显示时间长短的需求用分频器生成0.1 Hz或者0.01 Hz的时钟信号等,就可以延长同一模式的显示时间的长度。具体可由学生灵活掌握。

复杂一点的设计可以把多路开关写到LED流水灯显示控制器中,将不同的显示模式控制也整合到一个VHDL文件中,再由外部提供一个自动产生的显示模式选择信号来代替手动拨码开关输入即可。

(2)项目2案例中实现了4种控制模式,如果是5种、8种甚至更多的控制模式应该如何实现,如何切换?提出设计思路并在CPLD开发板上实现。

项目 3
数字电子钟设计

项目导入

为使学生掌握使用 VHDL 语言实现程序设计,掌握小规模数字系统 EDA 设计方法,深刻领会 EDA 的开发设计流程,独立解决软硬件结合、系统调试过程中遇到的问题,冰城科技公司决定开发数字电子钟项目资源。通过项目案例设计使学生对比数字电路课程、单片机课程的数字钟设计,深刻体会 EDA 技术的先进性。为此公司提出数字电子钟设计任务,见表 3-1。

表 3-1 数字电子钟设计任务书

项目 3	数字电子钟设计	课程名称	EDA 技术应用
教学场所	EDA 技术实训室	学时	8
任务说明	利用 VHDL 语言和 CPLD 开发板,设计一个具有校时、计时功能的数字电子钟。 功能要求: (1)具有正确的时、分、秒计时功能。 (2)计时结果要用 6 个数码管分别显示时、分、秒的十位和个位。 (3)有校时功能。当 jf 键启动时,分计数器以秒脉冲的速度递增,并按 60 min 循环,即计数到 59 min 后再回 00 min。当 js 键启动时,时计数器以秒脉冲的速度递增,并按 24 h 循环,即计数到 23 h 后再回 00 h		
器材设备	计算机、Quartus Ⅱ、CPLD 开发板、多媒体教学系统		
设计调试			
调试说明	在 CPLD 开发板上,利用 CPLD 器件和 VHDL 语言,实现一个数字电子钟的设计,能够达到任务书的功能要求。		

学习目标

(1) 能使用 VHDL 语言设计 4 位二进制加法计数器；
(2) 能使用 VHDL 语言设计模 10 计数器；
(3) 能使用 VHDL 语言设计加减可逆计数器；
(4) 能使用 VHDL 语言设计模 60、模 24 计数器；
(5) 能使用 Quartus Ⅱ 软件实现数字电子钟系统设计与编译；
(6) 能独立解决软、硬件调试过程中软、硬件匹配的问题；
(7) 能利用 EDA 技术在 CPLD 开发板上实现数字电子钟系统调试；
(8) 具备认真、严谨、规范、科学、高效的工作作风；
(9) 具备标准意识、规范意识。

项目需求分析

明确数字钟的功能要求后，就可以按照需求结合 CPLD 开发板进行硬件资源规划。要实现具有校时功能的数字电子钟就必须具备外部的时钟源、2 个输入键(jf、js)、6 位数码管显示输出模块，以及 CPLD 核心模块。结合 CPLD 开发板，可采用 10 MHz 的晶振作为时钟源的输入，8 位的拨码开关中的两位作为输入按键(jf、js)，6 位共阳的数码管作为显示输出。数字电子钟硬件资源规划如图 3-1 所示。

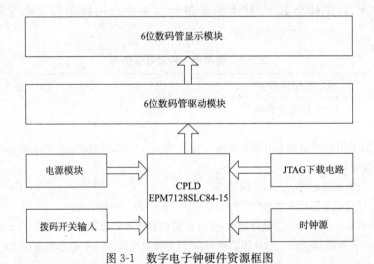

图 3-1　数字电子钟硬件资源框图

要实现秒、分钟计时功能就需要设计模 60 计数器，实现 0~59 的计数。要实现小时计时功能就需要设计模 24 计数器，实现 0~23 的计数。要实现校时功能就需要设计多路开关来切换分、小时计数器的计数脉冲输入，实现校时和正常计时功能的切换。要实现数字钟的最小的秒计时，就需要设计分频器，降低系统时钟信号频率，获得符合标准的秒计时信号。

根据项目需求分析，绘制数字钟功能框图如图 3-2 所示。

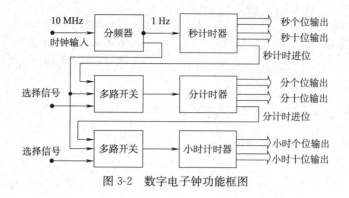

图 3-2　数字电子钟功能框图

项目实施

任务 1　数字电子钟计数功能、校时功能模块设计

任务解析

根据项目需求分析及功能框图,数字电子钟需要完成分频器、多路开关、秒计时器、分计时器、小时计时器功能模块。由于项目 2 中已经实现了秒时钟源的设计,因此可以继承项目 2 的分频器设计成果。由于秒计时、分计时均为 60 计数,因此本任务聚焦到模 60 计数器、模 24 计数器、2 选 1 多路开关设计。

知识链接

一、VHDL 语言要素（文字规则、数据类型）

VHDL 语言要素主要包括文字规则、数据对象、数据类型、类型转换、运算操作符。

1. 文字规则

1）数值型文字

整数文字:整数都是十进制的数。例如:

5, 678, 0, 156E2(=15600), 45_234_287 (=45234287)

说明:156E2 不是十六进制数,而是代表 156×10^2。

实数文字:实数都是十进制的数,但必须带有小数点。例如:

1.335, 88_670_551.453_909(=88670551.453909),1.0,44.99E-2(=0.4499)

以数制基数表示的文字:用这种方式表示的数由五部分组成。

SIGNAL d1,d2,d3,d4,d5, : INTEGER RANGE 0 TO 255;
　d1 <= 10#170#;　　　　　　　　　　　　-- (十进制表示,等于 170)
　d2 <= 16#FE#;　　　　　　　　　　　　-- (十六进制表示,等于 254)

```
d3 <= 2#1111_1110#;                    -- (二进制表示,等于 254)
d4 <= 8#376#;                          -- (八进制表示,等于 254)
d5 <= 16#E#E1;                         -- (十六进制表示,等于 2#1110000#,等于 224)
```

物理量文字。如:

```
60 s (60 秒),   100 m (100 米),   k (千欧姆),   177 A (177 安培)
```

说明:VHDL 综合器不接受物理量文字。

2)字符串型文字

字符是用单引号引起来的 ASCII 字符,可以是数值,也可以是符号或字母。例如:

```
'A','d','1','Z','5','*','K','-'
```

可以用字符定义一个新的数据类型。例如:

```
TYPE STD_LOGIC IS ('U','X','0','1','Z','W','L','H','-')
```

字符串则是一维的字符数组,需放在双引号中。字符串有文字字符串和数位字符串两种类型。

文字字符串:文字字符串是用双引号引起来的一串文字。例如:

```
"ERROR","Both S and Q equal to 1","XY7R","BB$CC"
```

3)标识符(短标识符 VHDL'87 版、扩展标识符 VHDL'93 版)

最常用的操作符,可以是常数、变量、信号、端口、子程序或参数的名字。

VHDL 语言有两个标准版:VHDL'87 版和 VHDL'93 版。VHDL'87 版的标识符语法规则经过扩展以后,形成了 VHDL'93 版的标识符语法规则。前一部分称为短标识符(又称基本标识符),扩展部分称为扩展标识符。VHDL'93 版含有短标识符和扩展标识符两部分。

短标识符规则:

有效的字符:包括 26 个大小写英文字母,数字 0~9 以及下画线"_"。

任何标识符必须以英文字母开头。

必须是单一下画线"_",且其前后都必须有英文字母或数字。

英语字母不分大小写。

保留字或关键词不能用作标识符。

下面是合法的标识符:

```
multi_screens,Multi_screens,Multi_Screens,MULTI_SCREENS,State2
```

下面的书写是不合法的:

```
_Decoder_1                             --起始为非英文字母
2FFT                                   --起始为数字
Sig_#N                                 --符号"#"不能成为标识符的构成
Not-Ack                                --符号"-"不能成为标识符的构成
RyY_RST_                               --标识符的最后不能是下画线
Date__BUS                              --标识符中不能有双下画线
return                                 --关键词
```

说明:EDA 工具在综合、仿真时不区分短标识符的大小写。

VHDL 的保留字列于表 3-2 中,它们不能用作标识符。在书写时,一般要求大写或黑体,使得程序易于阅读,易于检查错误。

表 3-2　VHDL 的保留字

ABS	DOWNTO	LIBRARY	POSTPONED	SRL
ACCESS	ELSE	LINKAGE	PROCEDURE	SUBTYPE
AFTER	ELSIF	LOOP	PURE	TO
ALL	ENTITY	MAP	RANGE	TRANSPORT
AND	EXIT	MOD	RECORD	TYPE
ARCHITECTURE	FILE	NAND	REGISTER	UNAFFECTED
ARRAY	FOR	NEW	REJECT	UNITS
ASSERT	FUNCTION	NEXT	REM	UNTIL
ATTRIBUTE	GENERATE	NOR	REPORT	USE
BEGIN	GENERIC	NOT	RETURE	VARIABLE
BLOCK	GROUP	NULL	ROL	WAIT
BODY	IF	OF	ROR	WHEN
BUFFER	GUARDED	ON	SELECT	WHILE
BUS	IMPURE	OPEN	SEVERITY	WITH
CASE	IN	OR	SHARED	XNOR
COMPONENT	INERTIAL	OTHERS	SIGNAL	XOR
CONFIGURATION	INOUT	OUT	SLA	
CONSTANT	IS	PACKAGE	SLL	
DISCONNECT	LABEL	PORT	SRA	

扩展标识符是 VHDL'93 版增加的标识符书写规则,对扩展标识符的识别和书写新规则都有规定,学生可自行查阅资料学习。

2. 数据类型

VHDL 是一种强类型语言,要求设计实体中的每一个常数、信号、变量、函数以及设定的各种参量都必须具有确定的数据类型,并且相同数据类型的量才能互相传递和作用。VHDL 作为强类型语言的好处是使 VHDL 编译或综合工具很容易找出设计中的各种常见错误。VHDL 中的数据类型可以分成在现有程序包中可以随时获得的标准数据类型和用户自定义数据类型两个类别。标准的 VHDL 数据类型是 VHDL 最常用、最基本的数据类型,这些数据类型都已经在 VHDL 的标准程序包 Standard 和 STD_LOGIC_1164 及其他标准程序包中作了定义,并且在设计中可以随时调用。

1) 标准数据类型

大部分标准数据类型都在标准程序包 STANDARD 中定义,使用时自动包含进 VHDL 原文件中,无须 USE 显式调用。

布尔(BOOLEAN)数据类型:只有真(TRUE)、假(FALSE)两种取值,没有数量多少的概念,不能进行算术运算,只能用于关系运算和逻辑判断。布尔量的初始值一般赋值为 FALSE。

字符(CHARACTER):字符要用单引号引起来,如'B'、'b'、'1'、'2'等。字符量区分大小写,如'A'、'a'、'B'、'b'认为是不同的字符。STANDARD 程序包中定义的字符是 128 个 ASCII 字符,包括 A~Z、a~z、0~9、空格及一些特殊字符等。说明:字符'1'、'2'仅是符号,不表示数值大小。

字符串(STRING):字符串要用双引号引起来,如"VHDL"、"STRING"、"MULTI_SCREEN COMPUTER"等。字符串常用于程序的提示和说明等。

整数(INTEGER):范围从 $-(2^{31}-1)$ 到 $(2^{31}-1)$,即从 $-2\,147\,493\,647$ 到 $2\,147\,493\,647$,可用多种进制来表示。整数不能用于逻辑运算,只能用于算术运算。不能看作矢量,不能单独对某一位操作。整数在使用时通常要加上范围约束。例如:

```
VARIABLE A:INTEGER RANGE -128 TO 128;
```

实数(REAL):VHDL 的实数范围从 $-1.0E+38$ 到 $+1.0E+38$,书写时一定要有小数。

位(BIT):位的取值只能是用带单引号的'0'、'1'来表示。

位矢量(BIT_VECTOR):位矢量是用双引号括起来的一组位数据,如"100010"。使用位矢量必须注明位宽和排列方式,如语句"SIGNAL a:BIT_VECTOR (7 DOWNTO 0);"说明信号 a 被定义为一个具有 8 位位宽的矢量,它最左边的位是 a(7),最右边的位是 a(0)。

时间(TIME):完整的时间类型包含整数和物理量单位两部分,整数和单位之间至少要留一个空格。如 16 ns、3 ms。时间类型一般用于仿真,而不用于逻辑综合。

自然数(NATURAL)和正整数(POSITIVE):自然数和正整数是整数的子集。自然数是 0 和 0 以上的整数。正整数是大于零的整数。两者的范围不同。

错误等级(SEVERITY LEVEL):错误等级常用于表示电子系统的工作状态。错误等级分为:NOTE、WARNING、ERROR、FAILURE 四个等级。

另外,在 IEEE 库的 STD_LOGIC_1164 程序包中,定义了两个非常重要的数据类型:标准逻辑位(STD_LOGIC)和标准逻辑位矢量(STD_LOGIC_VECTOR)。下面的代码就是标准逻辑位(STD_LOGIC)的定义。

```
TYPE STD_LOGIC IS
('U',                           --未初始化的
'X',                            --强迫未知
'1',                            --强 1
'0',                            --强 0
'Z',                            --高阻态
'W',                            --弱未知
'L',                            --弱 0
'H',                            --弱 1
'-');                           --可忽略值
```

在使用此数据类型前,需加入下面的语句:

```
LIBRARY IEEE;
USE IEEE.STD_LOGIC_1164.ALL;
```

2)用户自定义数据类型

VHDL 允许用户自己定义新的数据类型和子类型,通常在程序包中说明,以利于重复使用。由用户定义的数据类型可以有枚举类型、整数类型、数组类型、记录类型、时间类型和实数类型等。

用户定义数据类型时规范的书写格式为:

```
TYPE 数据类型名[,数据类型名] IS 数据类型定义 [OF 基本数据类型];
SUBTYPE 子类型 IS 基本数据类型 RANGE 约束范围;
```

枚举类型(ENUMERATED TYPE):顾名思义就是把类型中的各个元素都一一列举出来,方便、直观,提高了程序的可阅读性。在本书中,枚举数据类型在状态机设计项目中应用比较多。枚举类型规范的书写格式为:

```
TYPE 数据类型名 IS (元素1,元素2,…);
```

对 PCI 总线状态机变量的定义。

```
TYPE PCI_BUSstate IS (idle, busbusy, write, read, backoff);
```

对位 bit 类型的定义。

```
TYPE bit IS ('0', '1');
```

其他用户自定义数据类型还有整数类型、实数类型、数组类型、记录类型等,数据类型之间的转换可以通过类型转换函数实现,相关内容学生可自行查阅资料学习。

二、流程控制语句

流程控制语句通过条件控制开关决定是否执行一条或者几条语句,或重复执行一条或几条语句,或跳过一条或几条语句。流程控制语句共有 5 种:IF 语句、CASE 语句、LOOP 语句、NEXT 语句、EXIT 语句。IF 语句在上一个项目中已经介绍过,不再重复。

本项目中介绍 CASE 语句、NULL 语句、LOOP 语句、NEXT 语句、EXIT 语句。其中 CASE 语句、LOOP 语句应用较多。

1. CASE 语句

CASE 语句是多值选择语句,它以一个多值表达式为条件式,根据条件式的不同取值选择多项顺序语句中的一项执行,实现多路分支,故适用于两路或者多路分支判断结构。

CASE 语句的结构如下:

```
CASE 表达式 IS
When 选择值 => 顺序语句;
When 选择值 => 顺序语句;
…
END CASE;
```

多条件选择值的一般表达式为:

选择值 [|选择值]

选择值可以有如下 4 种不同的表达方式：
(1)单个普通数值,如 6。
(2)数值选择范围,如(2 TO 4),表示取值为 2、3 或 4。
(3)并列数值,如 3 5,表示取值为 3 或者 5。
(4)混合方式,以上 3 种方式的混合。

当执行到 CASE 语句时,首先计算表达式的值,然后根据条件语句中与之相同的选择值,执行对应的顺序语句,最后结束 CASE 语句。表达式可以是一个整数类型或者枚举类型的值,也可以是由这些数据类型的值构成的数组(说明:条件语句中的 => 符号不是操作符,它只相当于 THEN 的作用)。

使用 CASE 语句需要注意以下几点:
(1)条件语句的选择值必须在表达式的取值范围内。
(2)除非所有条件语句中的选择值能完整覆盖 CASE 语句中的表达式的取值,否则最末一个条件语句中的选择必须用"OTHERS"表示。它代表已给的所有条件语句中未能列出的其他可能的取值。关键词 OTHERS 只能出现一次,且只能作为最后一种条件取值。使用 OTHERS 的目的是使条件语句中的所有选择值能涵盖表达式的所有取值,以避免综合器插入不必要的锁存器。这一点对于定义为 STD_LOGIC 和 STD_LOGCI_VECTOR 数据类型的值尤其重要,因为这些数据对象的取值除了 0 和 1 以外,可能有其他取值,例如高阻态 Z、不定态 X 等。
(3)CASE 语句中每一个条件语句的选择值只能出现一次,不能有相同选择值的条件语句出现。
(4)CASE 语句执行过程中必须选中且只能选中所列条件语句中的一个,这表明 CASE 语句中至少要包含一个条件语句。

在上一个项目中用 IF…ELSIF…语句实现了一个 4 选 1 的多路开关设计,下面看如何利用 CASE 语句实现 4 选 1 的多路开关设计。

4 选 1 多路开关设计程序流程图如图 3-3 所示。

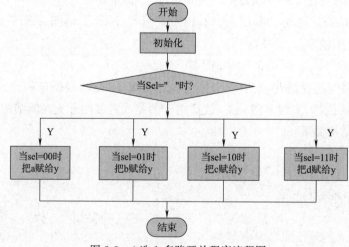

图 3-3 4 选 1 多路开关程序流程图

4 选 1 多路开关元件图如图 3-4 所示。

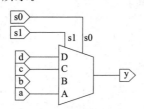

图 3-4 4 选 1 多路开关元件图

项目 2 中的 4 选 1 多路开关设计用 CASE 语句实现的 VHDL 程序如下。

【例 3-1】4 选 1 多路开关 VHDL 程序。

```
LIBRARY IEEE;
USE IEEE.STD_LOGIC_1164.ALL;
USE IEEE.STD_LOGIC_UNSIGNED.ALL;
ENTITY mux41 IS
PORT(a,b,c,d:IN STD_LOGIC_vector(7 downto 0);
     sel:IN STD_LOGIC_VECTOR(1 downto 0);
     q:OUT STD_LOGIC_vector(7 downto 0));
END mux41;
ARCHITECTURE bhv OF mux41 IS
BEGIN
  PROCESS(sel)
  BEGIN
    CASE sel IS
      WHEN"00"=>q<= a;
      WHEN"01"=>q<= b;
      WHEN"10"=>q<= c;
      WHEN"11"=>q<= d;
      WHEN OTHERS=>NULL;
    END CASE;
  END PROCESS;
END bhv;
```

4 选 1 多路开关设计的仿真波形如图 3-5 示。

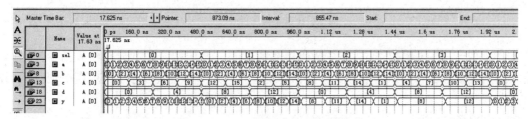

图 3-5 4 选 1 多路开关仿真波形图

CASE 语句常出现的错误现象:

CASE语句的用法

```
SIGNAL value : INTEGER RANGE 0 TO 15;
SIGNAL   out1 : STD_LOGIC;
    ...
CASE value IS                                    --缺少以 WHEN 引导的条件句
END CASE;
...
CASE value IS
    WHEN 0 => out1<= '1';                        --2～15 的值未包括进去
    WHEN 1 => out1<= '0';
END CASE
...
CASE value IS
    WHEN 0 TO 10 => out1<= '1';                  --5～10 的值重叠
    WHEN 5 TO 15 => out1<= '0';
END CASE;
```

与 IF 语句相比,CASE 语句的可读性较好,它把条件中所有可能出现的情况全部列出来了,可执行条件一目了然,而且 CASE 语句的执行过程不像 IF 语句那样有一个逐项条件顺序比较的过程。CASE 语句中条件句的次序是不重要的,它的执行过程更接近于并行方式。一般情况下,对相同的逻辑功能综合后,用 CASE 语句描述的电路比用 IF 语句描述的电路耗用更多的硬件资源。

2. NULL 空操作语句

空操作语句 NULL 格式如下:

```
NULL;
```

空操作语句不完成任何操作,唯一的功能是使流程跨入下一步语句的执行。常用于 CASE 语句中,表示其余条件下的操作行为。

【例 3-2】CASE 语句中用 NULL 排除一些不用条件。

```
CASE opcode IS
    WHEN"001"=> tmp:= rega AND regb;
    WHEN"101"=> tmp:= rega OR regb;
    WHEN"110"=> tmp:= rega XOR regb;
    WHEN OTHERS => NULL;
END CASE;
```

此例类似于一个 CPU 内部的指令译码器功能:"001"、"101"、"110"分别代表指令操作码,对于它们所对应寄存器中的操作数的操作算法,CPU 只对这 3 种指令码作反应,当出现其他码时,不作任何操作。

3. LOOP 语句

LOOP 语句就是循环语句,它可以使所包含的一组顺序语句被循环执行,其执行次数可由设定的循环参数决定,循环的方式由 NEXT 和 EXIT 语句控制。

LOOP 语句的表达方式有 3 种。

(1)单个 LOOP 语句,其语法格式如下:

```
[LOOP 标号:] LOOP
    顺序语句;
END LOOP [LOOP 标号];
```

这种循环语句形式最简单,往往需要引入其他控制语句(如 EXIT 语句)后,它的循环方式才能确定,[LOOP 标号]可以任选。

(2)FOR_LOOP 语句,语法格式如下:

```
[LOOP 标号:] FOR 循环变量 IN 循环次数范围 LOOP
    顺序语句;
END LOOP [LOOP 标号];
```

FOR 后面的循环变量是一个临时局部变量,不必定义,由 LOOP 语句自动定义。这个变量只能作为赋值源,不能被赋值。在使用时要注意,在 LOOP 语句范围内不要再使用其他同名的标识符。

循环次数范围规定 LOOP 语句中顺序语句被执行的次数。循环变量从初值开始,每执行完一次顺序语句递增 1,直至达到最大值。

【例 3-3】8 位奇偶校验器逻辑电路设计 VHDL 程序。

```
LIBRARY IEEE;
USE IEEE.STD_LOGIC_1164.ALL;
ENTITY p_check IS
    PORT (a: IN STD_LOGIC_VECTOR (7 DOWNTO 0);
          y: OUT STD_LOGIC);
END p_check;
ARCHITECTURE opt OF p_check IS
    SIGNAL tmp: STD_LOGIC;
BEGIN
    PROCESS (a)
    BEGIN
        tmp <= '0';
        FOR n IN 0 TO 7 LOOP
            tmp <= tmp XOR a(n);
        END LOOP;
        y <= tmp;
    END PROCESS;
END opt;
```

奇偶校验器设计

(3)WHILE_LOOP 语句。语法格式如下:

```
[标号:] WHILE 循环控制条件 LOOP
    顺序语句;
    END LOOP[标号];
```

LOOP语句的
用法

WHILE_LOOP 语句没有给出循环次数范围,没有自动递增循环变量的功能,只是给出了循环执行顺序语句的条件。

循环控制条件可以是任何布尔表达式,如 a=0,或 a>b。当条件为 TRUE 时,继续循环;为 FALSE 时,跳出循环,执行"END LOOP"后的语句。

LOOP 循环的范围最好以常数表示,否则,在 LOOP 体内的逻辑可以重复任何可能的范围,这样将导致耗费过大的硬件资源,综合器不支持没有约束条件的循环。

4. NEXT 语句

NEXT 语句主要用于在 LOOP 语句执行中进行有条件的或无条件的转向控制。它的语句格式有以下 3 种:

```
NEXT;                              --第一种语句格式
NEXT LOOP 标号;                     --第二种语句格式
NEXT LOOP 标号 WHEN 条件表达式;       --第三种语句格式
```

5. EXIT 语句

EXIT 语句与 NEXT 语句具有十分相似的语句格式和跳转功能,它们都是 LOOP 语句内部循环控制语句。不同的是,NEXT 是跳到 LOOP 循环语句的起始处,而 EXIT 语句是跳到 LOOP 循环语句的结束处,即完全跳出指定的循环,并开始执行循环外的语句。EXIT 语句的格式也有 3 种:

```
EXIT;                              --第一种语句格式
EXIT LOOP 标号;                     --第二种语句格式
EXIT LOOP 标号 WHEN 条件表达式;       --第三种语句格式
```

6. WAIT 语句

在进程中(包括过程中),当执行到 WAIT(等待)语句时,运行程序将被挂起(Suspension),直到满足此语句设置的结束挂起条件后,才重新开始执行进程或过程中的程序。对于不同的结束挂起条件的设置,WAIT 语句有以下 4 种不同的语句格式:

```
WAIT;                              --第一种语句格式
WAIT ON 信号表                      --第二种语句格式
WAIT UNTIL 条件表达式;               --第三种语句格式
WAIT FOR 时间表达式;                 --第四种,起始等待语句
```

7. RETURN 语句

返回语句 RETURN 有以下两种语句格式:

```
RETURN;                            --第一种语句格式。只能用于过程,并不返回任何值
RETURN 表达式;                      --第二种语句格式。只能用于函数
```

第一种语句格式中,未设置停止挂起条件的表达式,表示永远挂起。第二种语句格式称为敏感信号等待语句,在信号列表中列出的信号是等待语句的敏感信号,当处于等待状态的时候,敏感信号的任何变化(如 0~1 或 1~0 的变化)将结束挂起,再次启动进程。

任务实施

根据项目需求分析,本任务要完成模 60 计数器、模 24 计数器、2 选 1 多路开关设计。

一、模 60 计数器 VHDL 程序设计

数字钟项目中分、秒计时模块的设计核心是设计一个 0~59 的模 60 计数器。

实现模 60 计数器的 VHDL 程序可以编写出很多种,学生可以先思考自己绘制出几种流程图。首先用最简单的思路来实现。0~59 计数的模 60 计数器的运算控制规则就是计数脉冲每次触发,计数器加 1。当计数值加到 59(二进制数 111011)时,计数器清零重新开始计数。按照这样的逻辑可以绘制模 60 计数器程序控制流程如图 3-6 所示。

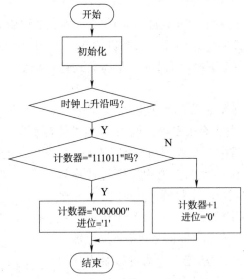

图 3-6 模式 60 计数器程序流程图 1

对应的 VHDL 程序如下:

```vhdl
LIBRARY IEEE;
USE IEEE.STD_LOGIC_1164.ALL;
USE IEEE.STD_LOGIC_UNSIGNED.ALL;
ENTITY counter60 IS
  PORT(clk:IN STD_LOGIC;
       count:OUT STD_LOGIC_VECTOR(5 DOWNTO 0);
       co:OUT STD_LOGIC);
END counter60;
ARCHITECTURE arc OF counter60 IS
BEGIN
  PROCESS(clk)
  VARIABLE temp:STD_LOGIC_VECTOR(5 DOWNTO 0);
```

```
    BEGIN
        IF clk'EVENT AND clk= '1' THEN          --判别时钟↑
            IF temp= "111011" THEN               --temp= 59?
                temp:= "000000";co<= '1';
            ELSE
                temp:= temp+1;co<= '0';
            END IF;
        END IF;
    count<= temp;
  END PROCESS;
END arc;
```

经仿真可知上述 VHDL 程序可以实现模 60 计数器,但是以 6 位二进制数形式输出。即低 4 位是从 0000 计数到 1111,转换为十六进制数即为 0~F。板载数码管采用共阳数码管、74LS47 作为数码管译码驱动,而 74LS47 数据手册显示只能对 0000~1001(十进制 0~9)进行译码,因此本程序输出 A~F 数据(10~15)无法通过 74LS47 驱动数码管正确显示,无法在本数字钟设计中直接使用。

如果要解决上述例程中直接用二进制数实现 000000~111011(0~59)而产生的 74LS47 无法译码十六进制数的问题,解决方法有很多种。例如,绘制两个流程图,一个实现模 10 计数功能,一个实现模 6 计数功能。然后将两个流程图对应的 VHDL 程序生成的模块级联起来,一样可以实现模 60 计数的功能,即将十位和个位分别用一个计数模块实现,通过调用的方式实现模 60 计数器。也可以在一个 VHDL 程序中,用两个 PROCESS 进程分别实现个位和十位的计数功能,再用结构体中定义的内部信号,将个位计数进程中产生的进位信号送给十位计数进程作为计数触发信号,同样可以实现模 60 计数的功能。

为了简化程序,提高程序效率。将上述分模块设计思想综合一下,将内部计数器计数值分为高 4 位和低 4 位,分别代表计数结果的十位和个位。在设计程序流程时,判别计数最大数 59(二进制 0101 1001)产生跳变以后,在计数没有达到最大数 59 时,增加一个判断,即个位是否计数到 9(二进制 1001),如果计数到 9,则个位跳变到 0(二进制 0000),而不是原来的简单加 1 规则。如果个位还没有计数到 9,则个位加 1。根据上述分析,模 60 计数器的程序流程图如图 3-7 所示。

根据流程图,编写模 60 计数器模块的 VHDL 源程序如下:

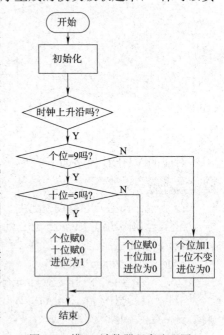

图 3-7 模 60 计数器程序流程图 2

```
LIBRARY IEEE;                                  --定义库
USE IEEE.STD_LOGIC_1164.ALL;
USE IEEE.STD_LOGIC_UNSIGNED.ALL;
```

```
ENTITY cnt60 IS                                    --定义设计实体
  PORT(clk:IN STD_LOGIC;
       ten,one:OUT STD_LOGIC_VECTOR(3 DOWNTO 0);
       co:OUT STD_LOGIC);
END cnt60;
ARCHITECTURE arc OF cnt60 IS                       --定义结构体
  SIGNAL cin:STD_LOGIC;
BEGIN
PROCESS(clk)                                       --定义进程
  VARIABLE cnt0:STD_LOGIC_VECTOR(3 DOWNTO 0);      --定义变量,计数个位
  VARIABLE cnt1:STD_LOGIC_VECTOR(3 DOWNTO 0);      --定义变量,计数十位
  BEGIN
  IF clk'EVENT AND clk='1' THEN                    --判别时钟↑
    IF cnt0="1001" THEN                            --cnt0 个位
      IF cnt1="0101" THEN                          --cnt1 十位
        cnt0:="0000";cnt1:="0000";co<='1';
      ELSE
        cnt0:="0000";cnt1:=cnt1+1;co<='0';
      END IF;
    ELSE
      cnt0:=cnt0+1;co<='0';
    END IF;
  END IF;
  one<=cnt0;
  ten<=cnt1;
END PROCESS;
END arc;
```

模 60 计数器设计仿真波形如图 3-8 所示。

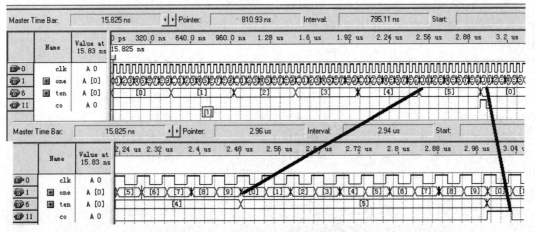

图 3-8 模 60 计数器仿真波形图

二、模 24 计数器 VHDL 程序设计

数字钟项目中小时计时模块的设计核心是设计一个 0~23 的模 24 计数器。模 24 计数器的程序流程图如图 3-9 所示。

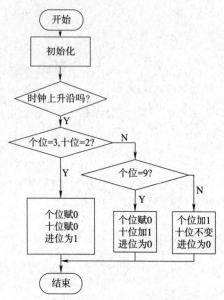

图 3-9 模 24 计数器程序流程图

根据流程图,模 24 计数器模块的 VHDL 源程序如下:

```
LIBRARY IEEE;                                       --定义库
USE IEEE.STD_LOGIC_1164.ALL;
USE IEEE.STD_LOGIC_UNSIGNED.ALL;
ENTITY cnt24 IS                                     --定义设计实体
  PORT(clk:IN STD_LOGIC;
       ten,one:OUT STD_LOGIC_VECTOR(3 DOWNTO 0);
       co:OUT STD_LOGIC);
END cnt24;
ARCHITECTURE arc OF cnt24 IS                        --定义结构体
  SIGNAL cin:STD_LOGIC;
BEGIN
PROCESS(clk)                                        --定义进程
  VARIABLE cnt0:STD_LOGIC_VECTOR(3 DOWNTO 0);       --定义变量,计数个位
  VARIABLE cnt1:STD_LOGIC_VECTOR(3 DOWNTO 0);       --定义变量,计数十位
  BEGIN
  IF clk'EVENT AND clk= '1' THEN                    --判别时钟↑
     IF(cnt1= "0010" and cnt0= "0011") THEN         --cnt0 个位,cnt1 十位
        cnt0:="0000";cnt1:="0000";co<= '1';
```

```
        ELSE
            IF cnt0= "1001" THEN
                cnt0:= "0000";cnt1:= cnt1+1;co<= '0';
            ELSE
                cnt0:= cnt0+1;co<= '0';
            END IF;
        END IF;
    END IF;
    one<= cnt0;
    ten<= cnt1;
END PROCESS;
END arc;
```

模 24 计数器设计仿真波形如图 3-10 所示。

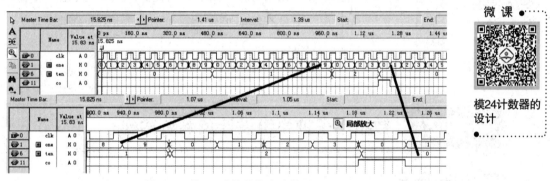

图 3-10　模 24 计数器仿真波形图

三、2 选 1 多路开关设计

为实现校时电路设计，需要设计 2 选 1 多路开关，前面使用 IF-ELSE 语句已经设计过例程。此处参考前面用 CASE 语句设计 4 选 1 多路开关思路，将程序简化成 2 选 1 多路开关。具体 VHDL 程序如下：

```
LIBRARY IEEE;
USE IEEE.STD_LOGIC_1164.ALL;
ENTITY mux21 IS
PORT(sel:IN STD_LOGIC;
    a,b:IN STD_LOGIC;
    y:OUT STD_LOGIC);
END mux21;
ARCHITECTURE bhv OF mux21 IS
BEGIN
    PROCESS(sel)
    BEGIN
```

```
            CASE sel IS
                WHEN '0'=> y<= a;
                WHEN '1'=> y<= b;
                WHEN OTHERS=> NULL;
            END CASE;
        END PROCESS;
END bhv;
```

2 选 1 多路开关仿真波形如图 3-11 所示。

微课
多路开关设计

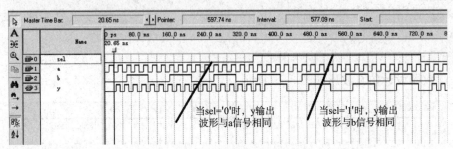

图 3-11 2 选 1 多路开关仿真波形图

任务 2 数字电子钟系统设计及系统实现

任务解析

在设计完成的数字电子钟时、分、秒计时模块、校时功能模块基础上,依据项目需求分析绘制的数字电子钟功能框图设计数字电子钟 EDA 工程中的顶层原理图文件,通过调用相应功能模块实现系统设计。编译工程,仿真并验证数字电子钟的系统控制功能。然后根据规划的硬件资源框图,整理好需使用的硬件资源信息,根据数字电子钟 EDA 工程的引脚锁定信息,规划出系统设计与硬件调试所需的接线信息。将 EDA 工程下载文件下载到 CPLD 中,连接并调试系统,按照设计任务书中数字电子钟的功能要求测试并验证功能。最终实现完整的 EDA 开发设计流程。

知识链接

一、Quartus II 软件原理图设计输入

为熟练掌握 Quartus II 软件原理图设计输入方法和开发过程,本部分以一个 74161 实现 0~9 计数器为例,引导学生完成一个简单的原理图顶层文件设计。

1. 设置工程

按照项目 2 中 10 分频器设计输入与工程实现的操作步骤,在 EDA 文件夹下新建 cnt10 文件夹作为工程目录。使用新建工程向导新建 EDA 工程,命名为 cnt10,新建工程信息如图 3-12 所示。

2. 原理图输入

选择 File→New 命令（或者按【Ctrl＋N】组合键），弹出 New 对话框，选择 Block Diagram/Schematic File 选项，单击 OK 按钮（或者双击 Block Diagram/Schematic File 选项），准备原理图输入，如图 3-13 所示。

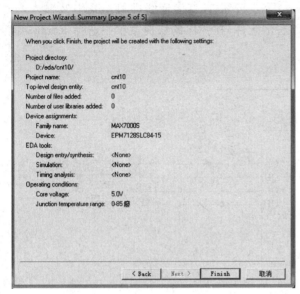

图 3-12　cnt10 工程信息　　　　图 3-13　新建原理图文件

在 .bdf（原理图文件的扩展名）文件的工作区（空白处）双击，弹出 Symbol（添加元件）对话框，在 Name 文本框中输入 74161，然后单击 OK 按钮，如图 3-14 所示。

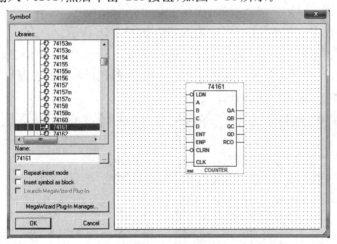

图 3-14　添加元件

说明：也可在 Symbol（添加元件）对话框中通过拖动滑块，在 Libraries（库）列表中查找相应的元件。本书中用到的元件主要在 others 目录下的 maxplus2 库中，列表中有许多系统可用的元件，通过元件的名称可以理解元件功能。例如，21mux 是 2 选 1 多路开关（数据选择器），and2 是 2 输入与门，nand2 是 2 输入与非门，读者设计时自行查找工具的帮助文件或者查找其他参考资料。

工程中设计者自行设计的功能模块在生成元件之后,也可以采用空白处双击的方法,在 Symbol(添加元件)对话框的 Libraries(库)列表的 Project 列表下有设计者自行开发的所有模块,根据需要添加到顶层文件实现调用。

同样的方法在设计文件中添加 nand2、input、output、vcc、gnd 等元件并绘制原理图。如图 3-15 所示。连线时,连线线型选择 orthogonal Node Tool 按钮,直接连线即可。其中 2 输入与非门 nand2 元件的布置形式与本图不一致时,可以右击元件,在弹出的快捷菜单中选择 Rotate 命令旋转元件,读者可以自己尝试。

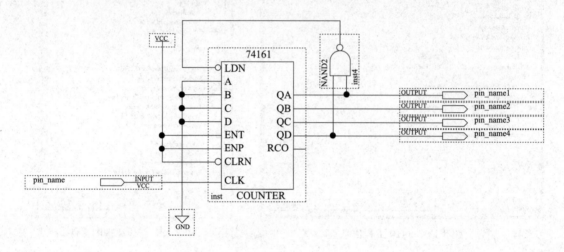

图 3-15 输入原理图

绘制完原理图,就可以定义输入/输出引脚了。分别双击输入、输出元件,弹出 Pin Properties(引脚属性)对话框,在 Pin name 文本框中输入 clk,如图 3-16 所示。

同理设定输出引脚名称为 qa、qb、qc、qd。选择 File→Save Project 命令,弹出"另存为"对话框,确认文件名与设计工程同名(因为此设计文件为顶层设计文件,因此必须与工程同名),如图 3-17 所示。单击"保存"按钮,即可完成设计输入。

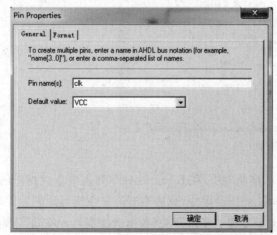

图 3-16 设定引脚名称

图 3-17 保存工程

形成的设计工程如图 3-18 所示。

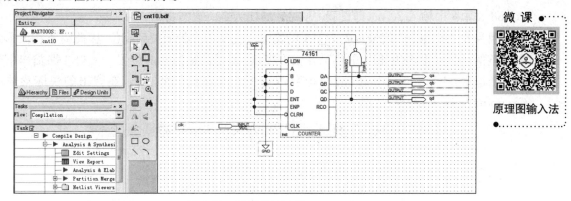

图 3-18　最终设计工程

3. 项目编译

确认设计文件输入完成，工程文件也保存完成后，要进行工程编译。编译主要是对设计项目进行检错、语法检查、逻辑综合、结构综合、输出结果的编辑配置和时序分析等。选择 Processing→Start Compilation 命令开始编译。

在弹出的编译报告中可以查看工程编译的有关指标，如目标器件、工程名称、使用的资源、使用的引脚数等信息。

4. 设计仿真

选择 File→New 命令，选择 Vector Waveform file 选项，新建仿真波形文件，如图 3-19 所示。

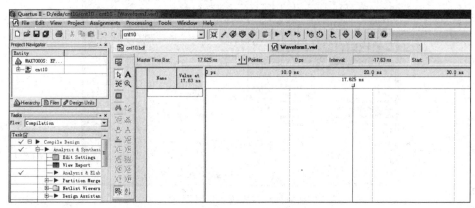

图 3-19　波形编辑器

选择 Edit→End time 命令，设置仿真结束时间为 10 μs。在波形编辑器中添加工程的端口信号。在波形编辑器的 Name 列中右击，在弹出的快捷菜单中选择 Insert Node Bus 命令，在弹出的对话框中单击 Node Finder 按钮，弹出 Node Finder 对话框，单击 List 按钮，即可在 Nodes Found 列中列出当前工程中的所有端口，如图 3-20 所示。

按住【Ctrl】键，单击选中 clk、qa、qb、qc、qd 端口（信号），单击"添加"按钮，如图 3-21 所示。添加完成以后，依次单击 OK 按钮，即可完成仿真信号的添加。完成信号添加后的波形编辑器如图 3-22 所示。

选中 clk 信号，单击 Overwrite Clock 按钮，弹出 Clock 对话框，设置 clk 信号的时钟周期，在 Period 文本框中输入 20 ns，即设置 clk 时钟周期为 20 ns。

因为 qa、qb、qc、qd 信号对应 74161 的输出二进制依次为低位到高位，因此需要在波形编辑器中调整信号的位置，选中相应的信号并依次拖动，即可调整信号的位置。使得 4 路输出信号从上至下依次为 qd、qc、qb、qa。按住【Shift】键，选中这 4 路信号并右击，在弹出的快捷菜单中选择 Grouping→Group 命令，如图 3-23 所示。

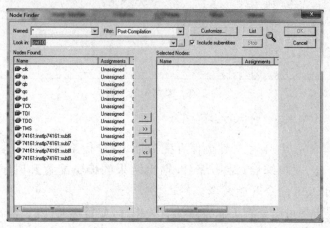

图 3-20　添加仿真输入输出信号

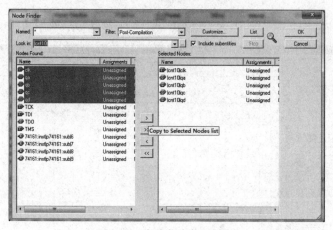

图 3-21　完成仿真信号添加

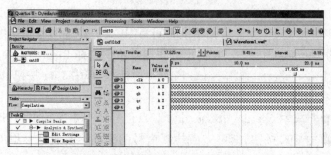

图 3-22　添加信号以后的波形编辑窗口

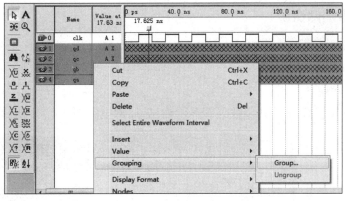

图 3-23 设置总线信号

在弹出的 Group 对话框的 Group Name 文本框中输入总线信号的名字 qout,如图 3-24 所示。

设定完成总线以后的波形编辑器如图 3-25 所示。qout 信号出现＋号,可以通过单击＋号,展开查看总线下的每个信号的信息。

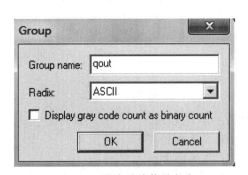

图 3-24 设定总线信号名称

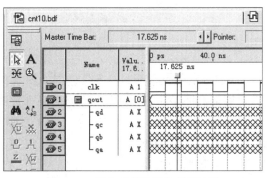

图 3-25 设定后的波形编辑器波形

设置完成后,保存波形文件,默认与工程文件同名的文件存储在工程目录下。保存以后波形文件名显示为 cnt10.vwf。选择 Processing→Start Simulation 命令。

仿真后的波形输出文件如图 3-26 所示。

从仿真输出文件中可以看出,随着时钟信号 clk 的上升沿依次来临,依次触发输出 qout 由 0 依次增加至 9,再跳变到 0,实现了 0~9 的计数器的设计,达到设计目的。接下来进行引脚锁定和硬件调试。

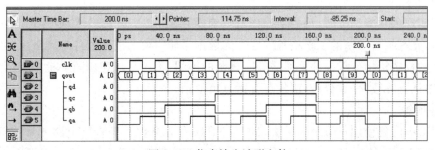

图 3-26 仿真输出波形文件

二、项目所需硬件资源

为系统调试过程中,使软件控制系统输出与 CPLD 外部接口电路匹配,需提前分析、整理项目规划的硬件资源信息。

1. 数码管输出模块

在项目 1 中用 74LS47 驱动共阳数码管显示输出,局部电路如图 3-27 所示。

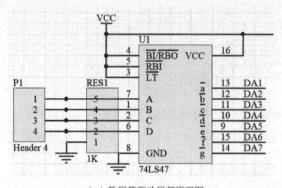 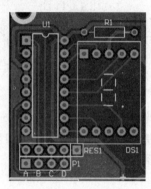

(a)数码管驱动局部原理图　　　　　　(b)局部PCB图

图 3-27　共阳数码管驱动电路

查阅 74LS47 数据手册,74LS47 引脚如图 3-28 所示。

通过查询数据手册,可知数码管驱动局部原理图中 P1 接口连接的 74LS47 的 7 脚名称为 A0,1 脚名称为 A1,2 脚名称为 A2,6 脚名称为 A3。查阅 74LS47 数据手册中的真值表,可知 A3 为输入数据最高位,A0 为输入数据最低位。因此得出结论,P1 接口的 1 脚为输入数据最低位,4 脚为输入数据最高位;对应到 PCB 板上的 P1 接口左侧 A 为输入数据最低位,最右侧 D 为输入数据最高位。通过数据手册查询,结合 CPLD 开发板硬件可得出结论:74LS47 驱动共阳数码管显示 P1 接口的左侧为输入数据最低位,最右侧为输入数据最高位。这种排列方式与日常生活中二进制数左侧为数据高位,右侧为数据低位的

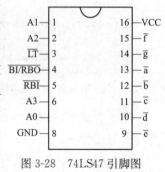

图 3-28　74LS47 引脚图

规则相反。原因是由于在绘制 PCB 板图时,为了使学生用热转印法腐蚀单面电路板时更加方便、装配调试简单,绘图时按照单面布线、尽量减少飞线的原则,为使布线更加合理,才绘制成项目 1 中的样例 PCB 板图。

在系统实现和功能调试时,每一个操作都要有据可依,切不可想当然,要逐渐养成严谨、求实的工作作风,要有精益求精的工匠精神。在查阅数据手册时要养成到器件生产厂家的官方网站或者电子设计的权威机构下载器件手册、标准、规范的习惯;不可盲目相信陌生机构和陌生人分享的资料,要经过认真阅读、仔细分析,辨伪存真后方可使用。

2. 系统时钟

在项目 2 中已经使用过系统时钟源,即 10 MHz 有源晶振。经查阅电路图和 PCB 板图可知系统时钟 GCLK1 连接到 CPLD 的 83 脚。在使用时可直接锁定引脚,无须外部接线。

3. 拨码开关输入模块

项目 1 中拨码开关局部电路如图 3-29 所示。

分析电路可知,P10 接口通过 10 kΩ 排阻与地连接,通过 8 位拨码开关 SW 与电源 VCC 连接。当拨码开关为 OFF 时,开关上下两端断开,即 P10 接口与 VCC 断开,通过 10 kΩ 下拉电阻与地 GND 相连,此时 P10 接口插针电压为 0。当拨码开关为 ON 时,开关上下两端连接,即 P10 接口与 VCC 连通,也通过 10 kΩ 下拉电阻与地 GND 相连,VCC 到 10 kΩ 电阻到地线之间形成回路,有电流通过,此时 VCC 的电源+5 V 电压全部作用在 10 kΩ 下拉电阻,而 P10 接口通过开关直接与 VCC 连通,因此 P10 接口插针电压为+5 V。

经上述分析,当拨码开关为 OFF 时,P10 接口获得低电平;当拨码开关为 ON 时,P10 接口获得高电平。此结论在功能调试和验证时,可作为拨码开关的输入状态依据。

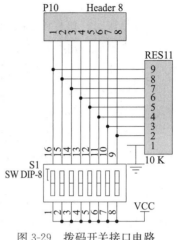

图 3-29 拨码开关接口电路

任务实施

根据上述单元设计成果和资料分析整理,依据数字电子钟功能框图,绘制数字电子钟顶层设计原理图并完成 EDA 工程开发,项目调试,功能验证测试。

一、数字电子钟的系统设计

在模 60 和模 24 计数器的设计基础上,完成数字电子钟的顶层设计。

在设计任务书中要求有 jf、js 两个输入键实现分计时和小时计时的校时功能。在设计过程中采用两个 2 选 1 多路开关实现校时。2 选 1 多路开关采用项目 2 中设计的 mux21 元件。有 jf、js 两个输入键作为 2 选 1 多路开关的选择信号,控制 2 选 1 多路开关的输出信号为秒计时信号或者秒计时进位信号、分计时进位信号实现校时或正常计时。具体设计原理图如图 3-30 所示。

微课
基于CPLD的数字电子钟设计及仿真

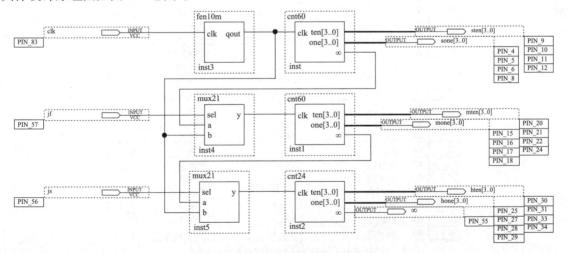

图 3-30 数字电子钟顶层原理图

二、数字电子钟系统实现

按照知识链接中介绍的 Quartus Ⅱ工具软件的使用方法,定义项目工程名 shuzizhong,完成 VHDL 文本设计输入模 60 计数器 cn60 模块设计、模 24 计数器 cn24 模块设计、2 选 1 多路开关模块设计,并且按照原理图的设计方法按图 3-30 完成顶层设计文件。

选择目标器件为 EPM7128SLC84-15。将项目未使用的引脚(Unused Pin)设置为输入高阻态(As input tri-stated)。

如图 3-31 所示,将时钟输入信号 clk 锁定为 83 脚。将校时电路输入 jf 键(分校时)锁定为 57 脚,js 键(小时校时)锁定为 56 脚。将秒计时个位 sone[0]锁定为 8 脚,sone[1]锁定为 6 脚,sone[2]锁定为 5 脚,sone[3]锁定为 4 脚。将秒计时十位 sten[0]锁定为 12 脚,sten[1]锁定为 11 脚,sten[2]锁定为 10 脚,sten[3]锁定为 9 脚。将分钟计时个位 mone[0]锁定为 18 脚,mone[1]锁定为 17 脚,mone[2]锁定为 16 脚,mone[3]锁定为 15 脚。将分钟计时十位 mten[0]锁定为 24 脚,mten[1]锁定为 22 脚,mten[2]锁定为 21 脚,mten[3]锁定为 20 脚。将小时计时个位 hone[0]锁定为 29 脚,hone[1]锁定为 28 脚,hone[2]锁定为 27 脚,hone[3]锁定为 25 脚。将小时计时十位 hten[0]锁定为 34 脚,hten[1]锁定为 33 脚,hten[2]锁定为 31 脚,hten[3]锁定为 30 脚。将进位 co 锁定为 55 脚。

具体如图 3-31 所示,完成将项目输入、输出的引脚锁定。

	Node Name	Direction	Location
1	clk	Input	PIN_83
2	co	Output	PIN_55
3	hone[3]	Output	PIN_25
4	hone[2]	Output	PIN_27
5	hone[1]	Output	PIN_28
6	hone[0]	Output	PIN_29
7	hten[3]	Output	PIN_30
8	hten[2]	Output	PIN_31
9	hten[1]	Output	PIN_33
10	hten[0]	Output	PIN_34
11	jf	Input	PIN_57
12	js	Input	PIN_56
13	mone[3]	Output	PIN_15
14	mone[2]	Output	PIN_16
15	mone[1]	Output	PIN_17
16	mone[0]	Output	PIN_18
17	mten[3]	Output	PIN_20
18	mten[2]	Output	PIN_21
19	mten[1]	Output	PIN_22
20	mten[0]	Output	PIN_24
21	sone[3]	Output	PIN_4
22	sone[2]	Output	PIN_5
23	sone[1]	Output	PIN_6
24	sone[0]	Output	PIN_8
25	sten[3]	Output	PIN_9
26	sten[2]	Output	PIN_10
27	sten[1]	Output	PIN_11
28	sten[0]	Output	PIN_12

图 3-31 数字电子钟引脚锁定示意图

三、数字电子钟的项目调试

1. 硬件资源连接

根据知识链接中项目所需硬件资源分析与整理结果,结合刚刚完成的引脚锁定信息,完成项目的硬件连接。需要注意的是板载的 6 个数码管从右至左应该依次为秒个位、秒十位、分钟个位、分钟十位、小时个位、小时十位的输出显示,即 P6～P1 插针输入依次对应秒个位、秒十位、分钟个位、分钟十位、小时个位、小时十位,而且 P6～P1 插针中 A 是低位,D 是高位。因此 4 脚(I/O1)需要连接 P6 接口的 A 脚,依此类推连接 I/O 2～I/O 24 至 P6～P1 接口的对应插针上。56 脚(I/O 41—js 键)、57 脚(I/O 42—jf 键)连接 8 位拨码开关 SW1 和 SW2。

硬件连接如图 3-32 所示。

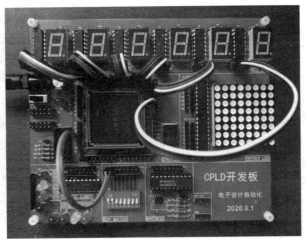

图 3-32 数字电子钟的硬件连接图

2. 下载调试

连接 CPLD 开发板硬件,连接电源线,连接 USB-Blaster 下载线到 JTAG 接口,接通电源。

如图 3-33 所示,将项目文件 shuzizhong.pof 下载到 CPLD 开发板的 EPM7128SLC84-15 芯片中。通过 jf 键、js 键进行校时调整测试;通过外部标准钟表,测试数字电子钟的功能。

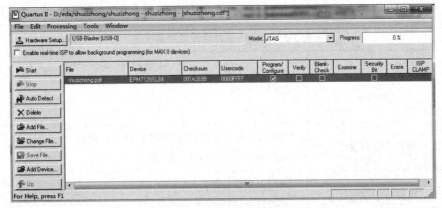

图 3-33 数字电子钟项目下载

说明：如果功能调试时，数码管以秒为单位跳变，但是显示乱码，最可能的原因是计时电路输出的信号与P6~P1接口连接时，高低位接反了，导致显示错误。调整接线尝试解决问题。在调试过程中还会遇到各种各样的问题，原因也会很多，要勤于思考，利用万用表、示波器等测量仪器对系统进行测试，综合分析原因，最终解决问题。在调试过程中，逐渐养成认真、严谨、勤于思考的工作作风。

如果时钟计时有误差，可以通过示波器读出83脚clk信号的频率，通过调整分频器的设计来调整1 Hz信号的输出频率，从而获得标准的计时秒脉冲，达到调整时钟计时误差的目的。方法是利用示波器测试板载10 MHz有源晶振的实际输出频率，针对测得的频率编写对应分频系数的分频器，从而获得精准的1 Hz时钟信号，减小时钟计时误差，使时钟计时更加准确。

本设计的任务书中只提出了数字电子钟的功能要求，没有给出具体的计时精度要求，但不是没有要求。在进行产品设计、系统开发时要查阅与产品相匹配的国家标准或者是相近的标准，按照国家标准要求来设计。要养成标准意识、规范意识，这样设计的产品才能符合国家标准，才能满足市场需求。

通过标准查询，可查到国家标准GB/T 6046—2016《指针式石英钟》中要求石英钟在进行预运走和平均瞬时日差、温度系数试验时累计误差不应超过2 min。具体计算方法标准中给出了详细的说明，这里不再赘述。

数字电子钟系统功能调试如图3-34所示。

图3-34 数字电子钟项目调试

基于CPLD的数字电子钟设计及硬件调试

项目测试

项目实施过程可采用分组学习的方式，学生2~3人组成项目团队，团队协作完成项目，项目完成后按照附录C中设计报告样例撰写项目设计报告，小组按照测试表3-3所示完成交换测试，教师抽查学生测试结果，考核操作过程、仪器仪表使用、职业素养等。

表3-3 数字电子钟设计项目测试表

项	目	主要内容	分数
设计报告	系统方案	比较与选择 方案描述	5
	理论分析与设计	CPLD开发板晶振测试结果，计算分频系数 功能模块控制程序流程图绘制	5
	电路与程序设计	功能电路选择 控制程序设计	10

设计报告	测试方案与测试结果	合理设计测试方案及恰当的测试条件 测试结果完整性 测试结果分析	10
	设计报告结构及规范性	摘要 设计报告正文的结构 图表的规范性	5
	总分		35
功能实现	完成完整的EDA设计流程,开展软、硬件调试		5
	秒计时功能实现		5
	分计时功能实现		10
	小时计时功能实现		20
	校时功能实现		10
完成过程	在教师的指导下,能团队合作确定合理的设计方案和开发计划		5
	在教师的指导下,能团队合作解决遇到的问题		5
	设计过程中的操作规范、团队合作、职业素养和工作效率等		5
	总分		65

项目总结

本项目完成了一个数字电子钟的设计。数字电子钟的设计任务相对综合。学生在进行本项目之前很可能已具备数字电路的基础,在数字电路学习中已经能够用分立元件实现数字电子钟的设计。因此利于学生将以前的学习经验和设计经验迁移到本项目中。另外,本项目主要完成的是计数器、分频器的设计以及系统实现的过程。通过这样的项目学习让学生从以往的设计中获得设计经验,带领学生逐渐掌握基于EDA技术的系统实现方法。

润物无声

精益求精的工匠精神

本项目以人民日常生活中24小时数字钟设计为例让大家体验ASIC设计流程,掌握CPLD应用方法。数字电子钟是一个计时工具,具有自己的时间精度,即最小是秒计时单位。时间精度是根据各个用户所要求对时间的度量作出的分类,是用来进行计量的一种方式方法。时间精度按量级可分为:皮秒(ps)、纳秒(ns)、微秒(μs)、毫秒(ms)、秒(s)、分(min)、小时(h)。随着时间精度的提高,系统也就越复杂,成本费用也就相应地增加。时间精度主要用于基础科学、天文研究、空间导弹及国防等领域和重大的科研项目。

在国家标准GB/T 6046—2016《指针式石英钟》中要求石英钟在进行预运走和平均瞬时日差、

温度系数试验时累计误差不应超过 2 min，本项目案例作品经测试能够达到国家标准，但通过优化设计，还可以提高计时精度。例如，可以采用高精度的示波器，精准测试开发板的板载有源晶振的参数，根据测得参数调整数字钟设计中的分频器的分频系数，就可以获得更加精准的秒时钟源，从而提高数字钟的设计精度；还可以在系统支持的情况下，采用频率更高的有源晶振，精准分频，同样可以提高设计精度。在设计优化和设计系统提升的过程中，要体会设计作品的优化与提升的方法，培养精益求精的工匠精神，养成刻苦钻研的习惯。

项目拓展

数字电子钟项目调试完成之后。学生可以尝试拓展项目功能。

(1) 修改项目为秒表设计，如精确到 0.01 秒的秒表，或者精确到 0.001 秒的秒表，分别用于运动会游泳比赛项目中的计时使用。需要增加暂停键、清零键、使能键。

(2) 设计篮球比赛倒计时器、抢答器的倒计时器等。

提示：拓展功能为开放设计，自己提出设计需求与思路并完成设计、调试。要在原有项目的基础上，需要设计模 10、模 100、模 1000 计数器。计时模块的输入时钟信号频率由 1 Hz 提高到 100 Hz 或者 1 000 Hz。或者可设计减法计数器实现比赛倒计时器的功能。

项目 4
交通灯控制器设计

项目导入

为使学生掌握基于 EDA 技术的状态机的设计方法、使用 VHDL 语言编写状态机控制程序，掌握小规模数字系统 EDA 设计方法，独立完成 EDA 的开发设计流程，独立解决 EDA 项目开发过程中遇到的简单问题，冰城科技公司决定开发交通灯控制器项目资源。公司提出的交通灯控制器设计任务见表 4-1。

表 4-1　交通灯控制器设计任务书

项目 4	交通灯控制器设计	课程名称	EDA 技术应用
教学场所	EDA 技术实训室	学时	6
任务说明	利用 VHDL 语言和 CPLD 开发板，设计完成一个交通灯控制器，交通灯倒计时单位为秒。在 CPLD 开发板上进行调试，实现相应功能。 功能要求： (1)十字路口，每个方向各有一组红、黄、绿灯和倒计时显示器。红灯亮：禁止通行；黄灯亮：停车；绿灯亮：通行；倒计时显示器：显示允许通行或禁止通行的时间。 (2)设东西和南北方向车流量大致相同，双向控制时间也相同，红灯 35 s，黄灯 5 s，绿灯 30 s，同时用数码管指示当前状态(红灯、黄灯、绿灯)剩余时间。 (3)紧急状态时，可以外部手动控制交通灯，设置东西方向、南北方向同时亮红灯，十字路口禁止通行		
器材设备	计算机、Quartus Ⅱ、CPLD 开发板、多媒体教学系统		
设计调试			
调试说明	在 CPLD 开发板上，利用 CPLD 器件和 VHDL 语言，设计完成一个交通灯控制器，能够达到任务书的功能要求		

学习目标

（1）能理解状态机设计方法，根据设计需求绘制状态机状态转换图；
（2）能根据状态机状态转换图编写 VHDL 程序；
（3）能根据交通灯控制器功能要求绘制交通灯控制器状态图；
（4）能根据交通灯控制器状态图编写 VHDL 程序；
（5）能独立完成交通灯 EDA 工程开发并调试；
（6）能解决交通灯控制器系统软、硬件调试过程中遇到的问题；
（7）具备认真、严谨、规范、科学、高效的工作作风。
（8）具备标准意识、安全意识、质量意识。

项目需求分析

明确交通灯控制器的功能要求后，就可以按照设计需求结合 CPLD 开发板进行硬件资源规划。要实现具有禁止通行和正常十字路口交通控制功能的交通灯控制器需要外部时钟源、1 个输入键（fb）、4 位数码管显示输出模块、6 位 LED 灯输出模块，以及 CPLD 核心模块。结合 CPLD 开发板，可采用 10 MHz 的晶振作为时钟源的输入，8 位拨码开关中的 1 位作为输入键（fb），4 位共阳的数码管作为显示输出。交通灯硬件资源规划如图 4-1 所示。

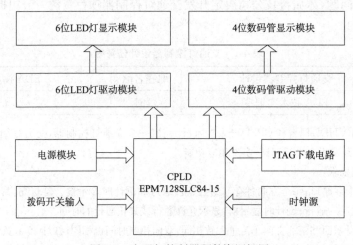

图 4-1 交通灯控制器硬件资源框图

系统调试时可使用 8 位拨码开关中的 1 位输入控制启动交通控制，4 个共阳的数码管分两组作为东西、南北倒计时显示输出，8 个 LED 灯中的 6 个（红黄绿灯、绿黄红，互为 90°）分别作为东西、南北方向的红绿灯倒计时显示输出。

交通灯控制器具有倒计时功能，因此需要通过对系统时钟分频获得 1 Hz 的时钟信号（秒脉冲）。还需要设计一个控制器实现交通控制功能。据此绘制交通灯控制器功能框图，如图 4-2 所示。

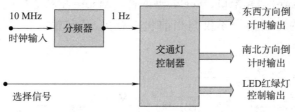

图 4-2　基于 CPLD 的交通灯控制器功能框图

项目实施

任务 1　交通灯控制器设计需求分析

任务解析

交通灯的控制过程实际上可以分解为若干红黄绿灯显示状态转换，在不同状态下倒计时显示该状态剩余时间。因此交通灯控制器的核心就是一个不同状态转换的控制程序。

知识链接

一、状态机

状态机（State Machine）是一类很重要的时序电路，是很多数字电路的核心部件，是大型电子设计的基础。状态机相当于一个控制器，它将一项功能的完成分解为若干步，每一步对应于二进制的一个状态，通过预先设计的顺序在各状态之间进行转换，状态转换的过程就是实现逻辑功能的过程。

状态机一般包含组合逻辑和寄存器逻辑两部分。寄存器逻辑用于存储状态，组合逻辑用于状态译码和产生输出信号。实际中状态机的状态数是有限的，因此，又称为有限状态机。状态机的输出不仅与当前输入信号有关，还与当前的状态有关，因此状态机有 4 个基本要素：现态、条件、动作、次态。

现态：是指状态机当前所处的状态。

条件：又称事件。即状态机状态转移条件，即状态机根据输入信号和当前状态决定下一个转移的状态。

动作：条件满足后执行的动作。动作执行完毕后，可以迁移到新的状态，也可以仍旧保持原状态。动作不是必需的，当条件满足后，也可以不执行任何动作，直接迁移到新状态。

次态：条件满足后要迁往的新状态。"次态"相对于"现态"而言，"次态"一旦被激活，就转变为新的"现态"了。

状态转换图是状态机的一种表示方法，它能够直观地说明状态机的四要素。

状态机有摩尔(Moore)型和米里(Mealy)型两种。Moore 型状态机的输出信号只与当前状态有关;Mealy 型状态机的输出信号不仅与当前状态有关,还与输入信号有关,如图 4-3 和图 4-4 所示。

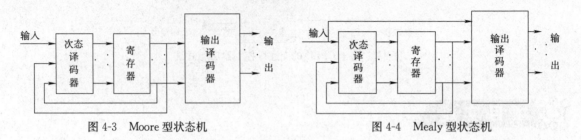

图 4-3　Moore 型状态机　　　　　　　　　图 4-4　Mealy 型状态机

状态机设计时一般用枚举类型列举说明状态机的状态,通过进程来描述状态的转移和输出。状态机的内部逻辑也可以使用多个进程方式来描述。例如,可使用两个进程来描述,一个进程描述时序逻辑,包括状态寄存器的工作和寄存器状态的输出,另一个进程描述组合逻辑,包括进程间状态值的传递逻辑以及状态转换值的输出。必要时还可以引入第三个进程完成其他逻辑功能。

1. Moore 型状态机

1)空调控制器

本设计以一个空调控制器为目标,假设空调控制器有两个传感器输入信号 TEMP_HIGH 和 TEMP_LOW,这两个信号分别与温度传感器相连,用于检测室内温度,然后通过信号处理电路获得温度上限、温度下限的检测信号。如果温度适宜(如 18～25 ℃),则两个输入均为低;如果室内温度超过上限(25 ℃),则输入 TEMP_HIGH 为高;如果室内温度低于下限(18 ℃),则输入 TEMP_LOW 为高。设控制器的输出为"heat"和"cool",当两者之一为高时,空调器就制热或制冷。控制器状态机的状态转换如图 4-5 所示。

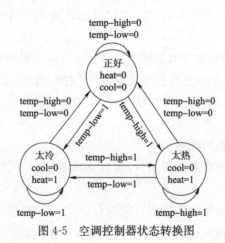

图 4-5　空调控制器状态转换图

空调控制器的 VHDL 程序如下:

```
LIBRARY IEEE;
USE IEEE.STD_LOGIC_1164.ALL;
ENTITY air_cont IS
  PORT(clk:IN STD_LOGIC;
       temp_high:IN STD_LOGIC;
       temp_low:IN STD_LOGIC;
       heat:OUT STD_LOGIC;
       cool:OUT STD_LOGIC);
END air_cont;
ARCHITECTURE arcl OF air_cont IS
  TYPE state_type IS(just_right,too_cold,too_hot);    --定义枚举类型3种状态
  SIGNAL stvar:state_type;
BEGIN
    PROCESS
    BEGIN
      WAIT ON clk UNTIL rising_edge(clk);             --等待clk上升沿
        IF temp_low='1' THEN
            stvar<=too_cold;                          --次态逻辑
        ELSIF temp_high='1' THEN
            stvar<=too_hot;
        ELSE
            stvar<=just_right;
        END IF;
        CASE stvar IS                                 --输出逻辑
          WHEN just_right=>heat<='0';cool<='0';       --温度适宜,不制冷也不制热
          WHEN too_cold=>heat<='1';cool<='0';         --太冷,制热
          WHEN too_hot=>heat<='0';cool<='1';          --太热,制冷
        END CASE;
    END PROCESS;
END ARCL;
```

空调控制器设计

说明:状态变量的判断必须用 CASE 语句,不能用 IF 语句。

2)序列脉冲检测器

序列脉冲检测器在数字通信、雷达和遥控遥测等领域中用于检测同步识别标志。它是一种检测一组或多组序列信号的电路,本例要求检测器连续收到一组串行码(1110010)后,输出检测标志为1;否则,输出为0。

本例要检测的序列码是 7 位,需要 7 个状态分别记忆连续收到了 1,11,111,1110,11100,111001,1110010 的 7 个状态,还要增加一个"未收到一个有效位"的初始状态,共 8 个状态。这 8 个状态用 S0~S7 来表示。状态转移图如图 4-6 所示。

8 个状态 S0~S7 在编码时至少需要 3 位二进制数来编码,即:S0=000、S1=001、S2=010、S3=011、S4=100、S5=101、S6=110、S7=111。序列脉冲检测器 VHDL 程序如下:

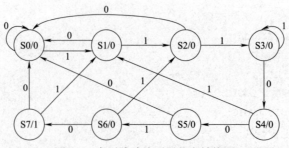

图 4-6　序列脉冲检测器状态转换图

```
LIBRARY IEEE;
USE IEEE.STD_LOGIC_1164.ALL;
ENTITY jcq IS
   PORT(clk,xi:IN STD_LOGIC;
        z:OUT STD_LOGIC);
END jcq;
ARCHITECTURE archjcq OF jcq IS
   TYPE state_type IS(S0,S1,S2,S3,S4,S5,S6,S7);
   SIGNAL present_state,next_state:state_type;
BEGIN
   state_comb:PROCESS(present_state,xi)
   BEGIN
     CASE present_state IS
       WHEN s0=>z<='0';
         IF xi='1' THEN next_state<=s1;
         ELSE next_state<=s0;
         END IF;
       WHEN s1=>z<='0';
         IF xi='1' THEN next_state<=s2;
         ELSE next_state<=s0;
         END IF;
       WHEN s2=>z<='0';
         IF xi='1' THEN next_state<=s3;
         ELSE next_state<=s4;
         END IF;
       WHEN s3=>z<='0';
         IF xi='1' THEN next_state<=s3;
         ELSE next_state<=s4;
         END IF;
       WHEN s4=>z<='0';
         IF xi='1' THEN next_state<=s1;
         ELSE next_state<=s5;
         END IF;
       WHEN s5=>z<='0';
```

```
              IF xi='1' THEN next_state<=s6;
              ELSE next_state<=s0;
              END IF;
          WHEN s6=>z<='0';
              IF xi='1' THEN next_state<=s2;
              ELSE next_state<=s7;
              END IF;
          WHEN s7=>z<='1';
              IF xi='1' THEN next_state<=s1;
              ELSE next_state<=s0;
              END IF;
      END CASE;
      END PROCESS state_comb;
  state_clk:PROCESS(clk)
  BEGIN
      IF clk'EVENT AND clk='1' THEN
      present_state<=next_state;
      END IF;
  END PROCESS state_clk;
END archjcq;
```

本例中有两个进程：第一个进程说明次态的取值由现态及输入决定，但并没有指出它在什么时候成为现态；第二个进程，可以看到该赋值过程与时钟的上升沿同步。因为序列检测器使用了两个进程来定义有限状态机，故而称为双进程的有限状态机描述方式。

3) 内存控制器

内存控制器能够根据微处理器的读或写周期，分别对存储器输出写使能 we 和读使能 oe 信号。该控制器的输入为微处理器的就绪 ready 及读写 read_write 信号。当 ready 信号有效或者上电复位后，控制器开始工作，并在下一个周期判断本次处理是读操作还是写操作。如果 read_write 信号为高电平，则为读操作；否则为写操作。在读写操作完成后，处理器输出 ready 有效信号标志本次处理完成，并使控制器恢复到初始状态。控制器的输出信号 we 在写操作中有效，而 oe 在读操作中有效。根据功能描述，可绘制出简单的内存控制器的状态图，如图 4-7 所示。

图 4-7　内存控制器状态图

内存控制器 VHDL 程序如下:

内存控制器设计

```vhdl
LIBRARY IEEE;
USE IEEE.STD_LOGIC_1164.ALL;
ENTITY memory_controller IS
  PORT(read_write,ready,clk:IN BIT;
     oe,we:OUT BIT);
END memory_controller;
ARCHITECTURE model OF memory_controller IS
  TYPE state_type IS(idle,decision,read,write);
  SIGNAL state:state_type;
BEGIN
  state_comb:PROCESS(clk,state,read_write,ready)
    BEGIN
      IF clk'EVENT AND clk='1' THEN
        CASE state IS
          WHEN idle=>oe<='0';we<='0';
          IF ready='1' THEN
            state<=decision;
          ELSE
            state<=idle;
          END IF;
          WHEN decision=>oe<='0';we<='0';
          IF (read_write='1') THEN
            state<=read;
          ELSE
            state<=write;
          END IF;
          WHEN read=>oe<='1';we<='0';
          IF(ready='1')THEN
            state<=idle;
          ELSE
            state<=read;
          END IF;
          WHEN write=>oe<='0';we<='1';
          IF(ready='1')THEN
            state<=idle;
          ELSE
            state<=write;
          END IF;
        END CASE;
      END IF;
  END PROCESS state_comb;
END model;
```

内存控制器的 VHDL 程序中只有一个进程,由于它使用一个进程来描述状态的转移和对时钟的同步,故称为单进程的有限状态机的描述方式。

2. Mealy 型状态机

Mealy 型状态机的输出逻辑不仅与当前状态有关,还与当前的输入变量有关。因此,一个基本的 Mealy 型状态机应具有以下端口信号。

时钟输入端:clk;

输入变量:input1;

输出变量:output1;

状态复位端:reset。

下面给出 Mealy 型状态机典型电路的 VHDL 描述,对于更复杂的数字系统的程序设计,可查阅有关资料,通过一定的练习逐步掌握。

```
LIBRARY IEEE;
USE IEEE.STD_LOGIC_1164.ALL;
ENTITY statmach4 IS
  PORT(clk:IN BIT;
       input1:IN BIT;
       reset:IN BIT;
       output1:OUT INTEGER RANGE 0 TO 4);
END statmach4;
ARCHITECTURE a OF statmach4 IS
  TYPE state_type IS (s0,s1,s2,s3);
  SIGNAL state:state_type;
BEGIN
  PROCESS(clk)
  BEGIN
    IF reset='1' THEN
      state<=s0;
    ELSIF(clk'EVENT AND clk='1')THEN
      CASE state IS
        WHEN s0=>
          state<=s1;
        WHEN s1=>
          IF input1='1' THEN
            state<=s2;
          ELSE
            state<=s1;
          END IF;
        WHEN s2=>
          IF input1='1' THEN
            state<=s3;
```

```
            ELSE
              state<= s2;
            END IF;
          WHEN s3=>
              state<= s0;
          END CASE;
        END IF;
    END PROCESS;
    PROCESS(state,input1)
    BEGIN
        CASE state IS
          WHEN s0=>
            IF input1= '1' THEN
              output1<= 0;
            ELSE
              output1<= 4;
            END IF;
          WHEN s1=>
            IF input1= '1' THEN
              output1<= 1;
            ELSE
              output1<= 4;
            END IF;
          WHEN s2=>
            IF input1= '1' THEN
              output1<= 2;
            ELSE
              output1<= 4;
            END IF;
          WHEN s3=>
            IF input1= '1' THEN
              output1<= 3;
            ELSE
              output1<= 4;
            END IF;
        END CASE;
    END PROCESS;
END a;
```

二、道路交通信号灯国家标准

在进行产品设计时,除了要满足设计任务中的功能要求外,还要查阅相关产品的国家标准、行业标准等要求,保证设计的产品符合国家标准的要求。

本项目中的设计任务是设计交通灯控制器,核心瞄准了产品的功能设计,对于产品的外观、机械等部分没做要求,因此设计成果满足项目任务书中的功能要求即可。但实际产品设计时一定要依据产品的国家标准。此处给学生介绍相关标准的查找方法。如果不知道对应产品的标准编号,可以通过百度等搜索引擎输入关键字查找,可以获得相近的国家标准。再到 http://openstd.samr.gov.cn/bzgk/gb/index 国家标准全文公开系统中搜索对应的国家标准,可以通过关键词、标准编号等检索。通过查询,可查到国家标准 GB 14887—2011《道路交通信号灯》。实际产品开发时要依据国家标准进行研发,尤其是涉及健康、安全等方面的产品。新《标准化法》将强制性国家标准严格限定在保障人身健康和生命财产安全、国家安全、生态环境安全以及满足经济社会管理基本需要的技术要求。研发产品的技术指标和功能要符合国家标准,强制性国家标准必须要执行,否则就是违法行为。因此产品研发工程师更要加强标准意识、安全意识、法律意识。

本设计是一个教学项目,不涉及后续的产品开发,因此本设计重点关注交通灯控制功能的实现,对于其他技术指标任务书中没有要求,本设计也不做响应。

一、分析交通灯控制器状态

交通灯控制器是状态机的一个典型应用,除了计数器状态机外,还有东西、南北方向的不同状态组合(红绿、红黄、绿红、黄红 4 个状态),见表 4-2。可以简单地将其看成两个(东西、南北)减 1 计数的计数器,通过检测两个方向的计数值,可以检测红、黄、绿灯组合的跳变。这样一个较复杂的状态机设计就变成了一个较简单的计数器设计。

表 4-2 交通灯控制器的 4 种可能亮灯状态

状 态	东西方向			南北方向		
	红	黄	绿	绿	黄	红
1	1	0	0	1	0	0
2	1	0	0	0	1	0
3	0	0	1	0	0	1
4	0	1	0	0	0	1

本项目中假设东西方向和南北方向的黄灯时间均为 5 s,在设计交通灯控制器时,可在简单计数器的基础上增加一些状态检测,即通过检测两个方向的计数值判断交通灯应处于 4 种状态中的哪个状态。

表 4-3 中列出了需检测的状态跳变点,从表中可以看出,有两种情况出现了东西方向和南北方向计数值均为 1 的情况,因此在检测跳变点时还应同时判断当前是处于状态 2 还是状态 4,这样就可以决定次状态是状态 3 还是状态 1。

表 4-3 交通灯控制器的状态跳变点

交通灯现状态	计数器计数值		交通灯次状态	计数器计数值	
	东西方向计数值	南北方向计数值		东西方向计数值	南北方向计数值
1	6	1	2	5	5
2	1	1	3	30	35
3	1	6	4	5	5
4	1	1	1	35	30

设计还应该防止出现非法状态,即程序运行后应判断东西方向和南北方向的计数值是否超出范围。此电路仅在电路启动运行时有效,因为一旦两个方向的计数值正确后,就不可能再计数到非法状态。

二、绘制交通灯控制器状态图

状态转换图是状态机的一种表示方法,它能够直观地说明状态机的四要素。所以能够识读状态转换图,进而能够根据实际问题绘制出状态转换图,是设计状态机的基本技能。

根据交通灯控制器状态分析结果可以绘制图 4-8 所示交通灯控制器状态图。

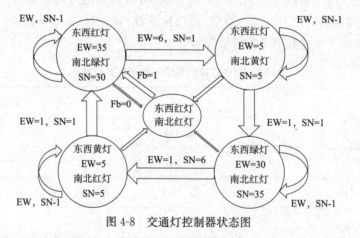

图 4-8 交通灯控制器状态图

任务 2　交通灯控制器设计及系统实现

任务解析

绘制完成交通灯控制器状态图后,依据状态图编写交通灯控制器 VHDL 程序,仿真并验证功能。在 Quartus Ⅱ 工具下,完成交通灯工程设置及系统设计,下载到 CPLD 开发板,完成系统调试和功能验证。

一、并行语句

在 VHDL 中,并行语句有多种语句格式,各种并行语句在结构体中的执行是同步进行的;更严格地说,并行语句间在执行顺序的地位上是平等的,其执行顺序与书写顺序无关。在执行中,并行语句之间可以有信息往来,也可以是互为独立、互不相关。每一并行语句内部的语句运行方式可以有两种不同的方式,即并行执行方式和顺序执行方式。

结构体中可综合的并行语句主要有并行信号赋值语句、进程语句、块语句、条件信号赋值语句、元件例化语句、生成语句、并行过程调用语句、参数传递映射语句和端口说明语句 9 种。

并行语句在结构体中的使用格式如下:

```
ARCHITECTURE 结构体名 OF 实体名 IS
    说明语句
BEGIN
    并行语句 1;
    [并行语句 2;]
    ...
END ARCHITECTURE 结构体名;
```

并行语句中的进程语句(PROCESS 语句)在项目 2 中已经介绍过,不再赘述。

1. 并行信号赋值语句

并行信号赋值语句有简单信号赋值语句、条件信号赋值语句和选择信号赋值语句 3 种形式。

这 3 种信号赋值语句的共同点是赋值目标必须都是信号,所有赋值语句与其他并行语句一样,在结构体内部的执行是同时发生的。

1)简单信号赋值语句

简单信号赋值语句是 VHDL 并行语句结构的最基本单元,它的语句格式如下:

```
赋值目标 <= 表达式
```

式中赋值目标的数据对象必须是信号,它的数据类型必须与赋值符号右边表达式的数据类型一致。以下结构体中的 5 条信号赋值语句的执行是并行发生的:

```
ARCHITECTURE curt OF bc1 IS
SIGNAL s1, e, f, g, h : STD_LOGIC;
BEGIN
    output1 <= a AND b;
    output2 <= c + d;
    g <= e OR f;
    h <= e XOR f;
    s1 <= g;
END ARCHITECTURE curt;
```

微课
并行信号赋值语句

2)条件信号赋值语句

条件信号赋值语句的表达方式如下：

```
赋值目标信号 <= 表达式 1  WHEN 赋值条件 1  ELSE
             表达式 2  WHEN 赋值条件 2  ELSE
             …
             表达式 n;
```

结构体中的条件信号赋值语句的功能与进程中的 IF 语句相同，在执行条件信号语句时，每一赋值条件是按书写的先后顺序关系逐项测定的，一旦表达式成立则进行赋值，同时执行结束。

【例 4-1】用条件赋值语句描述 3 选 1 多路开关。

条件信号赋值语句WHEN语句

```
ENTITY mux IS
    PORT ( a,b,c : IN BIT ;
           p1,p2: IN BIT ;
           z    : OUT BIT );
END;
ARCHITECTURE behv OF mux IS
BEGIN
    z <= a WHEN p1='1' ELSE
         b WHEN p2='1' ELSE
         c;
END;
```

例 4-1 程序综合后的逻辑电路如图 4-9 所示。

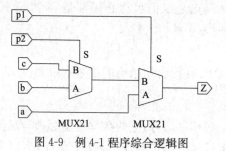

图 4-9 例 4-1 程序综合逻辑图

3)选择信号赋值语句

选择信号赋值语句的语句格式如下：

```
WITH 选择表达式 SELECT
赋值目标信号 <= 表达式 1 WHEN 选择值 1,
             表达式 2 WHEN 选择值 2,
             …
             表达式 n WHEN 选择值 n;
```

对条件选择值的测定具有同期性，故不允许条件重叠，亦不允许条件涵盖不全。

结构体中的选择信号赋值语句的功能与进程中的 CASE 语句的功能相似，但不能在进程中应用。选择信号语句中也有敏感量,即关键词 WITH 后的选择表达式。每当选择表达式的值发生变化时,就将启动此语句对各子句的选择值进行测试对比,当发现有满足条件的子句时,就将此子句表达式中的值赋给赋值目标信号。

【例 4-2】简化的指令译码器。

```
LIBRARY IEEE;
USE IEEE.STD_LOGIC_1164.ALL;
USE IEEE.STD_LOGIC_UNSIGNED.ALL;
ENTITY decoder IS
    PORT ( a, b, c : IN STD_LOGIC;
         data1,data2 : IN STD_LOGIC;
            dataout : OUT STD_LOGIC );
END decoder;
ARCHITECTURE concunt OF decoder IS
  SIGNAL instruction : STD_LOGIC_VECTOR(2 DOWNTO 0);
    BEGIN
instruction <= c & b & a ;
WITH instruction SELECT
dataout <= data1  AND data2   WHEN "000",
           data1  OR  data2   WHEN "001",
           data1 NAND data2   WHEN "010",
           data1 NOR  data2   WHEN "011",
           data1 XOR  data2   WHEN "100",
           data1 XNOR data2   WHEN "101",
           'Z' WHEN OTHERS;
END concunt;
```

微 课

选择信号赋值语句WITH SELECT语句

说明:选择信号赋值语句的每一子句结尾是逗号,最后一句是分号,而条件信号赋值语句每一子句的结尾没有任何标点,只有最后一句有分号。下例是一个列出选择条件为不同取值范围的 4 选 1 多路选择器,当不满足条件时,输出呈高阻态。

【例 4-3】4 选 1 多路开关例程(选择信号赋值语句)。

```
    ...
WITH selt SELECT
muxout <= a WHEN  0|1   , --0 或 1
         b WHEN 2 TO 5 , --2、3、4 或 5
         c WHEN    6   ,
         d WHEN    7   ,
         'Z' WHEN OTHERS ;
    ...
```

2. 属性语句

引用属性的一般形式为

对象'属性

综合器支持的属性有：LEFT、RIGHT、HIGH、LOW、RANGE、REVERSE-RANGE、LENGTH、E-VENT、STABLE。

1）信号类属性

```
(NOT clock 'STABLE AND clock= '1');              不可综合
(clock 'EVENT AND clock= '1');                   可综合,适用于BIT
RISING_EDGE (clock);                             可综合,适用于std_logic
```

2）范围类属性

'RANGE[(n)]和'REVERSE_RANGE[(n)]对属性项目取值区间进行测试，对于同一属性项目，'RANGE 和'REVERSE_RANGE 返回的区间次序相反，前者与原项目次序相同，后者相反。

【例4-4】范围类属性语句例程

```
SIGNAL range1:IN STD_LOGIC_VECTOR (0 TO 7);
FOR i IN range1'RANGE LOOP
```

与语句"FOR i IN 0 TO 7 LOOP"的功能一样，如果为'REVERSE RANGE，则返回的区间正好相反，是(7 DOWNTO 0)。

3）数值类属性

数值类属性主要有'LEFT、'RIGHT、'HIGH、'LOW。

【例4-5】数值类属性语句例程。

```
…
PROCESS(clock, a, b);
  TYPE obj IS INTEGER RANGE 0 TO 15;
  SIGNAL ele1, ele2, ele3, ele4: INTEGER;
BEGIN
  ele1<= obj'RIGNT;                              --获得的数值为15
  ele2<= obj'LEFT;                               --获得的数值为0
  ele3<= obj'HIGH;                               --获得的数值为15
  ele4<= obj'LOW;                                --获得的数值为0
…
```

4）数组长度属性

'LENGTH 对数组的宽度或元素的个数进行测定。

【例4-6】数组长度属性语句例程

```
…
TYPE arry1 ARRAY (0 TO 7) OF BIT;
VARIABLE wth:INTEGER;
…
wth:= arry1'LENGTH;                              --wth 获得的数值为8
…
```

3. BLOCK 块语句

块语句可以将结构体中的并行描述语句进行组合,以改善并行语句及其结构的可读性。块语句本身并没有独特的功能,它只是一种划分机制。

BLOCK 语句的格式如下:

```
块标号:BLOCK [(块保护表达式)]
    接口说明
    类属说明
      BEGIN
        并行语句
    END BLOCK 块标号;
```

【例 4-7】用 BLOCK 语句实现两个 2 输入与非门。

```
...
b1: BLOCK                          --定义块 b1 块
  SIGNAL s: BIT;                   --在 b1 块中定义信号 s
BEGIN
  s<= a NAND b;                    --向 b1 块中的 s 赋值
  b2: BLOCK                        --定义的块 b2 嵌套于块 b1 中
    SIGNAL s: BIT;                 --定义 b2 块中的信号 s
  BEGIN
    s<= c NAND d;                  --向 b2 块中的 s 赋值
    b3: BLOCK
    BEGIN
      z<= s;                       --此 s 来自块 b2
    END BLOCK b3;
  END BLOCK b2;
  y <= s;                          --此 s 来自块 b1
END BLOCK b1;
...
```

例 4-7 程序综合后的逻辑电路图如图 4-10 所示。

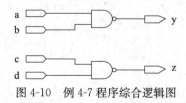

图 4-10　例 4-7 程序综合逻辑图

二、Quartus 软件状态图输入法

为了通过一个简单的状态机设计给学生呈现 Quartus 软件状态图输入法输入过程,将任务 1 中的序列脉冲检测器简化。例如设计一个序列检测器,检测的序列流为 1111,当输入信号为 1111 时(必须是 4 个连续的 1)输出高电平,否则输出低电平,其状态转换图如图 4-11 所示。

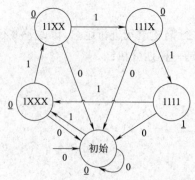

图 4-11 1111 脉冲序列检测器状态图

说明:每个条件边上的 0、1 是输入状态的值。每个状态标注带下画线的 0、1 是输出信号的值。

接下来以 1111 脉冲序列检测器设计为例,介绍如何使用 Quartus Ⅱ 软件的状态图输入法设计状态机,引导学生完成一个状态机设计项目。

1. 设置工程

按照项目 2 中 EDA 工程开发的操作步骤,在 EDA 文件夹下新建 maichongjiance 文件夹作为工程目录。使用新建工程向导新建 EDA 工程,命名为 maichongjiance,新建工程信息如图 4-12 所示。

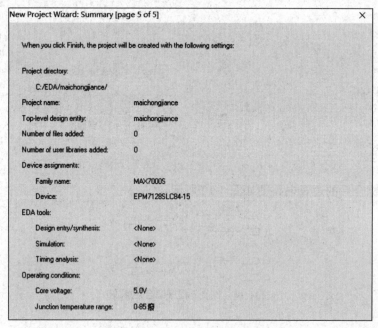

图 4-12 maichongjiance 工程信息

2. 创建状态图模块文件

选择 File→New 命令,弹出 New 对话框,选择 State Machine File 选项,单击 OK 按钮,如图 4-13 所示。文件新建成功后,生成状态图编辑器界面。

选择 File→Save As 命令，弹出"文件保存"对话框，保持默认的 maichongjiance 文件名不变，即本文件为工程的顶层文件。

3. 利用状态机编辑向导建立状态机

如图 4-14 所示，单击 State Machine Wizard(状态机向导)按钮，弹出 State Machine Wizard 对话框。

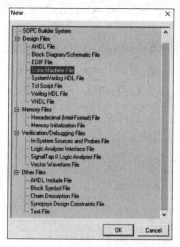

图 4-13 New 对话框

图 4-14 单击"状态机向导"按钮

如图 4-15 所示，选择 Create a new state machine design 单选按钮，创建一个新的状态机设计，单击 OK 按钮。

4. 设置复位 reset 属性

复位属性对话框如图 4-16 所示。在此对话框中设置复位 reset 模式为同步 Synchronous 模式，选中 Rest is active-high 和 Register the output ports 复选框，单击 Next 按钮。

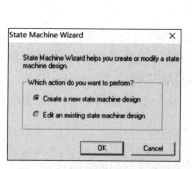

图 4-15 "状态机向导"对话框

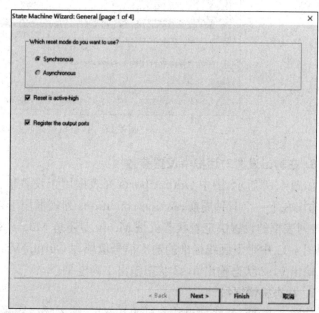

图 4-16 复位属性

5. 在状态机设置对话框中设置参数

如图 4-17 所示,在状态转换对话框中设置状态机参数及状态转换条件。图中 States 列表框用于设置状态机的各个状态;Input ports 列表框用于设置状态机的输入端口;State transitions 列表框用于设置状态转换中的现态(原状态)、次态(目的状态)和状态转换条件。状态转换条件中的"&"表示与条件,"|"表示或条件。设计人员在此对话框中,根据状态转换图填入相关信息后单击 Next 按钮即可。

根据图 4-11 所示信息,设置状态机的状态(States 列表框)有 start、s0、s1、s2、s3 五个状态,设置输入信号(Input ports 列表框)有时钟信号 clock、复位信号 reset、输入信号 input1。根据图 4-11 中的状态转换条件输入为 1 时,即条件为 input1;输入为 0 时,即条件为 OTHERS。根据这种规则,设置状态转换条件如图 4-17 所示。

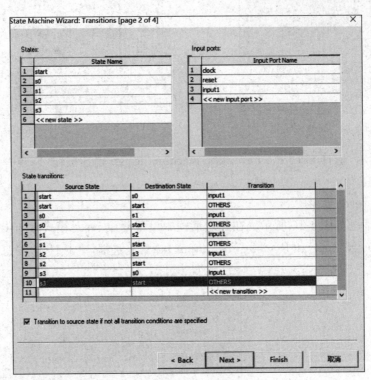

图 4-17 状态机状态转换设置

6. 在输出设置对话框中设置参数

如图 4-18 所示,图中 Output ports 列表框用于设置输出值的时刻,此处选择 Next clock cycle,输出在下一个时钟周期;Action conditions 列表框用于设置输出的值、所在状态和输出额外条件,该列表框的设置决定着状态机是 Mealy 型还是 Moore 型,设置完毕后,单击 Next 按钮。此处按照图 4-11 中带下画线标准的输出信号值填写 Output Value,start 状态输出 0,s0 状态输出 0,s1 状态输出 0,s2 状态输出 0,s3 状态输出 1 高电平。

7. 状态机情况统计

如图 4-19 所示,将列出状态机的状态名、输入端口和输出端口,单击 Finish 结束。

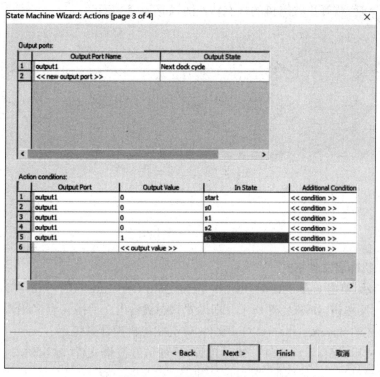

图 4-18　输出设置对话框

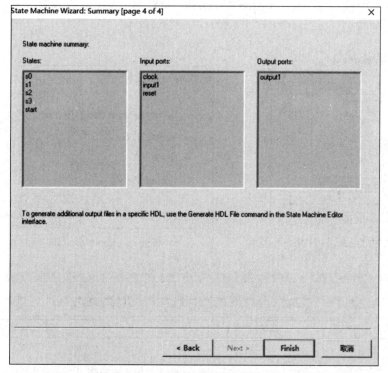

图 4-19　输出设置对话框

设计输入结束后,将弹出状态机的状态转换图,如图 4-20 所示。

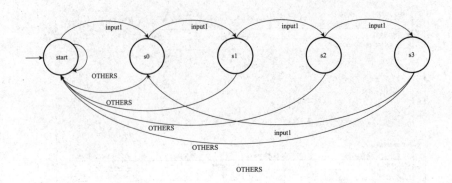

图 4-20 状态转换图

8. 设置状态机输出文件格式

如图 4-21 所示,单击 Generate HDL File 按钮,弹出 Generate HDL File 对话框,选择 VHDL 单选按钮,单击 OK 按钮,如图 4-22 所示。即设置状态机输出文件格式为 VHDL 文件。

阅读自动生成的 maichongjiance.vhd 文件,体会状态机设计思想。

设计输入完成后,保存设计文件。编译工程,添加仿真波形文件,输出仿真波形如图 4-23 所示。分析输出波形可知,设计达到了"1111"脉冲信号检测的功能。

在项目编译过程中,EDA 工具软件自动将状态图输入文件转换成对应的网表文件。学生可以在 Quartus 工具中选择 Tools→Netlist Viewers→RTL Viewer 命令查看。本案例中对应的网表文件如图 4-24 所示。

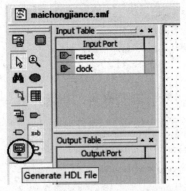

图 4-21 单击 Generate HDL File 按钮

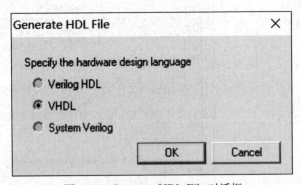

图 4-22 Generate HDL File 对话框

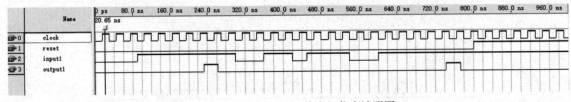

图 4-23 maichongjiance 状态机仿真波形图

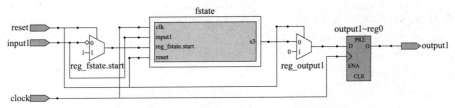

图 4-24 maichongjiance 状态机生成的网表文件

任务实施

一、编写交通灯控制器 VHDL 程序

根据绘制的交通灯控制器状态图,编写交通灯控制器的 VHDL 程序如下:

```
LIBRARY IEEE;
USE IEEE.STD_LOGIC_1164.ALL;
USE IEEE.STD_LOGIC_UNSIGNED.ALL;
ENTITY jtd IS
  PORT(clk,forbid:IN STD_LOGIC;
       led:BUFFER STD_LOGIC_VECTOR(5 DOWNTO 0);
       e_w,s_n:BUFFER STD_LOGIC_VECTOR(5 DOWNTO 0));
END jtd;
ARCHITECTURE behav OF jtd IS
BEGIN
  PROCESS(clk)
  BEGIN
    IF forbid='0' THEN
      led<= "100001";
      e_w<= "111111";
      s_n<= "111111";
    ELSIF clk'EVENT AND clk='1' THEN
    IF e_w>"110110" OR s_n>"110110" THEN
      e_w<= "110101";
      s_n<= "110000";
      led<= "100100";
    ELSIF e_w= "000110" AND s_n= "0000001" THEN
      e_w<= "000101";
      s_n<= "000101";
      led<= "100010";
    ELSIF e_w= "000001" AND s_n= "000001" AND led= "100010" THEN
      e_w<= "110000";
      s_n<= "110101";
      led<= "001001";
```

```
        ELSIF e_w= "000001" AND s_n= "000110" THEN
            e_w<= "000101";
            s_n<= "000101";
            led<= "010001";
        ELSIF e_w= "000001" AND s_n= "000001" AND led= "010001" THEN
            e_w<= "110101";
            s_n<= "110000";
            led<= "100100";
        ELSIF e_w(3 downto 0)= "0000" THEN
            e_w<= e_w-7;
            s_n<= s_n-1;
        ELSIF s_n(3 downto 0)= "0000" THEN
            e_w<= e_w-1;
            s_n<= s_n-7;
        ELSE
            e_w<= e_w-1;
            s_n<= s_n-1;
        END IF;
      END IF;
   END PROCESS;
END behav;
```

● 微 课

基于CPLD的
交通灯控制器
的设计及仿真

说明:led[5..0]对应东西的红、黄、绿灯,南北的绿、黄、红灯。因为 LED 灯是输出 1 控制 LED 灯亮,因此给 led 赋值时采用的是特殊状态"100001"(东西红灯、南北红灯)、状态 1"100100"(东西红灯、南北绿灯)、状态 2"100010"(东西红灯、南北黄灯)、状态3"001001"(东西绿灯、南北红灯)、状态 4"010001"(东西黄灯、南北红灯),然后状态 1、2、3、4 依次循环往复。e_w 是东西倒计时输出,s_n 是南北倒计时输入。

交通灯控制器程序编译通过后,仿真波形如图 4-25 和图 4-26 所示。

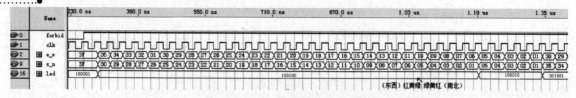

图 4-25　交通灯控制器仿真波形图 1

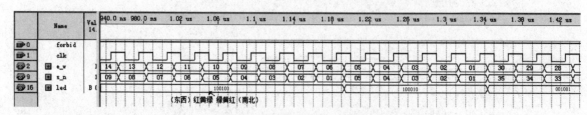

图 4-26　交通灯控制器仿真波形图 2(局部放大)

二、时钟源的设计

本项目中的时钟源的设计参考流水灯控制器的时钟源的设计。借用前面设计的 10 分频器 fen10 模块,再通过 7 个 10 分频模块级联生成 fen1clk 模块,将 CPLD 开发板板载 10 MHz 有源晶振分频后获得 1 Hz 的时钟信号。

三、交通灯控制器的系统设计及实现

1. 定义项目

按照前述项目案例操作过程完成交通灯项目设计。在任一磁盘中新建一个文件夹 jiaotongdeng (目录中不允许出现中文),利用项目向导建立项目,项目名称定义为 jiaotongdeng,目标器件选择 EPM7128SLC84-15。具体如图 4-27 和图 4-28 所示。

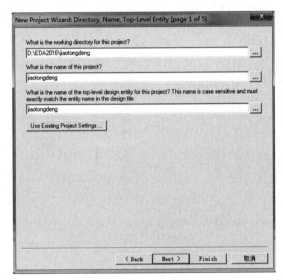

图 4-27 项目定义

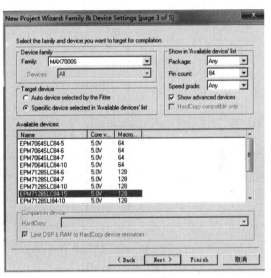

图 4-28 目标器件

2. 项目实现

根据项目分析和完成的交通灯控制器 VHDL 程序,完成分频器模块 fen1clk 设计和交通灯控制器 jtd 模块的设计。然后按照图 4-29 所示,完成项目顶层文件设计。

因为在硬件设计调试时,东西、南北方向倒计时各需要 2 个数码管作为计时输出的接口电路,因此东西倒计时输出 e_w,南北倒计时输出 s_n 都需要 8 位二进制数,因此需要添加 e_w(6)、e_w(7)、s_n(6)、s_n(7)分别接地 gnd,即高位填'0'。同理 8 位 LED 灯中的 6 个作为东西、南北的红、黄、绿灯的输出控制,另外两个灯(两个蓝灯)需要送高电平点灭,因此添加 led7、led8 输入引脚并接电源 VCC。

定义未使用引脚为输入高阻态。如图 4-30 所示,进行引脚锁定。

将时钟 clk 锁定为 83 脚,将东西倒计时输出 e_w[7..0]分别锁定到 I/O 8~I/O 1,即锁定到 12 脚、11 脚、10 脚、9 脚、8 脚、6 脚、5 脚、4 脚。将南北倒计时 s_n[7..0]分别锁定到 I/O 16~I/O 9,即锁定到 24 脚、22 脚、21 脚、20 脚、18 脚、17 脚、16 脚、15 脚。将 led 灯输出控制 led[5..0]和 led7、led6 分别锁定到 I/O 33、I/O 34、I/O 35、I/O 40、I/O 39、I/O 38 和 I/O 37、I/O 36,即 46 脚、

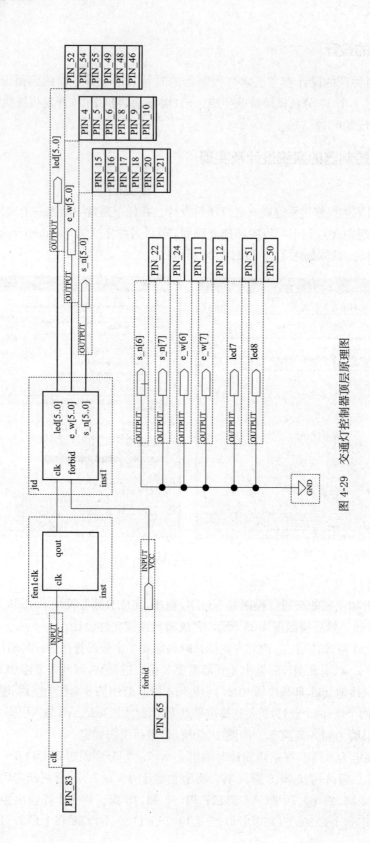

图 4-29 交通灯控制器顶层原理图

48 脚、49 脚、55 脚、54 脚、52 脚、51 脚、50 脚。将 forbid 输入锁定为 65 脚(I/O 48)。

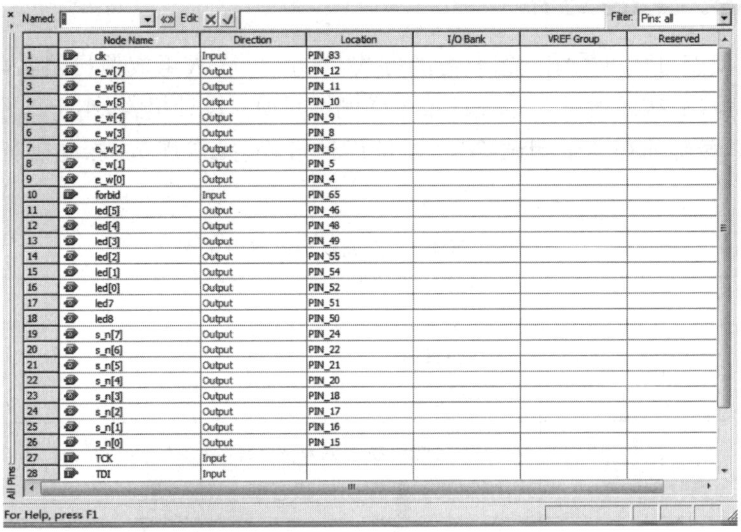

	Node Name	Direction	Location	I/O Bank	VREF Group	Reserved
1	clk	Input	PIN_83			
2	e_w[7]	Output	PIN_12			
3	e_w[6]	Output	PIN_11			
4	e_w[5]	Output	PIN_10			
5	e_w[4]	Output	PIN_9			
6	e_w[3]	Output	PIN_8			
7	e_w[2]	Output	PIN_6			
8	e_w[1]	Output	PIN_5			
9	e_w[0]	Output	PIN_4			
10	forbid	Input	PIN_65			
11	led[5]	Output	PIN_46			
12	led[4]	Output	PIN_48			
13	led[3]	Output	PIN_49			
14	led[2]	Output	PIN_55			
15	led[1]	Output	PIN_54			
16	led[0]	Output	PIN_52			
17	led7	Output	PIN_51			
18	led8	Output	PIN_50			
19	s_n[7]	Output	PIN_24			
20	s_n[6]	Output	PIN_22			
21	s_n[5]	Output	PIN_21			
22	s_n[4]	Output	PIN_20			
23	s_n[3]	Output	PIN_18			
24	s_n[2]	Output	PIN_17			
25	s_n[1]	Output	PIN_16			
26	s_n[0]	Output	PIN_15			
27	TCK	Input				
28	TDI	Input				

图 4-30　引脚锁定图

3. 项目调试

根据引脚锁定，连接 CPLD 开发板各接口。将 I/O 1～I/O 8 连接到左侧高两位的数码管(东西倒计时)输入，请注意低位接到接口的 A 插针上。将 I/O 9～I/O 16 连接到最右侧低两位的数码管(南北倒计时)输入，同样请注意低位接到接口的 A 插针上。将 I/O 33～I/O 40 连接到 8 位 LED 灯输入 P9。连接 I/O 48 到 SW1。具体连接如图 4-31 所示。

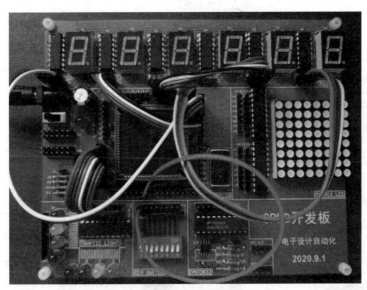

图 4-31　硬件连接图

硬件连接完成后，连接 CPLD 开发板电源线和 USB 下载线。选择 Tools→Programmer 命令，将项目下载文件 jiaotongdeng. pof 下载到目标器件中，并通过拨动 SW1 启动交通灯控制，完成项目硬件调试。

微课
基于CPLD的交通灯控制器的设计及硬件调试

项目测试

项目实施过程可采用分组学习的方式,学生 2~3 人组成项目团队,团队协作完成项目,项目完成后按照附录 C 中设计报告样例撰写项目设计报告,小组按照表 4-4 所示完成交换测试,教师抽查学生测试结果,评价设计过程、操作规范、标准执行、5S 规范等职业素养。

表 4-4 交通灯控制器测试表

项 目		主要内容	分数
设计报告	系统方案	比较与选择 方案描述	5
	理论分析与设计	总结交通灯状态及转换条件 绘制交通灯控制器状态图	5
	电路与程序设计	功能电路选择 交通灯控制器状态机 VHDL 程序设计	10
	测试方案与测试结果	合理设计测试方案及恰当的测试条件 测试结果完整性	10
	设计报告结构及规范性	摘要 设计报告正文的结构 图表的规范性	5
	总分		35
功能实现	完成完整的 EDA 设计流程,开展软、硬件调试		5
	秒计时功能实现		5
	交通灯项目资源优化及资源使用情况		10
	交通灯控制器核心控制功能实现		20
	禁止通行功能实现		10
完成过程	能查阅国家标准,能团队合作确定合理的设计方案和开发计划		5
	在教师的指导下,能团队合作解决遇到的问题		5
	设计过程中的操作规范、团队合作、职业素养和工作效率等		5
	总分		65

项目总结

本项目完成了一个交通灯控制器的设计。通过项目设计使学生掌握状态机的设计思想以及利用 VHDL 语言实现状态机的设计方法。另外,本项目还继承了前面的分频器、计数器的设计成果,使学生体会设计成果的继承方法,便捷的可移植性。通过项目学习让学生掌握状态机的设计方法和逐步掌握并熟练应用基于 CPLD/FPGA 的设计方法。

润物无声

大学生应内外兼修,不负时光不负己

VHDL 程序中结构体的描述方式主要有三种:行为描述方式、数据流描述方式、结构化描述方式。前面内容中介绍了行为描述方式、数据流的描述方式,在项目 5 中还会介绍结构化描述方式。通过学习大家知道,一个 VHDL 程序的设计实体描述了设计的外部特性,结构体描述了设计的内部特性。当一个设计的需求和输入、输出信号的数量、属性确定以后,设计实体就确定下来了。但是针对相同的设计功能,可以采用不同的描述方式实现设计,即殊途同归,不同的描述、不同的程序,相同的功能。

简而言之,设计实体仅仅是电路的外观,而结构体才是电路的灵魂所在,同样的实体、同样的功能,可以有截然不同的结构体。只有在大好的青春年华里不断充实自己、提升自己的素养,内外兼修,不负时光不负己,才能更好地实现自我价值,成就美好人生!

项目拓展

(1) 交通灯控制项目调试完成之后。学生可以尝试修改项目红绿灯的倒计时时间为 75 和 70,该如何修改。当增加倒计时输出位数时,器件的资源是否足够项目的综合和实现。如果不够,应该如何修改、优化设计?

(2) 如果需要增加左转功能,左转绿灯倒计时 30 s、黄灯 5 s;其他功能要求不变。完成设计并实现系统调试,测试功能。

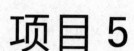

项目 5
数字式频率计设计

项目导入

数字式频率计是学习电子技术的学生必备的测量仪器,对比与采用分立元件设计的数字式频率计,采用 EDA 技术实现的数字式频率计除了将信号放大与处理电路、显示输出及驱动电路保留在可编程逻辑器件之外,其他的核心控制和计数模块、锁存模块等都集成到 CPLD 内部,系统集成度和可靠性大大增加,具有明显的技术优势。同时为了增加学生的锁存器等简单的组合逻辑电路设计、计数器等简单的时序逻辑电路设计经验,使学生掌握中等规模的数字系统设计方法,提高 EDA 技术应用过程中独立解决问题的能力,冰城科技公司决定开发数字式频率计项目设计资源。公司提出的数字式频率计设计任务书见表 5-1。

表 5-1 数字式频率计设计任务书

项目 5	数字式频率计设计	课程名称	EDA 技术应用
教学场所	EDA 技术实训室	学时	8
任务说明	利用 VHDL 语言和 CPLD 开发板,设计完成一个数字式频率计。 功能要求: (1)1~999 Hz 的频率测试,误差<1%。 (2)1~999 kHz 的频率测试,误差<5%。 (3)6 位数码管显示。 (4)可以分挡位测试(可选)		
器材设备	计算机、Quartus Ⅱ、CPLD 开发板、多媒体教学系统		
设计调试			
调试说明	在 CPLD 开发板上,利用 CPLD 器件和 VHDL 语言,实现一个数字式频率计的设计,能够达到任务书的功能要求		

项目 5 数字式频率计设计

学习目标

(1) 能使用 VHDL 语言设计基本的门电路、组合逻辑电路；
(2) 能使用 VHDL 语言设计基本的时序逻辑电路；
(3) 能够依据项目设计任务书和产品的国家标准完成项目需求分析和设计方案；
(4) 能根据频率计设计方案和功能分析编写对应的功能模块 VHDL 程序；
(5) 能独立完成频率计 EDA 工程开发并调试；
(6) 能根据功能要求和测试项目，设计测试方案、选择测量工具，记录测量数据，进行误差分析；
(7) 能解决频率计设计软、硬件调试过程中遇到的问题；
(8) 具备标准意识、安全意识、质量意识，设计过程中能够严格执行国家标准和规范；
(9) 具备认真、严谨、规范、科学、高效的工作作风。
(10) 具备团队合作意识，具有精益求精的工匠精神。

项目需求分析

明确频率计设计的功能要求后，就可以按照需求结合 CPLD 开发板进行硬件资源规划。要设计分挡位测试、6 位数码管显示输出、测量范围为 0～999 kHz 的频率计，设计的硬件系统必须具备外部的时钟源、外部被测信号输入 I/O、挡位选择键、6 位数码管显示输出及驱动模块，以及 CPLD 核心模块。结合 CPLD 开发板，可采用 10 MHz 的晶振作为时钟源输入，8 位拨码开关中的一位作为输入键，6 位共阳的数码管作为显示输出。数字式频率计硬件资源规划如图 5-1 所示。

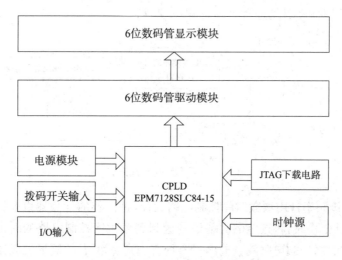

图 5-1 数字式频率计硬件资源框图

项目实施

任务 1　数字式频率计设计需求分析

任务解析

频率计设计的功能要求包括：1~999 Hz 的频率测试，误差<1%；1~999 kHz 的频率测试，误差<5%；6 位数码管显示；可以分挡位测试。其中 6 位数码管显示 000000~999999 Hz 的数据输出，直接使用 CPLD 开发板的 6 位数码管输出即可。其他功能要求和测试精度需要在功能设计时预先规划、计算后方可确定。数字式频率计设计的需求分析的工作内容是依据频率计的工作原理完成对频率计设计参数的计算以及资源的分析规划。

知识链接

一、频率计工作原理

频率计是常用的测量仪器，它是通过对单位时间内的信号脉冲进行计数，实现信号频率测量的电路。频率的定义是单位时间（1 s）内周期信号的变化次数。若某一信号在 T 秒内重复变化了 N 次，则根据频率的定义，可知该信号的频率 f_x 为

$$f_x = \frac{N}{T} \tag{5-1}$$

为了测量的方便，通常 T 取 1 s 或其他十进位时间，如 10 s、0.1 s、0.01 s 等。

根据上述原理可得频率计的原理框图，如图 5-2 所示。

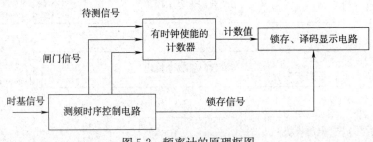

图 5-2　频率计的原理框图

如图 5-2 所示，该频率计由测频时序控制电路、有时钟使能的计数器以及锁存、译码显示电路三部分组成。频率计工作时，将选定的时基信号送到测频时序控制电路的时钟端，触发测频时序控制电路，这样测频时序控制电路就会输出一个具有固定宽度 T 的矩形波脉冲，该矩形波脉冲称为闸门信号，T 称为闸门时间。该闸门信号是对待测频率脉冲的计数允许信号，被送到有时钟使能的计数器，控制计数器对待测信号计数的起止，当闸门信号为高电平时，允许计数；当闸门信号为低电平时，禁止计数。计数结束后，测频时序控制电路会产生一个锁存信号给锁存、译码显示电

路,锁存器会锁存计数器的计数值,并送到译码显示电路显示该计数值,即为被测信号的频率。因为若设该计数值为 N,被测信号频率为 f_x,周期为 T_x,则在闸门时间 T 内通过的待测信号脉冲个数 N 为

$$N=\frac{T}{T_x}=Tf_x \tag{5-2}$$

因此,被测信号的频率为

$$f_x=\frac{N}{T} \tag{5-3}$$

可见 $T=1$ s 时,计数器的计数值即为被测信号的频率。

再经过一段时间,测频时序控制电路还会产生一个清零信号,使计数器清零,为下一次测量做好准备。根据式 5-2 可知,改变闸门时间 T,即可使测得的值 N 增大或减小。例如闸门时间 T 减小到 1/10(测试时间为 0.1 s),则测得的结果 N 也减小为 1/10,则显示出的结果的系数为"×10";如果 T 减小到 1/100(测试时间为 0.01 s),则测得的结果 N 也减小为 1/100,则显示出的结果的系数为"×100";依此类推,通过改变闸门时间 T 即可实现数字式频率计挡位转换功能。

二、误差

在测量中,误差分析计算是必不可少的。理论上讲,不管对什么物理量的测量,不管采用什么样的测量方法,只要进行测量就有误差存在。按照误差的表示方式可分为绝对误差、相对误差和引用误差三种。下面重点介绍绝对误差和相对误差。

1. 绝对误差

国家标准 GB/T 2900.77—2008《电工术语 电工电子测量和仪器仪表 第 1 部分:测量的通用术语》中定义:绝对误差是指校准值和比对值的代数差。比对值为该量的真值,但由于真值无法确定,所以一般使用约定真值。根据定义,将绝对误差换算成公式:绝对误差=|测量值-真实值|。

设某物理量的测量值为 x,它的真值为 a,则绝对误差=$x-a$;由此式所表示的绝对误差和测量值 x 具有相同的单位,它反映测量值偏离真值的大小,所以称为绝对误差。

2. 相对误差

国家标准 GB/T 2900.77—2008《电工术语 电工电子测量和仪器仪表 第 1 部分:测量的通用术语》中定义:相对误差是指绝对误差与比对值的比,即绝对误差与真值的比。根据定义,将相对误差换算成公式:相对误差=|测量值-真实值|/真实值。

三、频率计的误差分析

误差分析的目的是找出引起测量误差的主要原因,从而有针对性地采取有效措施,减小测量误差,提高测量的准确度。计数式测量频率的方法有许多优点,但这种测量方法也不可避免地存在着测量误差。

1. 电子计数测频的测量误差

由式(5-3),根据误差合成原理得

$$\frac{\Delta f_x}{f_x}=\frac{\Delta N}{N}-\frac{\Delta T}{T} \tag{5-4}$$

从式(5-4)可知：电子计数测量频率方法引起的频率测量相对误差，由计数器累计脉冲数相对误差（计数器计数误差）和闸门标准时间相对误差两部分组成。因此，对这两种相对误差可以分别加以讨论，然后相加得到总的频率测量相对误差。

2. 计数器计数误差

在测频时，闸门的开启时刻与计数脉冲之间的时间关系是不相关的，也就是说它们在时间轴上的相对位置是随机的。这样，即便在相同的闸门开启时间 T（先假定标准时间相对误差为零）内，计数器所得的数却不一定相同，从而形成的误差便是计数器计数误差，由于在相同的闸门开启时间 T 计数器最多多计一个数或最少少计一个数，所以，又称±1误差或称量化误差。

计数器的±1误差可用图5-3中的闸门信号和计数脉冲信号的时间关系来分析。

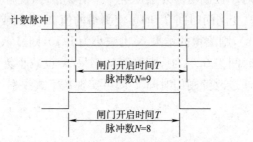

图 5-3 闸门信号和计数脉冲信号的时间关系图

在图5-3中，T 为计数器的闸门开启时间，T_x 为被测信号周期，Δt_1 为闸门开启时刻至第一个计数脉冲前沿的时间（假设计数脉冲前沿使计数器翻转计数），Δt_2 为闸门关闭时刻至下一个计数脉冲前沿的时间。设计数值为 N（处在 T 区间之内窄脉冲个数，图中 $N=9$），由图可见

$$T = N + \Delta t_1 - \Delta t_2 = N + \frac{\Delta t_1 - \Delta t_2}{T_x} \tag{5-5}$$

$$\Delta N = \frac{\Delta t_1 - \Delta t_2}{T_x} \tag{5-6}$$

考虑到 Δt_1 和 Δt_2 都是不大于 T_x 的正时间量，由式(5-6)可以看出，$(\Delta t_1 - \Delta t_2)$ 虽然可能为正或负，但它们的绝对值不会大于 T_x，ΔN 的绝对值也不会大于1，即 $|\Delta N| \leqslant 1$。再联系 ΔN 为计数增量，它只能为实整数，在 T、T_x 为定值的情况下，可以令 $\Delta t_1 \to 0$，或 $\Delta t_1 \to T_x$ 变化，也可令 $\Delta t_2 \to 0$，或 $\Delta t_2 \to T_x$ 变化，经如上讨论可得 ΔN 的取值只有三个可能值，即 $\Delta N = 0、1、-1$。所以，脉冲计数最大绝对误差即±1误差

$$\Delta N = \pm 1 \tag{5-7}$$

所以，计数器计数的最大相对误差为

$$\frac{\Delta N}{N} = \pm \frac{1}{N} = \pm \frac{1}{f_x T} \tag{5-8}$$

在式(5-8)中，f_x 为被测量信号频率；T 为闸门时间。由式(5-8)不难得到如下结论：脉冲计数相对误差与被测信号频率和闸门时间成反比。也就是说被测信号频率越高、闸门时间越宽，此项相对误差越小。

例如，T 选为 1 s，若被测频率 $f_x = 100$ Hz，则±1误差为 ±1 Hz；若 $f_x = 1\,000$ Hz，±1误差也为 ±1 Hz。而计算其相对误差，前者是 ±1%，而后者却是 ±0.1%，显然被测频率高，相对误差

小。再如,若被测频率 $f_x=100$ Hz 时,当 $T=1$ s 时,±1 误差为±1 Hz,其相对误差为±1%;当 $T=10$ s 时,±1 误差为±0.1 Hz,其相对误差为±0.1%。本例所用数据表明:当 f_x 一定时,增大闸门时间 T,可减小脉冲计数的相对误差。

3. 闸门时间误差(时基误差)

闸门时间不准,造成闸门启闭时间或长或短,显然要产生测频误差。闸门时间 T 由晶振信号分频而得。设晶振频率为 f_c(周期为 T_c),分频系数为 k,所以有

$$T = kT_c = k \cdot \frac{1}{f_c} \tag{5-9}$$

由误差合成原理可知

$$\frac{\Delta T}{T} = -\frac{\Delta f_c}{f_c} \tag{5-10}$$

式(5-10)表明:闸门时间相对误差在数字上等于晶振频率的相对误差,所以又称时基误差。

4. 计数器测频的总误差

将式(5-8)、(5-10)代入式(5-4)可得计数器测频的总误差为

$$\frac{\Delta f_x}{f_x} = \pm \frac{1}{Tf_x} + \frac{\Delta f_c}{f_c} \tag{5-11}$$

考虑到 Δf_c 有可能大于零,也有可能小于零。若按最坏情况考虑,测量频率的最大相对误差应写为

$$\frac{\Delta f_x}{f_x} = \pm \left(\frac{1}{Tf_x} + \left| \frac{\Delta f_c}{f_c} \right| \right) \tag{5-12}$$

对式(5-12)稍作分析便可看出,要提高频率测量的准确度,应采取如下措施。

(1) 扩大闸门时间 T 或倍频被测信号的频率以减小±1 误差。

(2) 提高晶振频率的准确度和稳定度以减小闸门时间误差。

(3) 被测信号频率 f_x 较高时,闸门时间误差较小,说明计数测频的误差较小;被测信号频率 f_x 较低时,闸门时间误差较大,说明计数测频的误差较大。所以,在被测信号频率 f_x 较低时,应采用测周期的方法进行测量。

计数式频率计的测频准确度主要取决于仪器本身闸门时间的准确度、稳定度和恰当选择闸门时间。用优质的石英晶体振荡器可以满足一般电子测量对闸门时间准确度、稳定度的要求。关于闸门时间的选择,下面举一个具体例子看如何选择才算是恰当的。

一台可显示 8 位数的计数式频率计,取单位为 kHz。设 $f_x=10$ MHz,当选闸门时间 $T=1$ s 时,仪器显示值为 10000.000 kHz;当选 $T=0.1$ s 时,显示值为 010000.00 kHz;选 $T=10$ ms 时,显示值为 0010000.0 kHz。由此可见,选择 T 大一些数据的有效位数多,同时量化误差小,因而测量准确度高。但是,在实际测频时并非闸门时间越长越好,它也是有限度的。

任务实施

一、绘制数字式频率计工作原理框图

根据频率的定义和频率测量的基本原理,测定信号的频率必须有一个脉宽为 1 s(0.1 s 即 10

倍频、0.01 s 即 100 倍频)的信号作为输入脉冲(被测信号)计数使能的信号;1 s 计数结束后,计数的结果要被锁入锁存器,计数器清零,为下一测频计数周期做好准备。测频信号需要用一个独立的发生器来产生。

根据分析,数字式频率计的工作原理框图如图 5-4 所示。

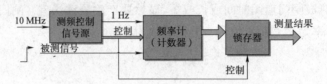

图 5-4 数字式频率计工作原理框图

二、数字式频率计挡位功能规划

根据前述频率计工作原理分析,规划设计数据选择器(多路开关),根据数据选择器输入信号(挡位选择信号),选择不同周期 T 的信号作为频率计闸门时间 T,从而实现挡位切换功能。

由于本设计采用 6 位数码管输出,最大输出数值 999999。则输出系数为 1 时,最大可测量 999.999 kHz;输出系数为 10 时,最大可测量 9999.99 kHz,由于 CPLD 开发板系统时钟频率为 10 MHz,9999.99 kHz 已经与系统时钟频率基本相同了。因此在 CPLD 开发板硬件资源限制下,倍乘系数包括 1 和 10 两个挡位已经达到最大量程,不能再提高了。根据上述分析,设计一个 2 选 1 多路开关即可实现挡位切换。前面的项目已经实现过,不再赘述。

任务 2　数字式频率计计数功能、控制功能模块设计

任务解析

根据数字式频率计的工作原理框图可知,数字式频率计的功能实现核心是测频控制信号生成和带使能功能的计数器、锁存器设计。本任务就是完成数字式频率计的控制信号功能模块、带使能的加计数器模块、锁存器模块、挡位调节功能模块的 VHDL 程序设计。

知识链接

一、组合逻辑电路设计

组合逻辑电路的输出只与当前的输入有关,而与历史输入无关,即组合逻辑电路没有记忆功能。通常,组合逻辑电路可由基本的门电路构成。在组合逻辑电路的 VHDL 描述过程中,要注意 IF 语句必须完整,即要有 ELSE 部分。如果使用不完整的 IF 语句,在进行电路综合时引入锁存器,从而形成时序逻辑。

1. 2 输入与非门

2 输入与非门 VHDL 程序如下:

```
LIBRARY IEEE;
USE IEEE.STD_LOGIC_1164.ALL;
ENTITY nand2 IS
   PORT(a,b:IN STD_LOGIC;
      y:OUT STD_LOGIC);
END nand2;
ARCHITECTURE nand2behv1 OF nand2 IS
BEGIN
    y<= a NAND b;
END nand2behv1;
```

非门设计

按照这种思路,重新定义设计实体名,修改结构体功能描述语句,可实现不同的门电路设计。逻辑操作符相关知识可查阅项目 2。

例如,用 y<=a AND b;实现 2 输入与门;用 y<=a OR b;实现 2 输入或门;用 y<=a NOR b;实现 2 输入或非门;用 y<=a XOR b;实现 2 输入异或门;用 y<=NOT a;实现非门。

2 输入与门设计、与非门设计

说明:这些是基本的门电路设计例程,学生可以依此为例撰写 N 输入的与门、与非门、或门、或非门、异或门、非门等基本的门电路设计。在实现过程中要注意运算符的优先级。

2. 三态反相器

```
LIBRARY IEEE;
USE IEEE.STD_LOGIC_1164.ALL;
ENTITY tri_gate IS
   PORT(din,en:IN STD_LOGIC;
      dout:OUT STD_LOGIC);
END tri_gate;
ARCHITECTURE zas OF tri_gate IS
BEGIN
tri_gate1:PROCESS(din,en)
   BEGIN
     IF(en='1')THEN
       dout<= din;
     ELSE
       dout<= 'Z';
     END IF;
   END PROCESS;
END ZAS;
```

2 输入或门设计、或非门设计

2 输入异或门设计

3. 单向总线缓冲器

```
LIBRARY IEEE;
USE IEEE.STD_LOGIC_1164.ALL;
ENTITY tri_buf8 IS
   PORT(din:IN STD_LOGIC_VECTOR(7 DOWNTO 0);
```

```
      dout:OUT STD_LOGIC_VECTOR(7 DOWNTO 0);
      en:IN STD_LOGIC);
END tri_buf8;
ARCHITECTURE zas OF tri_buf8 IS
BEGIN
tri_buff:PROCESS(en,din)
  BEGIN
    IF(en='1')THEN
      dout<=din;
    ELSE
      dout<="ZZZZZZZZ";
    END IF;
  END PROCESS;
END ZAS;
```

4. 双向总线缓冲器

双向总线缓冲器设计

```
LIBRARY IEEE;
USE IEEE.STD_LOGIC_1164.ALL;
ENTITY tri_bigate IS
  PORT(a,b:INOUT STD_LOGIC_VECTOR(7 DOWNTO 0);
    en:IN STD_LOGIC;
    dr:IN STD_LOGIC);
END tri_bigate;
ARCHITECTURE rt OF tri_bigate IS
  SIGNAL aout,bout:STD_LOGIC_VECTOR(7 DOWNTO 0);
BEGIN
  PROCESS(a,dr,en)
  BEGIN
    IF((en='0')AND(dr='1'))THEN
      bout<=a;
    ELSE
      bout<="ZZZZZZZZ";
    END IF;
      b<=bout;
  END PROCESS;
  PROCESS(b,dr,en)
  BEGIN
    IF((en='0')AND(dr='0'))THEN
      aout<=b;
    ELSE
      aout<="ZZZZZZZZ";
    END IF;
```

项目 5　数字式频率计设计　149

```
          a<= aout;
  END PROCESS;
END rt;
```

5. 3-8 译码器

```
LIBRARY IEEE;
USE IEEE.STD_LOGIC_1164.ALL;
ENTITY scan IS
  PORT(sel:IN STD_LOGIC_VECTOR(2 DOWNTO 0);
       v:OUT STD_LOGIC_VECTOR(8 DOWNTO 1));
END scan;
ARCHITECTURE behav OF scan IS
BEGIN
  PROCESS(sel)
    BEGIN
    CASE sel IS
    WHEN "000"=>v<= "00000001";
    WHEN "001"=>v<= "00000010";
    WHEN "010"=>v<= "00000100";
    WHEN "011"=>v<= "00001000";
    WHEN "100"=>v<= "00010000";
    WHEN "101"=>v<= "00100000";
    WHEN "110"=>v<= "01000000";
    WHEN "111"=>v<= "10000000";
    WHEN OTHERS=> v<= "00000000";
    END CASE;
  END PROCESS;
END BEHAV;
```

3-8译码器设计

说明：此设计为类似 74LS137、74LS138 的 3 线-8 线译码器的 VHDL 程序设计。本例中是输出高电平有效，即'1'依次前移，根据实际需求可能需要输出低电平有效，那就需要将设计中的给 v 赋值时将赋值状态取反即可。在实际设计时可以灵活应用。

6. 7 段共阳数码管译码器

7 段共阳数码管译码器真值表见表 5-2。

表 5-2　7 段共阳数码管译码器真值表

	g	f	e	d	c	b	a
0	1	0	0	0	0	0	0
1	1	1	1	1	0	0	1
2	0	1	0	0	1	0	0
3	0	1	1	0	0	0	0
4	0	0	1	1	0	0	1
5	0	0	1	0	0	1	0
6	0	0	0	0	0	1	0
7	1	1	1	1	0	0	0
8	0	0	0	0	0	0	0
9	0	0	1	0	0	0	0

7 段共阳数码管译码器 VHDL 程序如下：

7段共阳数码管译码器设计

```
LIBRARY IEEE;
USE IEEE.STD_LOGIC_1164.ALL;
ENTITY disp IS
  PORT(d:IN STD_LOGIC_VECTOR(3 DOWNTO 0);
       q:OUT STD_LOGIC_VECTOR(6 DOWNTO 0));
END disp;
ARCHITECTURE behav OF disp IS
BEGIN
  PROCESS(d)
    BEGIN
    CASE d IS
    WHEN "0000"=>q<= "1000000";
    WHEN "0001"=>q<= "1111001";
    WHEN "0010"=>q<= "0100100";
    WHEN "0011"=>q<= "0110000";
    WHEN "0100"=>q<= "0011001";
    WHEN "0101"=>q<= "0010010";
    WHEN "0110"=>q<= "0000010";
    WHEN "0111"=>q<= "1111000";
    WHEN "1000"=>q<= "0000000";
    WHEN "1001"=>q<= "0010000";
    WHEN OTHERS=>q<= "1111111";
    END CASE;
  END PROCESS;
END behav;
```

说明：在实际设计时，可能用到的显示器件为共阴数码管，即数码管位选信号送低电平，段码送高电平点亮数码管，那就需要重新编写真值表（共阳数码管段码取反即可），重新编写 VHDL 程序即可。同理，设计 8 段数码管驱动设计就是多一个段码 H 即可。

二、时序逻辑电路设计

时序逻辑电路的输出和当前的输入以及历史状态都有关系，即时序逻辑电路具有"记忆"功能，而记忆功能是由触发器构成的。因此本部分介绍时序逻辑电路中的触发器、寄存器和计数器的设计。

触发器中最常见的是 D 触发器，其他类型的触发器都可由 D 触发器外加组合逻辑电路转换而成。因而几乎所有数字逻辑电路都可由 D 触发器和组合逻辑电路构成。用 VHDL 描述数字逻辑电路，VHDL 综合器通常将带时钟的触发器都描述成 D 或 D 触发器外加组合逻辑电路。

在一个时序电路系统中，复位信号、时钟信号是两个重要的信号。复位信号保证了系统初始状态的确定性，时钟信号则是时序系统工作的必要条件。时序电路系统通常在复位信号到来时，恢复到初始状态；每个时钟到来时，内部状态则发生改变。时序电路也总是以时钟进程的形式来描述的,其描述的方式一般有两种。

(1)进程的敏感信号是时钟信号。在这种情况下,时钟信号就作为敏感信号出现在 PROCESS 语句后的括号中。信号边沿的到来作为时序电路语句执行的条件。

(2)进程中的 WAIT 语句等待时钟。在这种情况下,描述时序电路的进程将没有敏感信号,而是用 WAIT 语句来控制进程的执行。进程通常停在 WAIT ON 语句上,只有在时钟信号到来,且满足边沿条件时,其余的语句才能执行。WAIT ON 语句只能放在进程的最前面或最后面。

检测时钟上升沿最常用的语句是:

```
IF clk'EVENT AND clk='1' THEN
```

或者

```
IF RISING_EDGE(clk) THEN
```

第一句的含义是当 clk 信号发生变化且变化后的 clk 的值为高电平(即时钟 clk 的上升沿)。第二句使用一个信号上升沿函数 RISING_EDGE(),当信号上升沿来临时,函数返回值为 TRUE。

同理检测时钟信号的下降沿的语句是:

```
IF clk'EVENT AND clk='0' THEN
```

含义是当 clk 信号发生变化且变化后的 clk 的值为低电平时(即时钟 clk 的下降沿)。

1. 触发器

1)D 触发器

```
LIBRARY IEEE;
USE IEEE.STD_LOGIC_1164.ALL;
ENTITY dff1 IS
  PORT(d:IN STD_LOGIC;
       clk:IN STD_LOGIC;
       clr:IN STD_LOGIC;
       q:OUT STD_LOGIC);
END dff1;
--异步清零 D 触发器
ARCHITECTURE behv1 OF dff1 IS
  SIGNAL y:STD_LOGIC_VECTOR(3 DOWNTO 0);
BEGIN
  PROCESS(clk,clr,d)
    BEGIN
    IF clr='1' THEN                    --先判断清零信号是否有效
      q<='0';
    ELSIF clk'EVENT AND clk='1' THEN
      q<=d;
    END IF;
  END PROCESS;
END behv1;
```

D触发器设计

```
--同步清零D触发器
ARCHITECTURE behv2 OF dff1 IS
BEGIN
  PROCESS(clk)
  BEGIN
    IF clk'EVENT AND clk='1' THEN        --先判断时钟信号是否有效
      IF clr='1' THEN
        q<='0';
      ELSE
        q<=d;
      END IF;
    END IF;
  END PROCESS;
END behv2;
```

2) RS触发器

```
LIBRARY IEEE;
USE IEEE.STD_LOGIC_1164.ALL;
ENTITY rsff IS
  PORT(r,s:IN STD_LOGIC;
       q,qb:OUT STD_LOGIC);
END rsff;
ARCHITECTURE behav1 OF rsff IS
  SIGNAL q_temp,qb_temp:STD_LOGIC;
BEGIN
  PROCESS(r,s)
    BEGIN
    IF s='1' AND r='0' THEN
      q_temp<='0';
      qb_temp<='1';
    ELSIF s='0' AND r='1' THEN
      q_temp<='1';
      qb_temp<='0';
    ELSE
      q_temp<=q_temp;
      qb_temp<=qb_temp;
    END IF;
  END PROCESS;
  q<=q_temp;
  qb<=qb_temp;
END behav1;
```

3)主从 JK 触发器

```vhdl
LIBRARY IEEE;
USE IEEE.STD_LOGIC_1164.ALL;
ENTITY jkff IS
    PORT(j,k,cp,r,s:IN STD_LOGIC;
        q,qb:OUT STD_LOGIC);
END jkff;
ARCHITECTURE behv1 OF jkff IS
SIGNAL q_temp,qb_temp:STD_LOGIC;
BEGIN
    PROCESS(j,k,cp)
    BEGIN
        IF s='1' AND r='0' THEN
            q_temp<='0';
            qb_temp<='1';
        ELSIF s='0' AND r='1' THEN
            q_temp<='1';
            qb_temp<='0';
        ELSIF s='0' AND r='0' THEN
            q_temp<=q_temp;
            qb_temp<=qb_temp;
        ELSIF cp'EVENT AND cp='0' THEN
            IF j='0' AND k='1' THEN
                q_temp<='0';
                qb_temp<='1';
            ELSIF j='1' AND k='0' THEN
                q_temp<='1';
                qb_temp<='0';
            ELSIF j='0' AND k='0' THEN
                q_temp<=q_temp;
                qb_temp<=qb_temp;
            ELSIF j='1' AND k='1' THEN
                q_temp<=not q_temp;
                qb_temp<=not qb_temp;
            END IF;
        END IF;
    END PROCESS;
    q<=q_temp;
    qb<=qb_temp;
END behv1;
```

2. 移位寄存器

1) 移位寄存器

移位寄存器设计

```
LIBRARY IEEE;
USE IEEE.STD_LOGIC_1164.ALL;
ENTITY shift8 IS
    PORT(a,clk:IN STD_LOGIC;
       b:OUT STD_LOGIC);
END shift8;
ARCHITECTURE rt1 OF shift8 IS
    SIGNAL dfo_1,dfo_2,dfo_3,dfo_4,dfo_5,dfo_6,dfo_7:STD_LOGIC;
BEGIN
    PROCESS(clk)
    BEGIN
      IF clk'EVENT AND clk='1' THEN
        dfo_1<=a;
        dfo_2<=dfo_1;
        dfo_3<=dfo_2;
        dfo_4<=dfo_3;
        dfo_5<=dfo_4;
        dfo_6<=dfo_5;
        dfo_7<=dfo_6;
           b<=dfo_7;
      END IF;
    END PROCESS;
END rt1;
```

2) 可预加载的 8 位循环移位寄存器

```
LIBRARY IEEE;
USE IEEE.STD_LOGIC_1164.ALL;
ENTITY rosft8 IS
  PORT(clk:IN STD_LOGIC;
    load:IN STD_LOGIC;
    d:IN STD_LOGIC_VECTOR(7 DOWNTO 0);
    q:BUFFER STD_LOGIC_VECTOR(7 DOWNTO 0)
    qs:BUFFER STD_LOGIC);
END rosft8;
ARCHITECTURE behav OF rosft8 IS
BEGIN
  PROCESS(clk,d,load)
  BEGIN
    IF clk'EVENT AND clk='1' THEN
```

```
          IF load='1' THEN;
             q<=d;
             qs<='0';
          ELSE
             qs<=q(0);
             q(6 downto 0)<=q(7 downto 1);
             q(7)<=qs;
          END IF;
       END IF;
    END PROCESS;
END behav;
```

3. 计数器

1)具有清零端的 4 位二进制计数器

```
LIBRARY IEEE;
USE IEEE.STD_LOGIC_1164.ALL;
USE IEEE.STD_LOGIC_UNSIGNED.ALL;
ENTITY cnt4 IS
   PORT(clk:IN STD_LOGIC;
      clr:IN STD_LOGIC;
      q:BUFFER STD_LOGIC_VECTOR(3 DOWNTO 0));
END cnt4;
ARCHITECTURE behav OF cnt4 IS
BEGIN
   PROCESS(clk,clr)
   BEGIN
      IF clr='1' THEN
         q<="0000";
      ELSIF clk'EVENT AND clk='1' THEN
         q<=q+1;
      END IF;
   END PROCESS;
END behav;
```

具有清零端的4位二进制计数器设计

2)8 位异步复位的可预置加减计数器

```
LIBRARY IEEE;
USE IEEE.STD_LOGIC_1164.ALL;
ENTITY counter8 IS
   PORT(clk:IN STD_LOGIC;
      rest:IN STD_LOGIC;
      ce,load,dir:IN STD_LOGIC;
      din:IN INTEGER RANGE 0 TO 255;
```

8位异步复位的可预置加减计数器设计

```
      count:OUT INTEGER RANGE 0 TO 255);
END counter8;
ARCHITECTURE counter8_arch OF counter8 IS
BEGIN
  PROCESS(clk,reset)
    VARIABLE counter:INTEGER RANGE 0 TO 255;
  BEGIN
    IF reset='1' THEN counter:= 0;
    ELSIF clk'EVENT AND clk='1' THEN
      IF load='1' THEN
        counter:= din;
      ELSE
        IF ce='1' THEN
          IF dir='1' THEN
            IF counter= 255 THEN
              counter:= 0;
            ELSE
              counter:= counter+ 1;
            END IF;
          ELSE
            IF counter= 0 THEN
              counter:= 255;
            ELSE
              counter:= counter-1;
            END IF;
          END IF;
        END IF;
      END IF;
    END IF;
    count<= counter;
  END PROCESS;
END counter8_arch;
```

3) 4位移位寄存器型扭环计数器

```
LIBRARY IEEE;
USE IEEE.STD_LOGIC_1164.ALL;
ENTITY shift_cnt4 IS
  PORT(clr,clk:IN STD_LOGIC;
    y:OUT STD_LOGIC_VECTOR(3 DOWNTO 0));
END shift_cnt4;
ARCHITECTURE behv1 OF shift_cnt4 IS
  SIGNAL q:STD_LOGIC_VECTOR(3 DOWNTO 0);
```

```vhdl
    SIGNAL d0:STD_LOGIC;
BEGIN
  PROCESS(clk,clr)
    BEGIN
    IF clr= '1' THEN
       q<= "1111";
    ELSIF clk'EVENT AND clk= '1' THEN
       q(0)<= d0;q(3 downto 1)<= q(2 downto 0);
    END IF;
    IF(q= "1111" OR q= "1110" OR q= "1100" OR q= "1000" OR
       q= "0000"OR q= "0001" OR q= "0011" OR q= "0111") THEN
       d0<= NOT q(3);
    ELSE
       IF q= "1010" OR q= "0101" THEN
          d0<= NOT q(3);
       ELSE
          d0<= q(3);
       END IF;
    END IF;
  END PROCESS;
    y<= q;
END behv1;
```

4)顺序脉冲发生器

```vhdl
LIBRARY IEEE;
USE IEEE.STD_LOGIC_1164.ALL;
ENTITY s_pulse IS
  PORT(clk:IN STD_LOGIC;
     y:OUT STD_LOGIC_VECTOR(3 DOWNTO 0));
END s_pulse;
ARCHITECTURE behv1 OF s_pulse IS
  SIGNAL q:STD_LOGIC_VECTOR(3 DOWNTO 0);
BEGIN
  PROCESS(clk)
    BEGIN
    IF clk'EVENT AND clk= '1' THEN
      IF (q= "1000" OR q= "0100" OR q= "0010" OR q= "0001") THEN
        q<= q(0)&q(3 downto 1);
      ELSE
        q<= "1000";
      END IF;
    END IF;
```

```
        END PROCESS;
            y<= q;
    END behv1;
```

任务实施

一、数字式频率计控制信号生成模块设计

根据任务 1 对数字式频率计的工作原理分析,数字式频率计的控制信号应该包括基本时钟输入、计数器计数使能信号、计数器清零信号、锁存器锁存使能(加载)信号。控制信号发生器元件图如图 5-5 所示。

根据测频原理,测频控制信号时序图如图 5-6 所示。

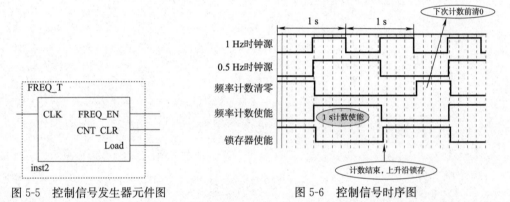

图 5-5 控制信号发生器元件图   图 5-6 控制信号时序图

根据时序图,利用 VHDL 语言完成控制信号发生器 freq_t 的设计,程序代码如下:

```
LIBRARY IEEE;
USE IEEE.STD_LOGIC_1164.ALL;
USE IEEE.STD_LOGIC_UNSIGNED.ALL;
ENTITY FREQ_T IS
    PORT (CLK : IN STD_LOGIC;                  --1Hz
        FREQ_EN : OUT STD_LOGIC;               --计数器时钟使能
        CNT_CLR : OUT STD_LOGIC;               --计数器清零
        Load : OUT STD_LOGIC    );             --输出锁存信号
    END FREQ_T;
ARCHITECTURE A OF FREQ_T IS
    SIGNAL Div2CLK : STD_LOGIC;
BEGIN
    PROCESS( CLK )
    BEGIN
        IF CLK'EVENT AND CLK = '1' THEN        --1Hz 时钟 2 分频
            Div2CLK <= NOT Div2CLK;
```

```
            END IF;
        END PROCESS;
        PROCESS (CLK, Div2CLK)
        BEGIN
            IF CLK = '0' AND Div2CLK = '0' THEN      --产生计数器清零信号
                CNT_CLR <= '1';
            ELSE
                CNT_CLR <= '0';
            END IF;
        END PROCESS;
        Load    <= NOT Div2CLK;
        FREQ_EN <= Div2CLK;
END A;
```

二、数字式频率计的测频计数模块设计

本数字式频率计的功能要求中要求测频范围为 $0 \sim 999$ kHz，可以用 6 个板载的共阳数码管显示输出测量结果。因此数字式频率计的测频技术部分可以分为 6 个十进制计数模块，十进制计数模块需要包括被测信号输入 CLK、计数器清零信号 CLR、计数器计数使能信号 ENA、计数结果输出信号 CNTQ[3..0]、计数器进位信号 CNTOUT。十进制计数模块元件如图 5-7 所示。

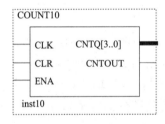

图 5-7 十进制计数模块元件图

根据前面的分析，完成十进制计数模块的 VHDL 程序设计：

```
LIBRARY IEEE;
USE IEEE.STD_LOGIC_1164.ALL;
ENTITY COUNT10 IS
    PORT (CLK : IN STD_LOGIC;                --时钟信号
          CLR : IN STD_LOGIC;                --清零信号
          ENA : IN STD_LOGIC;                --计数使能信号
          CNTQ : OUT INTEGER RANGE 0 TO 15;  --计数结果
          CNTOUT : OUT STD_LOGIC    );       --计数进位
    END COUNT10;
ARCHITECTURE A OF COUNT10 IS
    SIGNAL CNTI : INTEGER RANGE 0 TO 15;
BEGIN
    PROCESS(CLK, CLR, ENA)
      BEGIN
        IF CLR = '1' THEN   CNTI <= 0;       --清零
        ELSIF CLK'EVENT AND CLK = '1' THEN
            IF ENA = '1' THEN
                IF CNTI <9 THEN
```

```
                CNTI <= CNTI + 1;
             ELSE
                CNTI <= 0;                          --等于9,则回转
             END IF;
          END IF;
       END IF;
    END PROCESS;
    PROCESS(CNTI)
    BEGIN
       IF CNTI = 0 THEN
          CNTOUT <= '1';
       ELSE
          CNTOUT <= '0';
       END IF;
    END PROCESS;
       CNTQ <= CNTI;
END A;
```

说明:在实际设计时,前面已经有了很多的模十计数器设计,学生可以自行设计。本例程中采用双进程描述的方式。由于信号赋值有延时,因此在第二个进程中当内部计数结果 CNTI 为 0 时,CNTOUT 才产生进位输出的高电平信号,而不是 CNTI=9 时,产生进位信号。请学生注意这部分的时序问题。就是实际输出 CNTOUT 由 9 变化到 0 的时刻,同步产生进位信号。

三、锁存器模块设计

与项目 4 中 D 触发器设计类似,完成锁存器模块设计。由于本锁存器需要将 6 个十进制计数模块的计数结果锁存输出。因此锁存器模块需要包括锁存器使能信号 Load、DIN[23..0] 24 路数据输入信号、DOUT[23..0]24 路数据锁存输出信号,元件如图 5-8 所示。

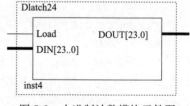

图 5-8 十进制计数模块元件图

锁存器 VHDL 程序如下:

```
LIBRARY IEEE;
USE IEEE.STD_LOGIC_1164.ALL;
ENTITY Dlatch24 IS
  PORT ( Load : IN STD_LOGIC;
         DIN : IN STD_LOGIC_VECTOR(23 DOWNTO 0);
         DOUT : OUT STD_LOGIC_VECTOR(23 DOWNTO 0) );
END Dlatch24;
ARCHITECTURE A OF Dlatch24 IS
BEGIN
  PROCESS(Load, DIN)
```

```
    BEGIN
        IF Load'EVENT AND Load = '1' THEN          --时钟到来时,锁存输入数据
            DOUT <= DIN;
        END IF;
    END PROCESS;
END A;
```

四、挡位调节功能模块设计

根据频率计的工作原理,挡位调节的核心是改变闸门时间 T,因此可以通过设计一个带优先级多路数据选择器(多路开关),选择不同频率的信号来改变闸门时间 T,达到改变挡位系数和提高量程的目的。

任务 3　数字式频率计系统设计及系统实现

任务解析

在完成频率计功能模块设计以后,需要完成 EDA 工程并在 CPLD 开发板上调试功能,使用信号发生器输出信号作为被测信号,测试数字式频率计工作状态,验证数字式频率计功能是否满足设计功能要求。

知识链接

一、EDA 工程顶层文件 VHDL 设计方法

1. 元件例化语句

元件例化就是将预先设计好的设计实体定义为一个元件,然后利用特定的语句将此元件与当前的设计实体中的指定端口相连接,从而为当前设计实体引入一个新的低一级的设计层次。在这里,当前设计实体相当于一个较大的电路系统,所定义的例化元件相当于要插在该电路板上的芯片,而当前设计实体中指定的端口则相当于该电路板上准备接受此芯片的一个插座。元件例化提供了在 VHDL 设计中采用自上而下层次化设计的一种重要途径,也提供了重复利用设计库已有设计资源的机制。

元件例化可以是多层次的,在一个设计实体中被调用安装的元件也可以是一个较低层次的当前设计实体,这个较低层次的当前设计实体也可以调用其他元件,以便构成更低层次的电路模块。因此,元件例化就意味着在当前结构体内定义了一个新的设计层次,这个设计层次的总称为元件,但它可以以不同的形式出现。这个元件可以是设计者自己设计好的 VHDL 设计实体,或者是工程软件元件库中的元件,也可能是别人的设计成果,还可以是软的 IP 核,或者是 FPGA 中的嵌入式硬 IP 核。元件例化语句实现的设计与原理图的接线方式类似,但原理图的设计方式对于学生理解设计原理更直观,因此本书中项目的顶层设计多数采用原理图的设计方式。

1)元件例化语句的构成

元件例化语句的语法格式如下：

```
--第一部分,元件声明部分
COMPONENT 元件名
[GENERIC(类属表);]
PORT(端口名表);
END COMPONENT [元件名];
--第二部分,元件例化部分
例化名:元件名 [GENERIC MAP (类属关联表);]
PORT MAP ([端口名=>]连接端口名,…);
```

第一部分:把一个现成的设计实体定义为一个元件,进行封装。

第二部分:把该元件与当前设计实体的连接说明。

2)端口映射语句

端口映射语句用来描述调用元件和当前系统的连接关系。语句格式是：

```
PORT  MAP(端口映射表)
```

映射关系符号:"=>"。

端口映射方式:

```
PORT MAP(元件端口名=>当前系统连接端口名)        --名字关联方式
PORT  MAP(当前系统连接端口名)                   --位置关联方式
```

3)元件例化语句的应用

以下是元件例化语句的应用示例。例 5-1 中先完成一个 2 输入与非门的设计,然后利用元件例化语句产生图 5-9 所示的 3 个相同的与非门连接而成的电路。

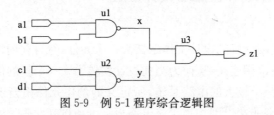

图 5-9　例 5-1 程序综合逻辑图

【例 5-1】元件例化语句的实际应用。

```
LIBRARY IEEE;
USE IEEE.STD_LOGIC_1164.ALL;
ENTITY nd2 IS
  PORT (a, b: IN STD_LOGIC;
              c: OUT STD_LOGIC);
END nd2;
ARCHITECTURE nd2behv OF nd2 IS
BEGIN
```

```
    c<= a NAND b;
END nd2behv;
```

元件例化语句应用前,一定要完成元件设计并生成设计元件。

```
LIBRARY IEEE;
USE IEEE.STD_LOGIC_1164.ALL;
ENTITY ord41 IS
  PORT (a1, b1, c1, d1: IN STD_LOGIC;
                    z1: OUT STD_LOGIC);
END ord41;
ARCHITECTURE ord41behv OF ord41 IS
  COMPONENT nd2
    PORT (a, b: IN STD_LOGIC;
                c: OUT STD_LOGIC);
  END COMPONENT;
  SIGNAL x, y: STD_LOGIC;
BEGIN
  u1:nd2 PORT MAP(a1,b1,x);              --位置关联方式
  u2:nd2 PORT MAP(a=>c1,c=>y,b=>d1);     --名字关联方式
  u3:nd2 PORT MAP(x,y,c=>z1);            --混合关联方式
END ARCHITECTURE ord41behv;
```

2. 元件例化语句的应用案例

以下是元件例化语句的实现过程。因为最后实现的顶层设计实体名称为 ord41,因此需要新建一个 ord41 工程。步骤如下:

新建一个文件夹命名为 ord41(注意文件的存储路径中不要有中文)。打开 Quartus Ⅱ 工具软件,选择 File→New Project Wizard 命令,弹出图 5-10 所示对话框,定义工程目录为刚刚新建的 ord41 文件夹,定义工程名为 ord41。

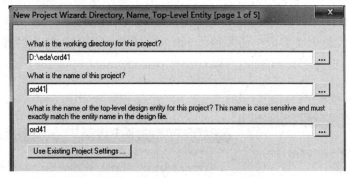

图 5-10 定义工程 ord41

如图 5-11 所示,选择目标芯片为 EPM7128SLC84-15。

选择 File→New 命令,弹出 New 对话框,如图 5-12 所示。新建一个 VHDL File 文件。

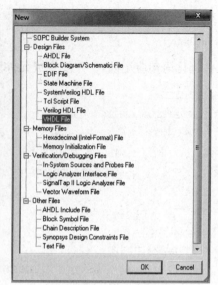

图 5-11 定义目标芯片 EPM7128SLC84-15　　图 5-12 新建 VHDL File 文件

先输入如下代码：

```
LIBRARY IEEE;
USE IEEE.STD_LOGIC_1164.ALL;
ENTITY nd2 IS
  PORT (a, b: IN STD_LOGIC;
               c: OUT STD_LOGIC);
END nd2;
ARCHITECTURE nd2behv OF nd2 IS
BEGIN
    c<= a NAND b;
END nd2behv;
```

选择 File→Save As 命令，在弹出对话框的文件名文本框中输入 nd2。（特别注意：这里一定不要选择系统默认的 ord41，因为 VHDL 文本文件的文件名称必须与实体名称相同，本模块中实体名为 nd2，所以在文件名文本框中必须输入 nd2）单击"保存"按钮，将文件保存到工程目录中。然后如图 5-13 所示，选择 File→Create/Update→Create Symbol Files for Current File 命令。

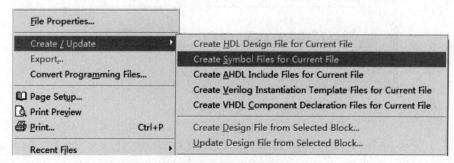

图 5-13 编译文件新建元件

正确操作以后，软件会弹出一个元件创建成功对话框（注意：在完成顶层设计文件之前一定完成元件创建，否则顶层文件是无法调用相应元件的）。

接下来选择 File→New 命令，新建一个 VHDL File 文件。

输入如下代码：

```
LIBRARY IEEE;
USE IEEE.STD_LOGIC_1164.ALL;
ENTITY ord41 IS
  PORT (a1, b1, c1, d1: IN STD_LOGIC;
                    z1: OUT STD_LOGIC);
END ord4;
ARCHITECTURE ord41behv OF ord41 IS
  COMPONENT nd2
    PORT (a, b: IN STD_LOGIC;
                c: OUT STD_LOGIC);
  END COMPONENT;
  SIGNAL x, y: STD_LOGIC;
BEGIN
u1:nd2 PORT MAP(a1,b1,x);           --位置关联方式
u2:nd2 PORT MAP(a=>c1,c=>y,b=>d1);  --名字关联方式
u3:nd2 PORT MAP(x,y,c=>z1);         --混合关联方式
END ARCHITECTURE ord41behv;
```

将文件保存成 ord41.vhd。因为工程名为 ord41，因此实际选择的就是默认的工程名。本设计文件可以用原理图 5-14 替换。学生可以另建一个工程定义成 ord41。用图 5-14 的原理图 ord41.bdf 替换顶层文件 ord41.vhd，然后对两个项目进行仿真，验证功能是否一致。从而体会两种设计的不同之处。

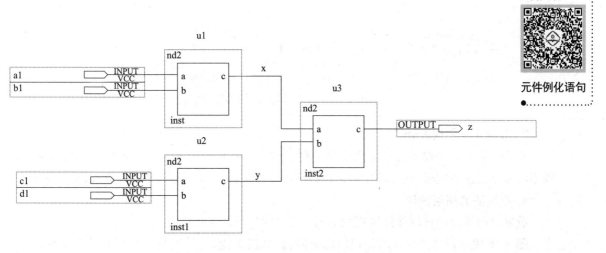

图 5-14　例 5-1 程序 ord41.vhd 对应的原理图

二、被测信号分析

频率计在计数被测信号前,通常会根据需要对被测信号进行衰减放大处理,通过整形电路转换为矩形波,再通过闸门电路输入给计数电路。由于本设计任务中聚焦到使用 VHDL 语言实现频率计数和频率显示输出上,因此本设计简化了信号处理电路,采用外部信号发生器直接通过 CPLD 的 I/O 接口输入到计数模块中。因此需要提前分析被测信号的范围。

查阅 EPM7128SLC84-15 数据手册,可知 I/O 接口输入电压最大范围为 $-2.0 \sim +7.0$ V,推荐的工作电压为 $-0.5 \sim +5.5$ V。I/O 接口高电平输入电压范围为 $2 \sim (\text{VCCINT}+0.5)$ V,即 $2 \sim 5.5$ V。信号发生器输出信号应为矩形波,峰值可为 $4.5 \sim 5$ V。

任务实施

根据项目需求分析和图 5-4 所示的数字式频率计的原理框图可知,基于 CPLD 的数字式频率计的设计需要 1 Hz、0.5 Hz(实现分挡位测试还需要 10 Hz)的信号源,数字式频率计的控制信号源,外部被测信号触发的计数器电路,数据输出的锁存电路。下面分别设计这些单元电路和顶层的系统设计。

一、数字式频率计功能模块设计

数字式频率计的工程设置按照前面项目的实现过程建立数字式频率计的 EDA 工程即可。

1. 时钟源设计

与前面项目中的时钟源设计类似,利用 10 分频模块的设计成果,如图 5-15 所示,将 6 个 10 分频模块级联,可以获得 10 Hz 信号生成模块 gclk10。该模块可以将 10 MHz 的板载时钟分频,从而获得 10 Hz 的信号源。在实际应用中,在该模块后面再增加一个 10 分频模块就可以获得 1 Hz 信号。

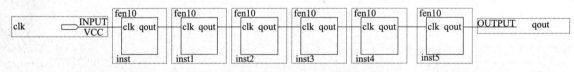

图 5-15 10 Hz 信号生成模块原理图

2. 其他功能模块设计

数字式频率计的控制信号生成模块、测频计数模块、锁存器模块、挡位调节功能模块 VHDL 程序前面已经编写完成,在工程中输入设计文件生成 freq_t、count10、dlatch24、mux21 模块。

3. 原理图的顶层设计

数字式频率计的顶层设计原理图如图 5-16 和图 5-17 所示。

图 5-16 顶层设计文件未增加挡位切换模块(可选功能)。学生可以在拓展功能中利用增加 2 选 1 多路开关实现,这里不再赘述。

在实际输入时,外部输入时钟(83 脚)连接到 gclk10 模块的时钟输入端 clk,10 分频模块

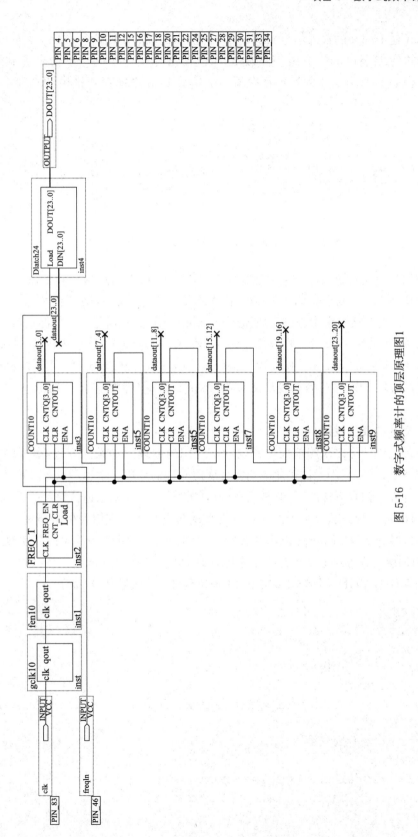

图 5-16　数字式频率计的顶层原理图 1

fen10 输出 qout 送 freq_t 的输入信号 clk,freq_t 的输出计数器使能信号 freq_en 送十进制计数器模块 count10 的使能端口 ena,freq_t 的输出计数器清零信号 freq_clr 送十进制计数器模块 count10 的清零端口 clr,freq_t 的输出锁存器使能信号 load 送锁存器模块 dlatch24 的使能端口 load。

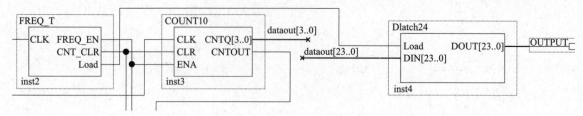

图 5-17 数字式频率计的顶层原理图 2(局部放大)

外部被测信号 freqin 送最末一个十进制计数器模块 count10 的 clk 端口。然后将最末一个十进制计数器模块 count10 的进位信号 cntout 依次送下一个十进制计数器模块 count10 的 clk 端口。如图 5-18 所示,连接每个十进制计数器模块 count10 的清零信号 clr、使能信号 ena。依次将每个十进制计数器模块 count10 的输出 cntout[3..0]的总线定义为 dataout[3..0]、dataout[7..4]、dataout[11..8]、dataout[15..12]、dataout[19..16]、dataout[23..20]。将锁存器模块 dlatch24 的输入信号 DIN 端口的总线定义为 dataout[23..0](即将 6 个 count10 模块的计数结果送给锁存器)。

4. VHDL 文本的顶层设计

本项目中顶层设计可以采用前面项目设计中应用的原理图的设计方法,也可以采用 VHDL 文本文件实现顶层设计,利用元件例化语句实现底层模块的调用。学生可以通过这两种设计方法的对比体会各种设计输入方法的不同,进而在今后的设计过程中采用适合自己的方法。通常对于学生来说,原理图的设计方法更利于设计者分析和理解设计的原理以及信号传递的时序关系;而对于能够较熟练掌握 EDA 的开发设计方法的工程师而言,采用元件例化语句实现元件调用的 VHDL 文本的顶层设计方法效率更高。学生可以在学习过程中自己体会。

数字式频率计的 VHDL 文本的顶层设计代码(不包括分频器部分)如下:

```
LIBRARY IEEE;
USE IEEE.STD_LOGIC_1164.ALL;
ENTITY FREQ24T IS
  PORT (CLK : IN STD_LOGIC;
        FREQIN : IN STD_LOGIC;
        RESULT_OUT : OUT STD_LOGIC_VECTOR(23 DOWNTO 0) );
END FREQ24T;
ARCHITECTURE A OF FREQ24T IS
COMPONENT FREQ_T
  PORT (CLK : IN STD_LOGIC;     FREQ_EN : OUT STD_LOGIC;
        CNT_CLR : OUT STD_LOGIC;    Load : OUT STD_LOGIC  );
END COMPONENT;
```

```vhdl
    COMPONENT COUNT10
      PORT (   CLK : IN STD_LOGIC;   CLR : IN STD_LOGIC; ENA : IN STD_LOGIC;CNTQ : OUT STD_LOGIC_
VECTOR(3 DOWNTO 0);CNTOUT : OUT STD_LOGIC );
    END COMPONENT;
    COMPONENT DLATCH24
      PORT (   Load : IN STD_LOGIC;
               DIN : IN STD_LOGIC_VECTOR(23 DOWNTO 0);
               DOUT : OUT STD_LOGIC_VECTOR(23 DOWNTO 0) );
    END COMPONENT;
      SIGNAL FREQ_EN1 : STD_LOGIC;
      SIGNAL CNT_CLR1 : STD_LOGIC;
      SIGNAL Load1 : STD_LOGIC;
      SIGNAL DLATCH1 : STD_LOGIC_VECTOR(23 DOWNTO 0);
      SIGNAL CNTOUT1 : STD_LOGIC_VECTOR(4 DOWNTO 0);
    BEGIN
      U1 : FREQ_T   PORT MAP ( CLK =>CLK,      FREQ_EN =>FREQ_EN1,
                       CNT_CLR =>CNT_CLR1, Load =>Load1 );
      U2 : DLATCH24 PORT MAP( Load =>Load1, DIN =>DLATCH1,DOUT =>RESULT_OUT);
      U3 : COUNT10   PORT MAP (CLK =>FREQIN,CLR =>CNT_CLR1,ENA =>FREQ_EN1,
           CNTQ =>DLATCH1(3 DOWNTO 0),CNTOUT =>CNTOUT1(0) );
      U4 : COUNT10   PORT MAP (CLK =>CNTOUT1(0), CLR =>CNT_CLR1,
           ENA =>FREQ_EN1, CNTQ =>DLATCH1(7 DOWNTO 4),
           CNTOUT =>CNTOUT1(1)    );
      U5 : COUNT10 PORT MAP ( CLK =>CNTOUT1(1), CLR =>CNT_CLR1,
                       ENA =>FREQ_EN1, CNTQ =>DLATCH1(11 DOWNTO 8),
               CNTOUT =>CNTOUT1(2) );
      U6 : COUNT10 PORT MAP ( CLK =>CNTOUT1(2), CLR =>CNT_CLR1,
           ENA =>FREQ_EN1, CNTQ =>DLATCH1(15 DOWNTO 12),
           CNTOUT =>CNTOUT1(3));
      U7 : COUNT10 PORT MAP ( CLK =>CNTOUT1(3), CLR =>CNT_CLR1,
           ENA =>FREQ_EN1,   CNTQ =>DLATCH1(19 DOWNTO 16),
           CNTOUT =>CNTOUT1(4) );
      U8 : COUNT10   PORT MAP ( CLK =>CNTOUT1(4),CLR =>CNT_CLR1,
           ENA =>FREQ_EN1,   CNTQ =>DLATCH1(23 DOWNTO 20));
    END A;
```

原理图顶层文件和 VHDL 文本顶层文件(需增加分频模块)实现一个即可。

5. 引脚锁定

如图 5-18 所示,完成项目的引脚锁定。

将时钟信号 clk 锁定到 83 脚、测频输入信号 freqin 锁定为 46 脚(I/O 33)、测频输出信号 DOUT[0]锁定为 4 脚(I/O 1)、测频输出信号 DOUT[1]锁定为 5 脚(I/O 2)、测频输出信号

DOUT[2]锁定为 6 脚(I/O 3)、测频输出信号 DOUT[3]锁定为 8 脚(I/O 4)、测频输出信号 DOUT[4]锁定为 9 脚(I/O 5)、测频输出信号 DOUT[5]锁定为 10 脚(I/O 6)、测频输出信号 DOUT[6]锁定为 11 脚(I/O 7)、测频输出信号 DOUT[7]锁定为 12 脚(I/O 8)、测频输出信号 DOUT[8]锁定为 15 脚(I/O 9)、测频输出信号 DOUT[9]锁定为 16 脚(I/O 10)、测频输出信号 DOUT[10]锁定为 17 脚(I/O 11)、测频输出信号 DOUT[11]锁定为 18 脚(I/O 12)、测频输出信号 DOUT[12]锁定为 20 脚(I/O 13)、测频输出信号 DOUT[13]锁定为 21 脚(I/O 14)、测频输出信号 DOUT[14]锁定为 22 脚(I/O 15)、测频输出信号 DOUT[15]锁定为 24 脚(I/O 16)、测频输出信号 DOUT[16]锁定为 25 脚(I/O 17)、测频输出信号 DOUT[17]锁定为 27 脚(I/O 18)、测频输出信号 DOUT[18]锁定为 28 脚(I/O 19)、测频输出信号 DOUT[19]锁定为 29 脚(I/O 20)、测频输出信号 DOUT[20]锁定为 30 脚(I/O 21)、测频输出信号 DOUT[21]锁定为 31 脚(I/O 22)、测频输出信号 DOUT[22]锁定为 33 脚(I/O 23)、测频输出信号 DOUT[23]锁定为 34 脚(I/O 24)。

		Node Name	Direction	Location
1		clk	Input	PIN_83
2		DOUT[23]	Output	PIN_34
3		DOUT[22]	Output	PIN_33
4		DOUT[21]	Output	PIN_31
5		DOUT[20]	Output	PIN_30
6		DOUT[19]	Output	PIN_29
7		DOUT[18]	Output	PIN_28
8		DOUT[17]	Output	PIN_27
9		DOUT[16]	Output	PIN_25
10		DOUT[15]	Output	PIN_24
11		DOUT[14]	Output	PIN_22
12		DOUT[13]	Output	PIN_21
13		DOUT[12]	Output	PIN_20
14		DOUT[11]	Output	PIN_18
15		DOUT[10]	Output	PIN_17
16		DOUT[9]	Output	PIN_16
17		DOUT[8]	Output	PIN_15
18		DOUT[7]	Output	PIN_12
19		DOUT[6]	Output	PIN_11
20		DOUT[5]	Output	PIN_10
21		DOUT[4]	Output	PIN_9
22		DOUT[3]	Output	PIN_8
23		DOUT[2]	Output	PIN_6
24		DOUT[1]	Output	PIN_5
25		DOUT[0]	Output	PIN_4
26		freqin	Input	PIN_46
27		TCK	Input	
28		TDI	Input	
29		TDO	Output	
30		TMS	Input	

图 5-18　引脚锁定

二、数字式频率计的硬件实现

1. 硬件连接

如图 5-19 所示,连接项目需要的 CPLD 开发板的各接口电路。

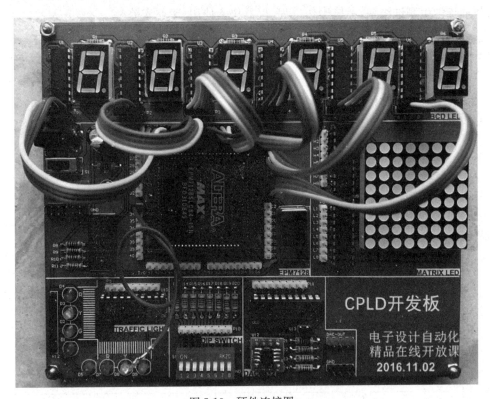

图 5-19 硬件连接图

将 I/O 1~I/O 24 分别连接 6 个共阳数码管的驱动 74LS47 的输入接口 P6~P1(注意数据的高低位。A 为低位,D 为高位)。

连接一根一端为白铁接头的杜邦线到I/O 33(46 脚),作为被测信号的输入引脚。

2. 项目调试

将项目的工程文件 plj.pof 下载到 CPLD 器件中,开始硬件调试。

说明:因为本设计主要引导学生学习 EDA 开发技术。在实际数字式频率计的产品设计时,还需要设计被测信号放大电路以及信号处理电路等,以适应不同的输入信号都能够识别的测量。本项目中不设计这部分信号处理电路。因此在项目调试时,需要一个信号发生器,将信号发生器的输出信号设定为矩形波、单极性、信号的幅度为 5 V(EPM7128SLC84-15 为5 V器件,因此输入信号幅度设定为 5 V,为保证顺利调试,幅度至少设定为 2.5 V 以上。对一部分较老型号的信号发生器,调试时还需要设定合适的直流分量,请学生调试时注意。)

项目功能调试正常后,需要对测试数据进行记录和分析,验证是否达到任务书中要求的精度。项目测试时需要提交测试数据及误差分析。

项目测试

项目实施过程可采用分组学习的方式,学生 2~3 人组成项目团队,团队协作完成项目,项目完成后按照附录 C 中设计报告样例撰写项目设计报告,按照测试表 5-3,小组互换完成设计作品测试,教师抽查学生测试结果,考核操作过程、仪器仪表使用、职业素养等。

表 5-3 数字式频率计测试评分表

项	目	主要内容	分数
设计报告	系统方案	比较与选择 方案描述	5
	理论分析与设计	频率计基准时钟计算 功能模块控制程序流程图绘制	5
	电路与程序设计	功能电路选择 控制程序设计	10
	测试方案与测试结果	合理设计测试方案及恰当的测试条件 测试结果完整性 测试结果分析	10
	设计报告结构及规范性	摘要 设计报告正文的结构 图表的规范性	5
	总分		35
功能实现	完成完整的 EDA 设计流程,开展软、硬件调试		5
	测频及结果显示功能实现		5
	1~999 Hz 的频率测试,误差<1%		20
	1~999 kHz 的频率测试,误差<5%		20
完成过程	能查阅国家标准,能团队合作确定合理的设计方案和设计参数		5
	在教师的指导下,能团队合作解决遇到的问题		5
	设计过程中的操作规范、团队合作、职业素养和工作效率等		5
	总分		65

项目总结

本项目完成了一个数字式频率计的设计。通过这样一个设计使学生掌握利用 VHDL 语言实现顶层设计的方法。本设计的设计规模以及设计的复杂程度超过前面各项目中的设计,希望通过这样的项目学习让学生逐步基于 CPLD/FPGA 熟悉系统的设计方法。

化整为零，各个击破

本项目设计的数字式频率计就是一个典型的电子测量仪器，也是电子设计过程中常用的仪器仪表。仪器仪表是用以检出、测量、观察、计算各种物理量、物质成分、物性参数等的器具或设备。仪器是科学技术发展的重要"工具"。著名科学家王大珩先生就指出，"机器是改造世界的工具，仪器是认识世界的工具"。仪器是工业生产的"倍增器"，是科学研究的"先行官"，是军事上的"战斗力"，是现代社会活动的"物化法官"。仪器在当今时代推动科学技术和国民经济的发展具有非常重要的地位。因此我们要认真学习仪器设备的设计思想和设计方法，为仪器设备的智能化、数字化、精益化、绿色化发展贡献力量。

在实际工作时要借鉴本项目的设计思想，学会将复杂的控制系统拆分成若干多个简单的功能模块，先简化设计，再集中力量突破各功能模块的设计难点，将复杂的系统功能化整为零，各个击破，达到复杂系统设计的目的。

项目拓展

(1) 增加被测信号调整功能。

本频率计的被测信号的处理电路没有设计，学生可以通过增加放大电路对测试信号进行放大，然后在放大信号后增加电压比较电路来判别被测信号变化，比较结果送频率计 46 脚（I/O33），可实现三角波、正弦波等常见信号的频率测试以及弱信号的识别和测试，使频率计的功能更加完善。

(2) 增加测量量程，增加 10 倍的挡位，即可以实现"×1"和"×10"两个挡位。

要想扩大信号测量范围，例如最高频率扩大 10 倍，实际上改变的频率测量时间降低为 1/10，即原来测量统计 1 s，现在测量统计 0.1 s，测量结果乘以 10 倍即可获得被测信号的频率，但同时测量结果与原来相比精度降低 10 倍。经过前面的测试分析可知，本频率计的测量精度远远高于任务书的要求。因此在原来的顶层设计文件中增加一个 2 选 1 多路开关，通过选择信号 sel 的改变，控制将 1 Hz 或 10 Hz 时钟作为基准时钟信号，如图 5-20 所示。

重新编译项目，下载 POF 下载文件，进行项目调试，验证挡位功能。记录测量数值、完成测量结果分析。

使用元件例化语句，在一个 VHDL 顶层设计文件中调用所有功能模块，实现系统功能。

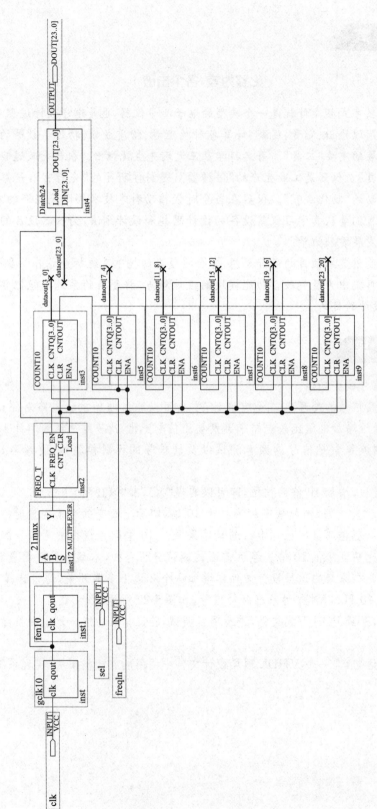

图 5-20 数字式频率计顶层原理图2(增加2选1多路开关)

项目 6
汉字点阵显示控制器设计

项目导入

中小规模的 LED 点阵显示使用非常广泛,采用单片机控制时,需要扩展大量的外围资源,并且不便于进行扩展、修改和维护。系统可编程逻辑器件具有丰富的 I/O 口及内部资源,器件的编程和修改也极为方便。在实际应用中经常采用 CPLD 控制器作为 LED 屏的显示驱动模块,采用单片机通过串口获得要显示的字符和图形的字模,然后送 CPLD 控制 LED 屏显示。为使学生掌握 LED 点阵块显示原理和汉字显示控制器的设计原理,冰城科技公司决定开发汉字点阵显示控制器项目资源。汉字点阵显示控制器设计任务书见表 6-1。

表 6-1 汉字点阵显示控制器设计任务书

项目 6	汉字点阵显示控制器设计	课程名称	EDA 技术应用
教学场所	EDA 技术实训室	学时	8
任务说明	利用 VHDL 语言和 CPLD 开发板,设计一个 8×8 LED 屏的汉字显示控制器。在 CPLD 开发板上进行调试,实现功能。 功能要求: (1)显示的汉字、图案至少 5 个以上。 (2)不同的汉字、图形显示可以通过拨码开关手动控制或者根据时间推移自动轮流显示。 (3)具有以秒为时间单位依次轮流显示不同的汉字(自动切换,可选)		
器材设备	计算机、Quartus Ⅱ、CPLD 开发板、多媒体教学系统		
设计调试			
调试说明	在 CPLD 开发板上,利用 CPLD 器件和 VHDL 语言,实现一个汉字点阵显示控制器的设计,能够达到任务书的功能要求		

学习目标

(1) 能使用 VHDL 语言设计只读存储器 ROM 模块；
(2) 能使用 VHDL 语言设计基本的时序逻辑电路；
(3) 能理解 LED 点阵显示原理并编写 LED 点阵模块 VHDL 测试程序；
(4) 能理解 LED 点阵块的结构与动态显示原理，编制汉字、图形显示编码；
(5) 能根据汉字、图形显示编码编写 LED 显示 VHDL 程序；
(6) 能实现多个汉字、图形显示控制；
(7) 能独立完成 LED 点阵显示控制器 EDA 项目开发并完成调试；
(8) 能分析并解决遇到的硬件、软件及系统调试的问题；
(9) 具备认真、严谨、规范、科学、高效的工作作风。
(10) 具备团队合作意识，具有精益求精的工匠精神。

项目需求分析

为简化设计，本项目将汉字、图形显示字符通过 ROM 存储器集成到 CPLD 中，通过 CPLD 控制 8×8 LED 点阵块实现图形显示。本项目采用系统可编程逻辑器件 EPM7128 作为核心实现对 LED 点阵显示的控制，不但简化了外围电路而且易于修改、扩展和维护。

实现汉字、图形显示需要 8×8 LED 点阵模块、8×8 LED 点阵显示驱动模块、CPLD 核心电路、JTAG 下载电路、系统时钟、电源模块，要实现手动切换需要拨码开关输入模块，因此汉字点阵显示控制器设计项目硬件资源规划如图 6-1 所示。

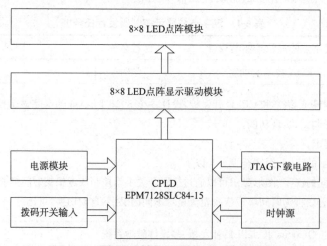

图 6-1 汉字图形点阵显示硬件资源规划框图

CPLD 开发板上的 LED 点阵块的每个点对应一个 LED 发光二极管，并且相同行的发光二极管的阳极相连接，构成行控制信号；相同列的发光二极管的阴极相连接，构成列控制信号；当行控制信号输入高电平、列控制信号输入低电平时即可点亮相应的发光二极管，也就是点亮了 LED 点阵块的一个点。依据 LED 点阵块的动态显示原理,绘制汉字图形点阵显示控制器功能框图如图 6-2 所示。

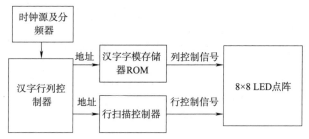

图 6-2　汉字图形点阵显示控制器功能框图

CPLD 开发板板载 10 MHz 有源晶振经过分频器可以获得系统需要的时钟信号,如 1 kHz 动态扫描基准时钟信号、1 Hz 汉字显示控制时间信号等。汉字行列控制器产生行列地址信号分别送汉字字模存储器模块 ROM 和行扫描控制器。然后生成的行列控制信号直接控制 8×8 LED 点阵块显示内容。

项目实施

任务 1　单个汉字点阵显示控制器设计及系统实现

任务解析

要实现单个汉字点阵显示控制器设计,就需要了解 LED 点阵的结构和显示原理。掌握汉字显示的编码方法,设计存储汉字字模的只读存储器 ROM 模块的方法,从而实现单个汉字点阵显示功能。

知识链接

一、点阵块的结构与显示原理

1. 8×8 LED 点阵显示电路

LED 点阵模块指的是利用封装 8×8 的模块组合单元板形成模块,而 LED 模组应用中一般指两类产品:一种是用插灯或表贴封装做成的单元板,常用户外门头单红屏、户外全彩屏、室内全彩屏等;另一种是用作夜间装饰的发光字串,又称 LED 模组。

LED 点阵显示原理如图 6-3 所示。点阵的 L1~L8 为数据列线、H1~H8 为数据行线。64 个发光二极管 D11~D88 按行分为 8 组,每行 8 个,同一行的 8 个发光二极管的所有阳极都接在一起,形成 H1~H8 的 8 个行数据线。64 个发光二极管 D11~D88 按列分为 8 组,每列 8 个,同一列的 8 个发光二极管的所有阴极都接在一起,形成 L1~L8 的 8 个列数据线。根据原理图可知当行数据线 H1 送高电平、列数据线 L1 送低电平时，发光二极管 D11 获得正向电压，D11 导通发光；即 LED 点阵块控制时，需要行送高电平、列送低电平即可点亮相应的 LED 模块的一个点。

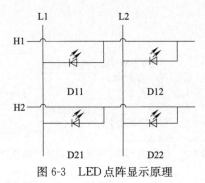

图 6-3　LED 点阵显示原理

同样为使 EDA 设计项目更直观，8×8 LED 点阵模块的行列控制驱动也采用直通的 74HC573 驱动。由 2 片 74HC573 输出分别控制 8×8 LED 点阵模块的行和列。具体电路如图 6-4 所示。

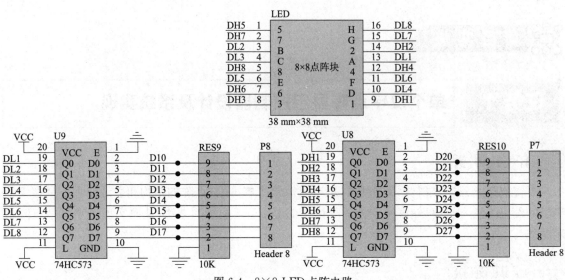

图 6-4　8×8 LED 点阵电路

2. LED 点阵块的测试方法

本项目中点阵块采用的是 HL-M1388BR，像素直径为 $\phi 5$ mm，单红色的 LED 点阵块。这个点阵块是行共阳的点阵块。其中第 5 位的 3 代表的是行共阳（偶数代表共阴）。如果学生在硬件设计时不确定是共阳还是共阴的连接方式，可以用万用表测试分析。操作方法如下：

第一步：定正负极。

把万用表拨到蜂鸣挡，先用红色表笔（输出高电平）随意选择一个引脚，黑色表笔碰余下的引脚，看点阵有没有发光；如果没有发光就用黑色表笔接原来红色表笔的引脚，红色表笔碰余下的引脚，当点阵发光，则这时红色表笔接触的那个引脚为正极，黑色表笔碰到就发光的引脚为负极。

第二步：引脚编号。

先把器件的引脚正负分布情况记下来，正极（行）用数字表示，负极（列）用字母表示，先定负极引脚编号，红色表笔选定一个正极引脚，黑色表笔接负极引脚，看哪个二极管发光，然后移动黑色表笔，看发光二极管是行移动还是列移动。如果是行移动就是行共阳、列共阴；如果是列移动就是列共阳、行共阴。然后控制第一列的引脚写 A，第二列的引脚写 B……依此类推。这样点阵的一半引脚都编号了。剩下的行控制脚用同样的方法，第一行亮就在引脚标 1，第二行就在引脚标 2……依此类推。

3. 8×8 LED 点阵显示电路调试方法

根据前面的分析可知，CPLD 开发板的 LED 点阵块行送高电平、列送低电平，可以控制相应的 LED 点是否点亮。

具体测试方法如下：

如图 6-5 所示，将 P7 接口的 8 个插针连接到 VCC，即行送 8 个高电平信号。将 P8 的 8 个插针接 8 位拨码开关接口 P10。

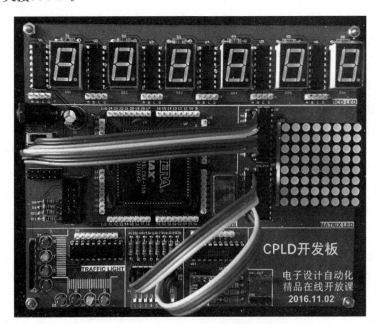

基于CPLD的
LED点阵显示
控制器的设计
及硬件调试

图 6-5　LED 点阵电路测试连接方法

硬件连接完成后，给 CPLD 开发板接通电源，通过拨动拨码开关 SW1～SW8，可以控制 LED 点阵块以列移动的方式显示。这是因为所有行都送高电平了，意味着所有行具备了点亮的基础，同时如果给列送低电平，那相应列的所有点就都点亮了。同样，可以将行控制接口接拨码开关，将列控制接口接地（低电平），同时拨动拨码开关，可以测试行显示方式。同样扩展，可以把行控制信息只送一个高电平，其余送低电平，列控制信息用拨码开关输入，则可以控制一行上的 LED 点逐个点亮。

说明：此测试方法用于上一版本 2016 年 CPLD 开发板，本书介绍的 CPLD 开发板由于驱动部分增加了限流电阻，调试时有电流过小看不到 LED 亮的情况。学生可以把点阵列信号接地，行信号用项目 2 中的流水灯控制器控制，把 LED 点阵当作 8 个 LED 灯驱动，也可完成测试。

二、8×8 LED 点阵汉字显示原理

测试电路中只是逐行或逐列显示,无法在 64 个点中显示一些特殊的点(不是整行或整列显示)。为了显示汉字或特殊的图像,就需要以行扫描或列扫描的方式,逐行依次送高电平,然后将需要点亮的列送低电平,则该行显示了要显示的图案;下一行送高电平时,再将需要点亮的列送低电平,则该行显示了要显示的图案;依此类推,当行扫描的速度足够快时,由于视觉暂留的效果,人们会认为该图案的点是同时点亮的。如果 8 行依次扫描,需要 8 个时钟周期,而达到视觉暂留的时长是 0.1~0.4 s,需要扫描显示频率要到 10 Hz 以上。因此在设计时,扫描时钟频率要在 80 Hz 以上。要提高图案显示的稳定性,可以增加扫描的频率。本项目中采用行扫描的方式进行显示控制设计。

三、8×8 LED 点阵汉字显示编码

CPLD 开发板的 8×8 LED 点阵模块是行高列低的共阳的显示模块,在显示控制时采用行扫描方式,即逐行给行送行显示信号(10000000、01000000、00100000、00010000、00001000、00000100、00000010、00000001)分别点亮各行。点亮各行的同时,送列控制信号。例如,点亮第一、二个点,列控制信号应该送 00111111。点亮第一列和第二列;也就是点亮第一行的第一、二个点。

假设本设计要显示的汉字为王、三、电、子、工、厂、回以及♥形。

因为本设计采用 8×8 LED 点阵块,一共有 64 个 LED 发光二极管实现图形显示。因此,在进行编码时,只能编制笔画或者图像比较简单的图形来显示,笔画太多的汉字,进行编码显示时信息量和显示细节不够细致,导致显示不够形象,设计时要注意。如果要显示复杂的汉字和图形时可以扩展 LED 点阵块为 16×16 或 16×64 等。下面就以"王"字为例,学习汉字显示的字模编码。

注意:编码的规则与 LED 系统显示控制的方式有关,即是采用行扫描还是列扫描的方式,是行高、列低显示还是行低、列高显示,都决定了最终编码的不同。但编码规则和显示原理都是一样的。

下面以"王"字为例介绍字模编码的原理。

"王"字的汉字笔画和显示见表 6-2。

表 6-2 王字的笔画显示表格

行	列							
	A	B	C	D	E	F	G	H
1		■	■	■	■	■	■	
2				■	■			
3				■	■			
4		■	■	■	■	■	■	
5				■	■			
6				■	■			
7		■	■	■	■	■	■	
8								

在编码时,应该显示的阴影的笔画送列控制信息 0 即可点亮相应的 LED 点,因此"王"字的汉字字模编码真值表见表 6-3。

表 6-3 "王"字的汉字字模编码真值表

行	列							
	A	B	C	D	E	F	G	H
1	1	0	0	0	0	0	0	1
2	1	1	1	0	0	1	1	1
3	1	1	1	0	0	1	1	1
4	1	0	0	0	0	0	0	1
5	1	1	1	0	0	1	1	1
6	1	1	1	0	0	1	1	1
7	1	0	0	0	0	0	0	1
8	1	1	1	1	1	1	1	1

四、汉字字模存储器 ROM 模块设计

汉字字模编码真值表编码完成后,即可利用 VHDL 语言实现汉字字模存储器 ROM 模块的设计。首先介绍一下利用 VHDL 语言的存储器的设计方法。

1. 存储器的设计

存储器是数字系统中的常用部件。根据其功能不同,存储器可分为只读存储器 ROM、随机存取存储器(读写存储器)RAM 和先入后出的堆栈等不同类型。

【例 6-1】只读存储器 ROM 模块设计。

本例程中设计了一个 5 位地址总线($2^5=32$ 个存储单元),8 位数据总线(32 个字节的容量)的只读存储器。在实际设计过程中可以根据需要设置地址总线的宽度和数据总线的宽度,具体程序如下:

```
LIBRARY IEEE;
USE IEEE.STD_LOGIC_1164.ALL;
ENTITY rom32 IS
  PORT(clk,rd:IN STD_LOGIC;
       addr:IN STD_LOGIC_VECTOR(4 DOWNTO 0);
       dout:OUT STD_LOGIC_VECTOR(7 DOWNTO 0));
END rom32;
ARCHITECTURE a OF rom32 IS
  SIGNAL data:STD_LOGIC_VECTOR(7 DOWNTO 0);
BEGIN
  p1:PROCESS(clk)
    BEGIN
    IF clk'EVENT AND clk= '1' THEN
      CASE addr IS
```

```vhdl
            WHEN "00000"=>data<= "00000000";
            WHEN "00001"=>data<= "00010001";
            WHEN "00010"=>data<= "00100010";
            WHEN "00011"=>data<= "00110011";
            WHEN "00100"=>data<= "01000100";
            WHEN "00101"=>data<= "01010101";
            WHEN "00110"=>data<= "01100110";
            WHEN "00111"=>data<= "01110111";
            WHEN "01000"=>data<= "10001000";
            WHEN "01001"=>data<= "10011001";
            WHEN "01010"=>data<= "00110000";
            WHEN "01011"=>data<= "00110001";
            WHEN "01100"=>data<= "00110010";
            WHEN "01101"=>data<= "00110011";
            WHEN "01110"=>data<= "00110100";
            WHEN "01111"=>data<= "00110101";
            WHEN "10000"=>data<= "00110110";
            WHEN "10001"=>data<= "00110111";
            WHEN "10010"=>data<= "00111000";
            WHEN "10011"=>data<= "00111001";
            WHEN "10100"=>data<= "01000000";
            WHEN "10101"=>data<= "01000001";
            WHEN "10110"=>data<= "01000010";
            WHEN "10111"=>data<= "10000011";
            WHEN "11000"=>data<= "01000100";
            WHEN "11001"=>data<= "01000101";
            WHEN "11010"=>data<= "01000110";
            WHEN "11011"=>data<= "01000111";
            WHEN "11100"=>data<= "01001000";
            WHEN "11101"=>data<= "01001001";
            WHEN "11110"=>data<= "01010000";
            WHEN "11111"=>data<= "01010001";
            WHEN OTHERS=>NULL;
       END CASE;
    END IF;
  END PROCESS p1;
p2:PROCESS(data,rd)
BEGIN
  IF rd= '1' THEN
    dout<= data;
  ELSE
    dout<= "ZZZZZZZZ";
```

```
    END IF;
END PROCESS p2;
END a;
```

【例 6-2】 静态随机存储器 SRAM。

```
LIBRARY IEEE;
USE IEEE.STD_LOGIC_1164.ALL;
USE IEEE.STD_LOGIC_UNSIGNED.ALL;
ENTITY sram32b IS
  PORT(we,re:IN STD_LOGIC;
       addr:IN STD_LOGIC_VECTOR(4 DOWNTO 0);
       data:INOUT STD_LOGIC_VECTOR(3 DOWNTO 0));
END sram32b;
ARCHITECTURE a OF sram32b IS
  TYPE memory IS ARRAY(0 TO 31) OF STD_LOGIC_VECTOR(3 DOWNTO 0);
    --定义 memory 是一个包含 32 个单元的数组,每个单元是 4 位宽的地址
BEGIN
  PROCESS(we,re,addr)
    VARIABLE mem:memory;
  BEGIN
    IF we='0' AND re='1' THEN
      data<="ZZZZ";                       --data 是 INOUT 模式,作为输入时,设输出高阻态
      mem(conv_integer(addr)):= data;
    ELSIF we='1' AND re='0' THEN
      data<= mem(conv_integer(addr));
    END IF;
      END PROCESS;
END a;
```

说明:仿真时由于 data 是 INOUT 模式,data 需要添加两个,一个作为输入,一个作为输出。当 data 作为输入时,输出要设置状态为高阻态;当 data 作为输出时,输入要设置状态为高阻态。

【例 6-3】 先入先出的堆栈设计。

```
LIBRARY IEEE;
USE IEEE.STD_LOGIC_1164.ALL;
ENTITY filo_stack IS
  PORT(res,push,pop,clk:IN STD_LOGIC;
       din:IN STD_LOGIC_VECTOR(7 DOWNTO 0);
       empty,full:OUT STD_LOGIC;
       dout:OUT STD_LOGIC_VECTOR(7 DOWNTO 0));
END filo_stack;
ARCHITECTURE a OF filo_stack IS
  TYPE stock IS ARRAY(0 TO 16) OF STD_LOGIC_VECTOR(7 DOWNTO 0);
```

```
    --定义 stock 是一个包含 17 个单元的数组,每个单元是 8 位宽的数据
BEGIN
  PROCESS(clk,res)
    VARIABLE s:stock;
    VARIABLE cnt:INTEGER RANGE 0 TO 16;
  BEGIN
    IF res='0' THEN
      dout<="ZZZZZZZZ";
      full<='0';
      cnt:=0;
    ELSIF clk'EVENT AND clk='0' THEN
      IF push='1' AND pop='0' AND cnt/=16 THEN
        empty<='0';
        s(cnt):=din;
        cnt:=cnt+1;
      ELSIF push='0' AND pop='1' AND cnt/=0 THEN
        full<='0';
        dout<=s(cnt);
        cnt:=cnt-1;
      ELSIF cnt=0 THEN
        empty<='1';
      ELSIF cnt=16 THEN
        full<='1';
      END IF;
    END IF;
    END PROCESS;
END a;
```

2. 汉字"王"字模存储器 ROM 模块设计

汉字"王"字模存储器 ROM 模块 VHDL 程序如下:

```
LIBRARY IEEE;
USE IEEE.STD_LOGIC_1164.ALL;
ENTITY hanzictrol IS
PORT(din:IN STD_LOGIC_VECTOR(2 DOWNTO 0);
     h:OUT STD_LOGIC_VECTOR(7 DOWNTO 0));
END hanzictrol;
ARCHITECTURE bhv of HANZICTROL is
SIGNAL lie:STD_LOGIC_VECTOR(7 DOWNTO 0);
BEGIN
    PROCESS(din)
    BEGIN
        CASE din IS
```

```
                WHEN"000"=>lie<= "01111110";
                WHEN"001"=>lie<= "00011000";
                WHEN"010"=>lie<= "00011000";
                WHEN"011"=>lie<= "01111110";
                WHEN"100"=>lie<= "00011000";
                WHEN"101"=>lie<= "00011000";
                WHEN"110"=>lie<= "01111110";
                WHEN"111"=>lie<= "00000000";
                WHEN OTHERS=>NULL;
             END CASE;
         h<= NOT lie;
     END PROCESS;
END bhv;
```

注意：在实际设计中为了便于检查 ROM 模块的字模编码正确，采用的是列高电平点亮的编码方法，在本例中，在列控制编码信息输出前进行取反后送出（h<= NOT lie 语句），达到与列低电平点亮 LED 点的硬件匹配。

一、"王"字的汉字点阵显示顶层设计

如图 6-6 所示，完成项目顶层文件设计。

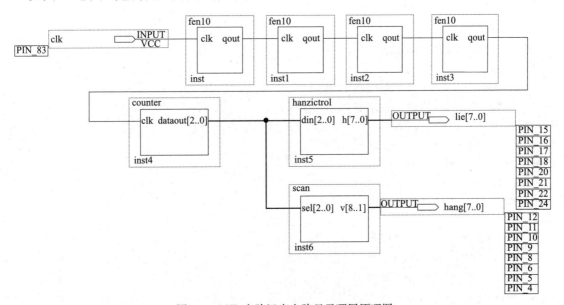

图 6-6　LED 点阵汉字点阵显示顶层原理图

其中 4 个 10 分频模块就利用前面的设计成果，可获得 1 000 Hz 信号，行扫描频率为 125 Hz。加计数器模块 counter 产生行列的地址信号，VHDL 程序如下：

```
LIBRARY IEEE;
USE IEEE.STD_LOGIC_1164.ALL;
USE IEEE.STD_LOGIC_UNSIGNED.ALL;
ENTITY counter IS
  PORT(clk:IN STD_LOGIC;
       dataout:OUT STD_LOGIC_VECTOR(2 DOWNTO 0));
END counter;
ARCHITECTURE behav OF counter IS
BEGIN
  PROCESS(clk)
    VARIABLE temp:STD_LOGIC_VECTOR(2 DOWNTO 0);
    BEGIN
    IF clk'EVENT AND clk='1' THEN
      temp:= temp+1;
    END IF;
    dataout<= temp;
  END PROCESS;
END behav;
```

按照前面介绍的 hanzictrol 模块的 VHDL 程序实现"王"字的字模 ROM 模块的 VHDL 程序设计。

行扫描模块(scan 模块)实现的是行扫描信号,1 000 Hz 信号经过模 8 的地址加法器后可获得 1 000/8=125 Hz 的行扫描信号。

```
LIBRARY IEEE;
USE IEEE.STD_LOGIC_1164.ALL;
ENTITY scan IS
  PORT(sel:IN STD_LOGIC_VECTOR(2 DOWNTO 0);
       v:OUT STD_LOGIC_VECTOR(8 DOWNTO 1));
END scan;
ARCHITECTURE behav OF scan IS
BEGIN
  PROCESS(sel)
    BEGIN
    CASE sel IS
    WHEN "000"=>v<= "00000001";
    WHEN "001"=>v<= "00000010";
    WHEN "010"=>v<= "00000100";
    WHEN "011"=>v<= "00001000";
    WHEN "100"=>v<= "00010000";
    WHEN "101"=>v<= "00100000";
    WHEN "110"=>v<= "01000000";
```

```
      WHEN "111"=>v<= "10000000";
      WHEN OTHERS=>v<= "00000000";
        END CASE;
    END PROCESS;
END behav;
```

引脚锁定如图 6-7 所示。将 clk 锁定为 83 脚、将 hang[7]锁定为 4 脚(I/O 1)、hang[6]锁定为 5 脚(I/O 2)、hang[5]锁定为 6 脚(I/O 3)、hang[4]锁定为 8 脚(I/O 4)、hang[3]锁定为 9 脚(I/O 5)、hang[2]锁定为 10 脚(I/O 6)、hang[1]锁定为 11 脚(I/O 7)、hang[0]锁定为 12 脚(I/O 8)。将 lie[0]锁定为 15 脚(I/O 9)、将 lie[1]锁定为 16 脚(I/O 10)、将 lie[2]锁定为 17 脚(I/O 11)、将 lie[3]锁定为 18 脚(I/O 12)、将 lie[4]锁定为 20 脚(I/O 13)、将 lie[5]锁定为 21 脚(I/O 14)、将 lie[6]锁定为 22 脚(I/O 15)、将 lie[7]锁定为 24 脚(I/O 16)。

	Node Name	Direction	Location
1	clk	Input	PIN_83
2	hang[7]	Output	PIN_4
3	hang[6]	Output	PIN_5
4	hang[5]	Output	PIN_6
5	hang[4]	Output	PIN_8
6	hang[3]	Output	PIN_9
7	hang[2]	Output	PIN_10
8	hang[1]	Output	PIN_11
9	hang[0]	Output	PIN_12
10	lie[7]	Output	PIN_24
11	lie[6]	Output	PIN_22
12	lie[5]	Output	PIN_21
13	lie[4]	Output	PIN_20
14	lie[3]	Output	PIN_18
15	lie[2]	Output	PIN_17
16	lie[1]	Output	PIN_16
17	lie[0]	Output	PIN_15
18	TCK	Input	
19	TDI	Input	
20	TDO	Output	
21	TMS	Input	
22	<<new node>>		

图 6-7 引脚锁定图

二、"王"字的汉字点阵显示硬件连接

如图 6-8 所示,连接 CPLD 开发板的硬件。按照引脚锁定关系,将 CPLD 核心器件引出引脚 I/O 1 与 LED 点阵输入控制 P7 接口的 H8 相连,依此类推,最后将 I/O 7 与 P7 接口的 H1 相连。将 I/O 9 与 LED 点阵输入控制 P8 接口的 L8 相连,依此类推,最后将 I/O 16 与 LED 点阵输入控制 P8 接口的 L1 相连。

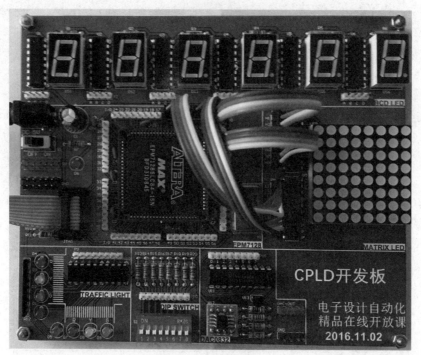

图 6-8　引脚锁定图

三、"王"字的汉字点阵显示硬件调试

连接 CPLD 开发板的电源和 USB 下载线。如图 6-9 所示,将项目文件 hanzixianshi.pof 下载到 CPLD 核心器件中。

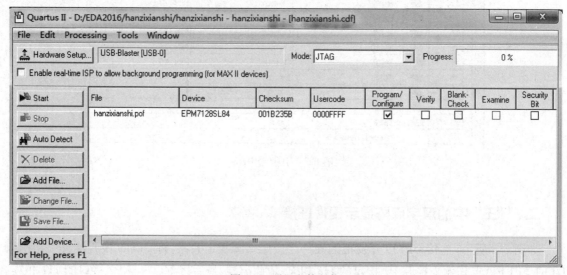

图 6-9　项目文件下载

观察显示内容是否是 ROM 编码的内容,有错误的内容检查.VHD 源文件。如果是行、列颠

倒可以重新锁定行、列引脚,或者直接将 P7 或者 P8 的接口接线颠倒。体会 EDA 技术应用设计的灵活性。

"王"字显示调试硬件效果如图 6-10 所示。

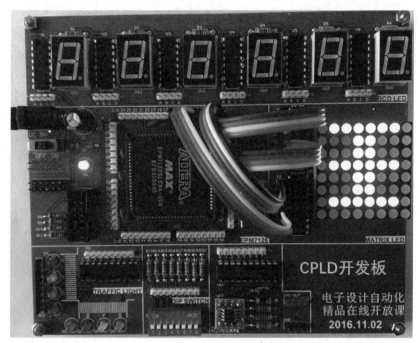

图 6-10 "王"字显示调试图

任务 2　多个汉字、图形点阵显示设计及系统实现

任务解析

要实现多个汉字、图形显示控制就需要对多个汉字、图形编码,编写字模、图形 ROM 存储模块,开发 EDA 工程项目,验证图形显示功能。

知识链接

前面的规划中要显示的汉字为王、三、电、子、工、厂、回以及♥形。"王"字的汉字显示已经调试完成,接下来设计实现其他汉字和图形(学生也可以按照原理自行设计要显示的汉字和图形)。

一、"三"字的汉字点阵显示设计

"三"字的汉字笔画和显示见表 6-4。

表 6-4 三字的笔画显示表格

行	列							
	A	B	C	D	E	F	G	H
1								
2								
3								
4								
5								
6								
7								
8								

在编码时,应该显示的阴影的笔画送列控制信息 0 就可以点亮相应的 LED 点,因此"三"字的汉字字模编码真值表见表 6-5。

表 6-5 "三"字的汉字字模编码真值表

行	列							
	A	B	C	D	E	F	G	H
1	1	0	0	0	0	0	0	1
2	1	0	0	0	0	0	0	1
3	1	1	1	1	1	1	1	1
4	1	1	0	0	0	0	1	1
5	1	1	0	0	0	0	1	1
6	1	1	1	1	1	1	1	1
7	0	0	0	0	0	0	0	0
8	0	0	0	0	0	0	0	0

"三"字显示 VHDL 程序 hanzictrolsan 模块如下:

```
LIBRARY IEEE;
USE IEEE.STD_LOGIC_1164.ALL;
ENTITY hanzictrolsan IS
PORT(din:IN STD_LOGIC_VECTOR(2 DOWNTO 0);
     h:OUT STD_LOGIC_VECTOR(7 DOWNTO 0));
END hanzictrolsan;
ARCHITECTURE bhv OF hanzictrolsan IS
SIGNAL lie:STD_LOGIC_VECTOR(7 DOWNTO 0);
BEGIN
   PROCESS(din)
   BEGIN
   CASE din IS
```

```
            WHEN"000"=>lie<= "01111110";
            WHEN"001"=>lie<= "01111110";
            WHEN"010"=>lie<= "00000000";
            WHEN"011"=>lie<= "00111100";
            WHEN"100"=>lie<= "00111100";
            WHEN"101"=>lie<= "00000000";
            WHEN"110"=>lie<= "11111111";
            WHEN"111"=>lie<= "11111111";
            WHEN OTHERS=>NULL;
            END CASE;
        h<= NOT lie;
    END PROCESS;
END bhv;
```

说明:因为 lie 赋值时取反了,因此 lie 编码时采用了高电平点亮规则。学生可自行体会。

"三"字显示调试硬件时,顶层文件中用 hanzictrolsan 替换王字的控制器模块,注意文件名要改为 hanzictrolsan.vhd,与实体同名。效果如图 6-11 所示。

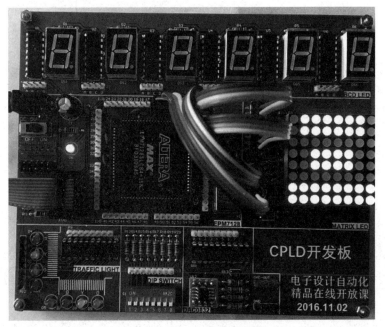

图 6-11 "三"字显示调试图

二、"电"字的汉字点阵显示设计

"电"字的汉字笔画和显示见表 6-6。

表6-6 "电"字的笔画显示表格

行	列							
	A	B	C	D	E	F	G	H
1				■				
2		■	■	■	■	■		
3		■		■		■		
4		■	■	■	■	■		
5		■		■		■		
6		■	■	■	■	■		
7				■				■
8				■	■	■	■	■

在编码时,应该显示的阴影的笔画送列控制信息 0 就可以点亮相应的 LED 点,因此"电"字的汉字字模编码真值表见表 6-7。

表6-7 "电"字的汉字字模编码真值表

行	列							
	A	B	C	D	E	F	G	H
1	1	1	1	0	1	1	1	1
2	1	0	0	0	0	0	1	1
3	1	0	1	0	1	0	1	1
4	1	0	0	0	0	0	1	1
5	1	0	1	0	1	0	1	1
6	1	0	0	0	0	0	1	1
7	1	1	1	0	1	1	1	0
8	1	1	1	0	0	0	0	0

"电"字显示 VHDL 程序 hanzictroldian 模块如下:

```
LIBRARY IEEE;
USE IEEE.STD_LOGIC_1164.ALL;
ENTITY hanzictroldian IS
PORT(din:IN STD_LOGIC_VECTOR(2 DOWNTO 0);
     h:OUT STD_LOGIC_VECTOR(7 DOWNTO 0));
END hanzictroldian;
ARCHITECTURE bhv OF hanzictroldian IS
SIGNAL lie:STD_LOGIC_VECTOR(7 DOWNTO 0);
BEGIN
    PROCESS(din)
    BEGIN
        CASE din IS
```

```
            WHEN"000"=>lie<= "00010000";
            WHEN"001"=>lie<= "01111100";
            WHEN"010"=>lie<= "01010100";
            WHEN"011"=>lie<= "01111100";
            WHEN"100"=>lie<= "01010100";
            WHEN"101"=>lie<= "01111100";
            WHEN"110"=>lie<= "00010001";
            WHEN"111"=>lie<= "00011111";
            WHEN OTHERS=>NULL;
            END CASE;
        h<= NOT lie;
    END PROCESS;
END bhv;
```

说明：因为 lie 赋值时取反了，因此 lie 编码时采用了高电平点亮规则。下面的字模同理，不再重复。

"电"字显示调试硬件效果如图 6-12 所示。

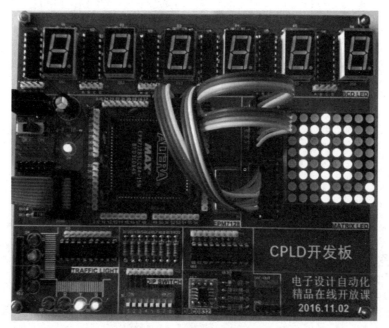

图 6-12 "电"字显示调试图

三、"子"字的汉字点阵显示设计

"子"字的汉字笔画和显示见表 6-8。

表 6-8 "子"字的笔画显示表格

行	列							
	A	B	C	D	E	F	G	H
1		■	■	■	■	■	■	
2						■		
3					■			
4				■	■			
5	■	■	■	■	■	■	■	■
6				■	■			
7		■		■	■			
8		■	■	■	■			

在编码时,应该显示的阴影的笔画送列控制信息 0 就可以点亮相应的 LED 点,因此"子"字的汉字字模编码真值表见表 6-9。

表 6-9 "子"字的汉字字模编码真值表

行	列							
	A	B	C	D	E	F	G	H
1	1	0	0	0	0	0	0	1
2	1	1	1	1	1	0	1	1
3	1	1	1	1	0	1	1	1
4	1	1	1	0	0	1	1	1
5	0	0	0	0	0	0	0	0
6	1	1	1	0	0	1	1	1
7	1	0	1	0	0	1	1	1
8	1	0	0	0	0	1	1	1

"子"字显示 VHDL 程序 hanzictrolzi 模块如下:

```
LIBRARY IEEE;
USE IEEE.STD_LOGIC_1164.ALL;
ENTITY hanzictrolzi IS
PORT(din:IN STD_LOGIC_VECTOR(2 DOWNTO 0);
     h:OUT STD_LOGIC_VECTOR(7 DOWNTO 0));
END hanzictrolzi;
ARCHITECTURE bhv OF hanzictrolzi IS
SIGNAL lie:STD_LOGIC_VECTOR(7 DOWNTO 0);
BEGIN
    PROCESS(din)
    BEGIN
        CASE din IS
```

```
            WHEN"000"=>lie<= "01111110";
            WHEN"001"=>lie<= "00000100";
            WHEN"010"=>lie<= "00001000";
            WHEN"011"=>lie<= "00011000";
            WHEN"100"=>lie<= "11111111";
            WHEN"101"=>lie<= "00011000";
            WHEN"110"=>lie<= "01011000";
            WHEN"111"=>lie<= "01111000";
            WHEN OTHERS=>NULL;
            END CASE;
        h<= NOT lie;
    END PROCESS;
END bhv;
```

"子"字显示调试硬件效果如图 6-13 所示。

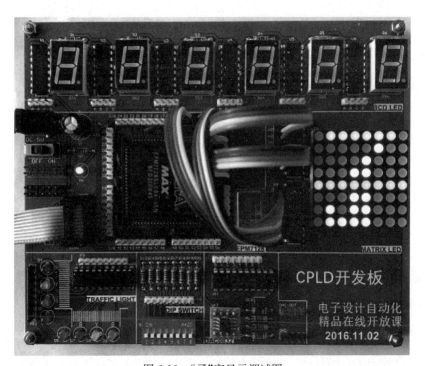

图 6-13 "子"字显示调试图

四、"工"字的汉字点阵显示设计

"工"字的汉字笔画和显示见表 6-10。

表 6-10 "工"字的笔画显示表格

行	列							
	A	B	C	D	E	F	G	H
1		■	■	■	■	■	■	
2		■	■	■	■	■	■	
3				■	■			
4				■	■			
5				■	■			
6				■	■			
7	■	■	■	■	■	■	■	■
8	■	■	■	■	■	■	■	■

在编码时,应该显示的阴影的笔画送列控制信息 0 就可以点亮相应的 LED 点,因此"工"字的汉字字模编码真值表见表 6-11。

表 6-11 "工"字的汉字字模编码真值表

行	列							
	A	B	C	D	E	F	G	H
1	1	0	0	0	0	0	0	1
2	1	0	0	0	0	0	0	1
3	1	1	1	0	0	1	1	1
4	1	1	1	0	0	1	1	1
5	1	1	1	0	0	1	1	1
6	1	1	1	0	0	1	1	1
7	0	0	0	0	0	0	0	0
8	0	0	0	0	0	0	0	0

"工"字显示 VHDL 程序 hanzictrolgong 模块如下:

```
LIBRARY IEEE;
USE IEEE.STD_LOGIC_1164.ALL;
ENTITY hanzictrolgong IS
PORT(din:IN STD_LOGIC_VECTOR(2 DOWNTO 0);
     h:OUT STD_LOGIC_VECTOR(7 DOWNTO 0));
END hanzictrolgong;
ARCHITECTURE bhv OF hanzictrolgong IS
SIGNAL lie:STD_LOGIC_VECTOR(7 DOWNTO 0);
BEGIN
    PROCESS(din)
    BEGIN
        CASE din IS
```

```
            WHEN"000"=>lie<= "01111110";
            WHEN"001"=>lie<= "01111110";
            WHEN"010"=>lie<= "00011000";
            WHEN"011"=>lie<= "00011000";
            WHEN"100"=>lie<= "00011000";
            WHEN"101"=>lie<= "00011000";
            WHEN"110"=>lie<= "11111111";
            WHEN"111"=>lie<= "11111111";
            WHEN OTHERS=>NULL;
            END CASE;
        h<= NOT lie;
    END PROCESS;
END bhv;
```

"工"字显示调试硬件效果如图 6-14 所示。

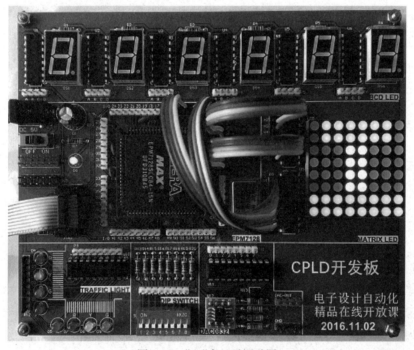

图 6-14 "工"字显示调试图

五、"厂"字的汉字点阵显示设计

"厂"字的汉字笔画和显示见表 6-12。

表 6-12 "厂"字的笔画显示表格

行	列							
	A	B	C	D	E	F	G	H
1								
2			■	■	■	■	■	■
3			■					
4			■					
5			■					
6			■					
7		■						
8	■							

在编码时,应该显示的阴影的笔画送列控制信息 0 就可以点亮相应的 LED 点,因此"厂"字的汉字字模编码真值表见表 6-13。

表 6-13 "厂"字的汉字字模编码真值表

行	列							
	A	B	C	D	E	F	G	H
1	1	1	1	1	1	1	1	1
2	1	1	0	0	0	0	0	0
3	1	1	0	1	1	1	1	1
4	1	1	0	1	1	1	1	1
5	1	1	0	1	1	1	1	1
6	1	1	0	1	1	1	1	1
7	1	0	1	1	1	1	1	1
8	0	1	1	1	1	1	1	1

"厂"字显示 VHDL 程序 hanzictrolchang 模块如下:

```
LIBRARY IEEE;
USE IEEE.STD_LOGIC_1164.ALL;
ENTITY hanzictrolchang IS
PORT(din:IN STD_LOGIC_VECTOR(2 DOWNTO 0);
     h:OUT STD_LOGIC_VECTOR(7 DOWNTO 0));
END hanzictrolchang;
ARCHITECTURE bhv OF hanzictrolchang IS
SIGNAL lie:STD_LOGIC_VECTOR(7 DOWNTO 0);
BEGIN
    PROCESS(din)
    BEGIN
        CASE din IS
```

```
            WHEN"000"=>lie<= "00000000";
            WHEN"001"=>lie<= "00111111";
            WHEN"010"=>lie<= "00100000";
            WHEN"011"=>lie<= "00100000";
            WHEN"100"=>lie<= "00100000";
            WHEN"101"=>lie<= "00100000";
            WHEN"110"=>lie<= "01000000";
            WHEN"111"=>lie<= "10000000";
            WHEN OTHERS=>NULL;
            END CASE;
        h<= NOT lie;
    END PROCESS;
END bhv;
```

"厂"字显示调试硬件效果如图 6-15 所示。

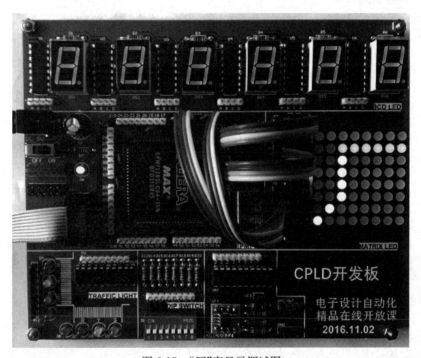

图 6-15 "厂"字显示调试图

六、"回"字的汉字点阵显示设计

"回"字的汉字笔画和显示见表 6-14。

表 6-14 "回"字的笔画显示表格

行	列							
	A	B	C	D	E	F	G	H
1								
2								
3								
4								
5								
6								
7								
8								

在编码时,应该显示的阴影的笔画送列控制信息 0 就可以点亮相应的 LED 点,因此"回"字的汉字字模编码真值表见表 6-15。

表 6-15 "回"字的汉字字模编码真值表

行	列							
	A	B	C	D	E	F	G	H
1	0	0	0	0	0	0	0	0
2	0	1	1	1	1	1	1	0
3	0	1	0	0	0	0	1	0
4	0	1	0	1	1	0	1	0
5	0	1	0	1	1	0	1	0
6	0	1	0	0	0	0	1	0
7	0	1	1	1	1	1	1	0
8	0	0	0	0	0	0	0	0

"回"字显示 VHDL 程序 hanzictrolhui 模块如下:

```
LIBRARY IEEE;
USE IEEE.STD_LOGIC_1164.ALL;
ENTITY hanzictrolhui IS
PORT(din:IN STD_LOGIC_VECTOR(2 DOWNTO 0);
     h:OUT STD_LOGIC_VECTOR(7 DOWNTO 0));
END hanzictrolhui;
ARCHITECTURE bhv OF hanzictrolhui IS
SIGNAL lie:STD_LOGIC_VECTOR(7 DOWNTO 0);
BEGIN
    PROCESS(din)
    BEGIN
        CASE din IS
```

```
            WHEN"000"=>lie<= "11111111";
            WHEN"001"=>lie<= "10000001";
            WHEN"010"=>lie<= "10111101";
            WHEN"011"=>lie<= "10100101";
            WHEN"100"=>lie<= "10100101";
            WHEN"101"=>lie<= "10111101";
            WHEN"110"=>lie<= "10000001";
            WHEN"111"=>lie<= "11111111";
            WHEN OTHERS=>NULL;
            END CASE;
        h<= NOT lie;
    END PROCESS;
END bhv;
```

"回"字显示调试硬件效果如图 6-16 所示。

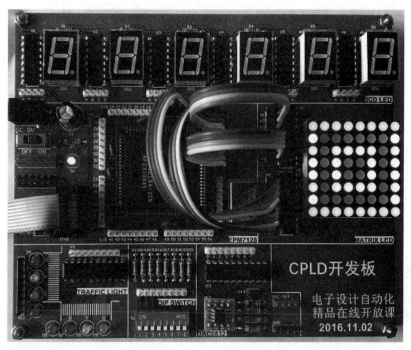

图 6-16 "回"字显示调试图

七、心形♥的点阵显示设计

心形显示见表 6-16。

表 6-16 心形显示表格

行	列							
	A	B	C	D	E	F	G	H
1			■			■		
2		■	■	■	■	■	■	
3	■	■	■	■	■	■	■	■
4	■	■	■	■	■	■	■	■
5		■	■	■	■	■	■	
6			■	■	■	■		
7				■	■			
8								

在编码时,应该显示的阴影的笔画送列控制信息 0 就可以点亮相应的 LED 点,因此心形图形编码真值表见表 6-17。

表 6-17 心形图形编码真值表

行	列							
	A	B	C	D	E	F	G	H
1	1	1	0	1	1	0	1	1
2	1	0	0	0	0	0	0	1
3	0	0	0	0	0	0	0	0
4	0	0	0	0	0	0	0	0
5	1	0	0	0	0	0	0	1
6	1	1	0	0	0	0	1	1
7	1	1	1	0	0	1	1	1
8	1	1	1	1	1	1	1	1

心形图形显示 VHDL 程序 hanzictrolxin 模块如下:

```vhdl
LIBRARY IEEE;
USE IEEE.STD_LOGIC_1164.ALL;
ENTITY hanzictrolxin IS
PORT(din:IN STD_LOGIC_VECTOR(2 DOWNTO 0);
     h:OUT STD_LOGIC_VECTOR(7 DOWNTO 0));
END hanzictrolxin;
ARCHITECTURE bhv OF hanzictrolxin IS
SIGNAL lie:STD_LOGIC_VECTOR(7 DOWNTO 0);
BEGIN
    PROCESS(din)
```

```
    BEGIN
       CASE din IS
           WHEN"000"=>lie<= "00100100";
           WHEN"001"=>lie<= "01111110";
           WHEN"010"=>lie<= "11111111";
           WHEN"011"=>lie<= "11111111";
           WHEN"100"=>lie<= "01111110";
           WHEN"101"=>lie<= "00111100";
           WHEN"110"=>lie<= "00011000";
           WHEN"111"=>lie<= "00000000";
           WHEN OTHERS=>NULL;
           END CASE;
       h<= NOT lie;
    END PROCESS;
END bhv;
```

心形显示调试硬件效果如图 6-17 所示。

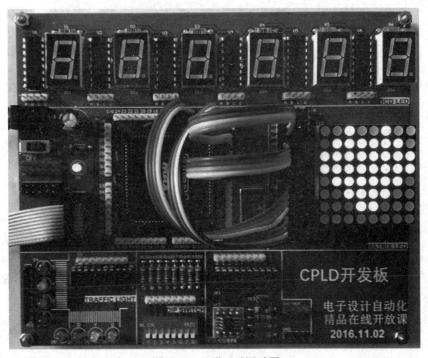

图 6-17 心形显示调试图

一、手动切换显示控制

为完成不同汉字的切换,需要设计一个 8 选 1 的多路开关实现不同的汉字字模输出。
8 选 1 多路开关 VHDL 程序如下:

```
LIBRARY IEEE;
USE IEEE.STD_LOGIC_1164.ALL;
ENTITY mux81 IS
PORT(sel:IN STD_LOGIC_VECTOR(2 DOWNTO 0);
     a,b,c,d,e,f,g,h:IN STD_LOGIC_VECTOR(7 DOWNTO 0);
     y:OUT STD_LOGIC_VECTOR(7 DOWNTO 0));
END mux81;
ARCHITECTURE bhv OF mux81 IS
BEGIN
    PROCESS(sel)
    BEGIN
        CASE sel IS
            WHEN "000"=>y<= a;
            WHEN "001"=>y<= b;
            WHEN "010"=>y<= c;
            WHEN "011"=>y<= d;
            WHEN "100"=>y<= e;
            WHEN "101"=>y<= f;
            WHEN "110"=>y<= g;
            WHEN "111"=>y<= h;
            WHEN OTHERS=>NULL;
        END CASE;
    END PROCESS;
END bhv;
```

手动切换设计的原理图如图 6-18 所示,在单个汉字、图形设计的基础上增加 8 选 1 多路开关 mux81,增加 sel[2..0]选择输入信号。

如图 6-19 所示,将 sel[0]锁定为 65 脚(I/O 48)、sel[1]锁定为 64 脚(I/O 47)、sel[2]锁定为 63 脚(I/O 46)。

项目 6 汉字点阵显示控制器设计

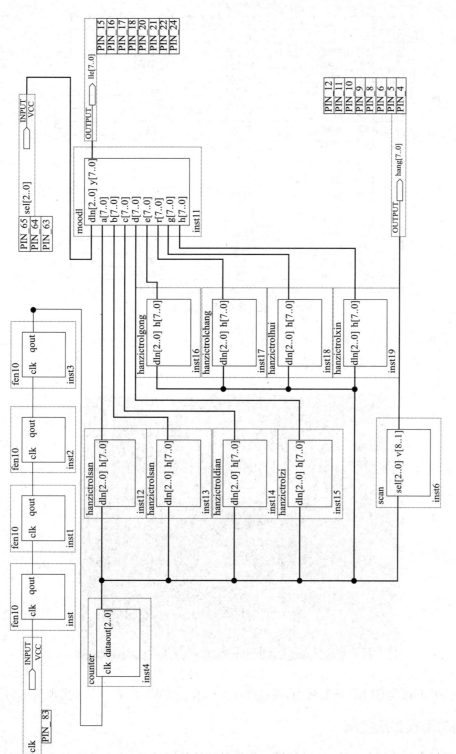

图 6-18 手动切换设计原理图

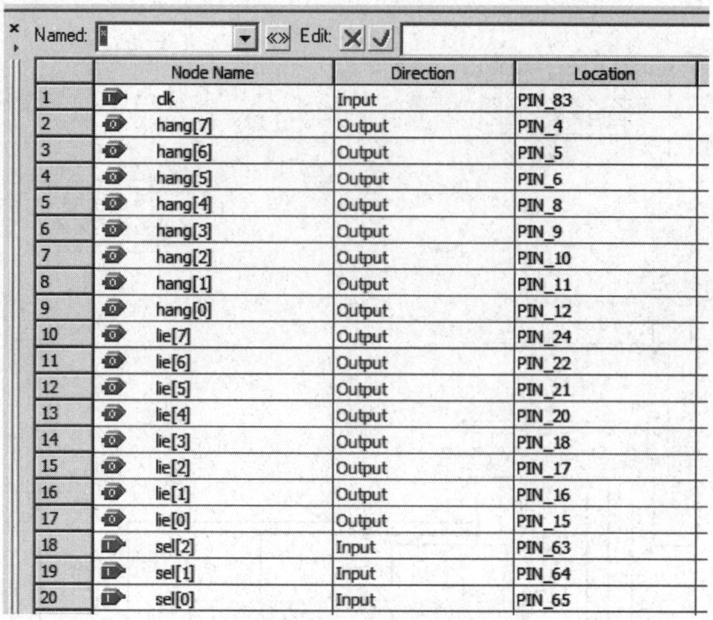

	Node Name	Direction	Location
1	clk	Input	PIN_83
2	hang[7]	Output	PIN_4
3	hang[6]	Output	PIN_5
4	hang[5]	Output	PIN_6
5	hang[4]	Output	PIN_8
6	hang[3]	Output	PIN_9
7	hang[2]	Output	PIN_10
8	hang[1]	Output	PIN_11
9	hang[0]	Output	PIN_12
10	lie[7]	Output	PIN_24
11	lie[6]	Output	PIN_22
12	lie[5]	Output	PIN_21
13	lie[4]	Output	PIN_20
14	lie[3]	Output	PIN_18
15	lie[2]	Output	PIN_17
16	lie[1]	Output	PIN_16
17	lie[0]	Output	PIN_15
18	sel[2]	Input	PIN_63
19	sel[1]	Input	PIN_64
20	sel[0]	Input	PIN_65

图 6-19　手动切换设计的引脚锁定

如图 6-20 所示，将 sel[0]即 65 脚(I/O 48)接 SW3、sel[1]即 64 脚(I/O 47)接 SW2、sel[2]即 63 脚(I/O 46)接 SW1。完成硬件连接。

微课

基于CPLD的LED汉字点阵显示控制器的设计及硬件调试

图 6-20　手动切换设计硬件连接图

将设计文件下载到 CPLD 开发板中，通过拨动拨码开关 SW1、SW2、SW3 实现显示切换。

二、自动切换显示控制

在顶层设计文件中增加 3 个 10 分频模块作为秒切换的时间单位，再增加一个 counter 模块作为不同汉字切换信号。具体原理图如图 6-21 所示。

项目6 汉字点阵显示控制器设计 207

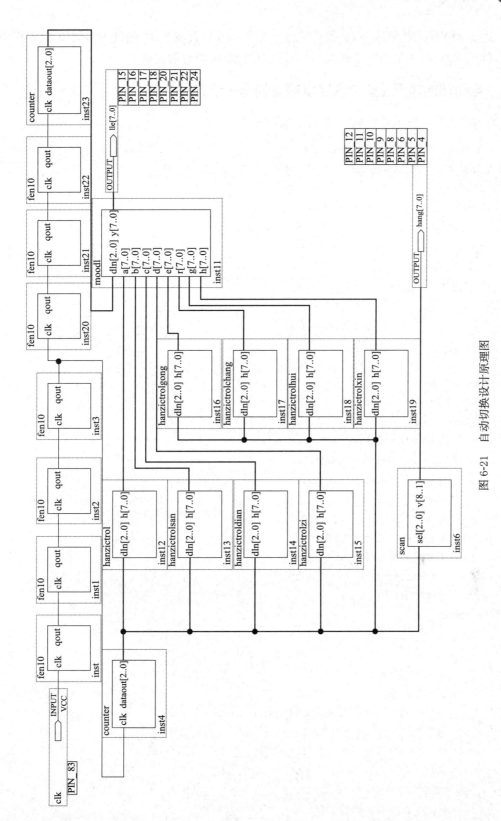

图 6-21 自动切换设计原理图

将 SW1~SW3 的接线取下,将设计文件下载到 CPLD 开发板中,硬件连接与单个汉字图形显示相同,调试硬件,观察是否能实现汉字、图形以秒为单位的自动切换。

三、自动切换显示（多个汉字字模写到同一个文件中）

自动切换的汉字显示控制器的 VHDL 程序如下:

```
LIBRARY IEEE;
USE IEEE.STD_LOGIC_1164.ALL;
ENTITY hanzictrolauto IS
PORT(din:IN STD_LOGIC_VECTOR(2 DOWNTO 0);
     sel:IN STD_LOGIC_VECTOR(2 DOWNTO 0);
     h:OUT STD_LOGIC_VECTOR(7 DOWNTO 0));
END hanzictrolauto;
ARCHITECTURE bhv OF hanzictrolauto IS
SIGNAL lie:STD_LOGIC_VECTOR(7 DOWNTO 0);
BEGIN
    PROCESS(din,sel)
    BEGIN
    CASE sel IS
      WHEN "000"=>
        CASE din IS
            WHEN"000"=>lie<= "01111110";
            WHEN"001"=>lie<= "00011000";
            WHEN"010"=>lie<= "00011000";
            WHEN"011"=>lie<= "01111110";
            WHEN"100"=>lie<= "00011000";
            WHEN"101"=>lie<= "00011000";
            WHEN"110"=>lie<= "01111110";
            WHEN"111"=>lie<= "00000000";
            WHEN OTHERS=>NULL;
        END CASE;
      WHEN "001"=>
        case din is
            WHEN"000"=>lie<= "01111110";
            WHEN"001"=>lie<= "01111110";
            WHEN"010"=>lie<= "00000000";
            WHEN"011"=>lie<= "00111100";
            WHEN"100"=>lie<= "00111100";
            WHEN"101"=>lie<= "00000000";
            WHEN"110"=>lie<= "11111111";
            WHEN"111"=>lie<= "11111111";
```

```
            WHEN OTHERS=>NULL;
      END CASE;
  WHEN "010"=>
    CASE din IS
         WHEN"000"=>lie<= "00010000";
         WHEN"001"=>lie<= "01111100";
         WHEN"010"=>lie<= "01010100";
         WHEN"011"=>lie<= "01111100";
         WHEN"100"=>lie<= "01010100";
         WHEN"101"=>lie<= "01111100";
         WHEN"110"=>lie<= "00010001";
         WHEN"111"=>lie<= "00011111";
            WHEN OTHERS=>NULL;
      END CASE;
  WHEN "011"=>
    CASE din IS
         WHEN"000"=>lie<= "01111110";
         WHEN"001"=>lie<= "00000100";
         WHEN"010"=>lie<= "00001000";
         WHEN"011"=>lie<= "00011000";
         WHEN"100"=>lie<= "11111111";
         WHEN"101"=>lie<= "00011000";
         WHEN"110"=>lie<= "01011000";
         WHEN"111"=>lie<= "01111000";
            WHEN OTHERS=>NULL;
      END CASE;
  WHEN "100"=>
    CASE din IS
         WHEN"000"=>lie<= "01111110";
         WHEN"001"=>lie<= "01111110";
         WHEN"010"=>lie<= "00011000";
         WHEN"011"=>lie<= "00011000";
         WHEN"100"=>lie<= "00011000";
         WHEN"101"=>lie<= "00011000";
         WHEN"110"=>lie<= "11111111";
         WHEN"111"=>lie<= "11111111";
            WHEN OTHERS=>NULL;
      END CASE;
  WHEN "101"=>
    CASE din IS
         WHEN"000"=>lie<= "00000000";
         WHEN"001"=>lie<= "00111111";
```

```vhdl
            WHEN"010"=>lie<= "00100000";
            WHEN"011"=>lie<= "00100000";
            WHEN"100"=>lie<= "00100000";
            WHEN"101"=>lie<= "00100000";
            WHEN"110"=>lie<= "01000000";
            WHEN"111"=>lie<= "10000000";
            WHEN OTHERS=>NULL;
        END CASE;
     WHEN "110"=>
        CASE din IS
            WHEN"000"=>lie<= "11111111";
            WHEN"001"=>lie<= "10000001";
            WHEN"010"=>lie<= "10111101";
            WHEN"011"=>lie<= "10100101";
            WHEN"100"=>lie<= "10100101";
            WHEN"101"=>lie<= "10111101";
            WHEN"110"=>lie<= "10000001";
            WHEN"111"=>lie<= "11111111";
            WHEN OTHERS=>NULL;
        END CASE;
     WHEN "111"=>
        CASE din IS
            WHEN"000"=>lie<= "00100100";
            WHEN"001"=>lie<= "01111110";
            WHEN"010"=>lie<= "11111111";
            WHEN"011"=>lie<= "11111111";
            WHEN"100"=>lie<= "01111110";
            WHEN"101"=>lie<= "00111100";
            WHEN"110"=>lie<= "00011000";
            WHEN"111"=>lie<= "00000000";
            WHEN OTHERS=>NULL;
        END CASE;
     WHEN OTHERS=>NULL;
  END CASE;
  h<= NOT lie;
  END PROCESS;
END bhv;
```

自动切换显示控制器顶层设计原理图如图 6-22 所示。

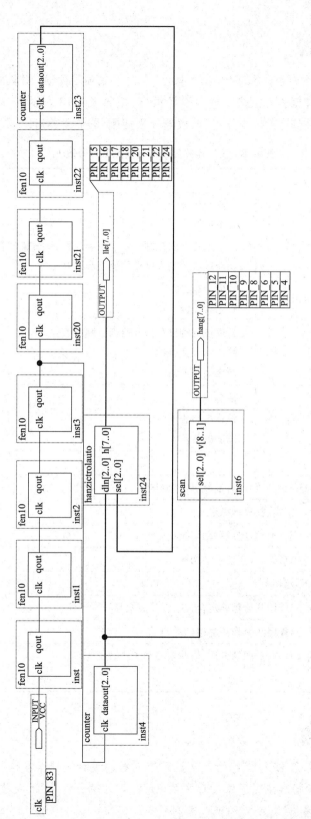

图 6-22 自动切换显示控制器顶层原理图

项目测试

项目实施过程可采用分组学习的方式,学生 2～3 人组成项目团队,团队协作完成项目,项目完成后按照附录 C 中设计报告样例撰写项目设计报告,按照表 6-18 所示小组交换完成设计作品测试,教师抽查学生测试结果,考核操作过程、仪器仪表使用、职业素养等。

表 6-18 汉字点阵显示控制器测试评分表

项 目		主要内容	分数
设计报告	系统方案	比较与选择 方案描述	5
	理论分析与设计	汉字点阵显示控制器基准时钟计算、行扫描频率计算 功能模块控制程序流程图绘制	5
	电路与程序设计	功能电路选择 控制程序设计	10
	测试方案与测试结果	合理设计测试方案及恰当的测试条件 测试结果完整性 测试结果分析	10
	设计报告结构及规范性	摘要 设计报告正文的结构 图表的规范性	5
	总分		35
功能实现	完成完整的 EDA 设计流程,开展软、硬件调试		5
	汉字图像显示功能实现,显示稳定		5
	完成 4 个汉字、图形编码,实现手动切换		20
	完成 8 个汉字、图形编码,实现手动切换		10
	完成自动汉字显示切换		10
完成过程	在教师的指导下,能团队合作确定合理的设计方案和开发计划		5
	在教师的指导下,能团队合作解决遇到的问题		5
	设计过程中的操作规范、团队合作、职业素养和工作效率等		5
	总分		65

项目总结

本项目完成了一个基于 LED 点阵的汉字显示控制器的设计。让学生掌握了利用 EDA 技术来实现 LED 点阵的汉字显示控制器的设计方法,使学生具备了利用 EDA 技术实现更大规模的 LED 显示屏的设计基础和能力。

团队合作，精益求精，让产品"超越客户需求"

说起 LED 显示屏，就不可避免地想到"诺瓦科技"的王伙荣。2017 年，备受 LED 行业瞩目的"视界背后的想象力"NovaWorld 2017 新品发布会在神州大地掀起了一股科技浪潮。新浪、腾讯、网易、搜狐等主流媒体，慧聪 LED 屏网、数字音视频工程网、LED 屏显世界等行业媒体纷纷给予全面报道，诺瓦科技备受瞩目。

诺瓦科技成立于 2008 年，自成立起一直不懈地在光电显示控制领域进行开拓研究。作为公司的总工程师，王伙荣初入公司时，整个研发团队只有寥寥数人。"记得最初带领团队搞研发时，经常要跑现场，深入工地了解情况。2007 年底，我们接到了一个项目，是做北京奥运会盘古大观项目主背景屏的控制系统建设。"当时正值寒冬，该项目在建设过程中，王伙荣等人每天都需要搭乘工地的工程电梯爬上 100 多米高的建筑进行测量、规划设计。"大冬天顶着寒风在楼顶一站就是一天，每个人都是白天跑工地，晚上排队挂吊瓶。"虽然那段时间非常辛苦，但想到盘古大观项目的意义，他们充满干劲。该项目从建筑位置、屏幕面积以及技术难度上，都堪称全球 LED 显示屏领域的奇观，项目的成功意味着点亮了中国的第一块大屏。团队成员都为自己能为奥运会做贡献感到激动和自豪。

LED 显示屏是由许多 LED 灯构成，需要利用系统控制每颗灯显示画面。世界上没有相同的两片树叶，LED 灯也是如此。"每一颗灯最初的亮色度就不同，在相同的电流下，灯的显示效果不会完全一致，因此在出厂时会进行校正。因为每颗灯最初就不同，在使用中，随着时间推移和工作内容（闪烁频率）的影响，灯的亮度衰减速度会不同。"针对 LED 显示屏亮色度衰减不一致这一行业技术难题，王伙荣在"LED 显示屏控制系统中的逐点校正和色度调节"领域进行了深入研究，利用基于脉宽调节和色度补偿的 LED 显示屏校正技术，解决了困扰 LED 显示屏制造商多年的难题。到现在为止，诺瓦科技这一核心技术已经更新数代，在国内处于领先水平，在全球范围内，产品的可用性、易用性和市场占有率也甩开了竞争对手。王伙荣认为，想要塑造国际高端品牌，做出精品，就需要充分发扬"工匠精神"，在多方面全面加强提升。王伙荣正在用"不畏艰难、勇往直前"的奋斗精神践行着自己的科研使命，带领他的团队为打造"超越客户需求"的产品而不懈奋斗。

实际的工程项目往往是需要团队合作完成的，个人英雄主义是没办法解决复杂的工程项目和产品开发的，在学习工作中要养成团队合作的意识，精益求精的精神，追求卓越的品质，才能更好地实现自我价值，服务社会。

项目拓展

1. 学生可以根据自己设计的字模实现不同的汉字显示功能。
2. 已经实现的设计可以考虑汉字显示的左右移位、上下移位功能。

项目 7
信号发生器设计

项目导入

频率合成式信号发生器是利用频率合成技术形成需要的任意频率的信号,具有与标准频率源相同的频率准确度和稳定度。基于 EDA 技术的 DDS 信号发生器采用直接数字频率合成(Direct Digital Synthesis,DDS)技术,把信号发生器的频率稳定度、准确度提高到与基准频率相同的水平,并且可以在很宽的频率范围内进行精细的频率调节。目前,DDS 信号发生器是许多电子技术、电子设计实验室必备的电子测量仪器。设计 DDS 信号发生器可以使学生获得基于 EDA 技术的较为复杂的系统设计经验,也利于学生更好地理解和使用信号发生器。因此,冰城科技公司决定开发信号发生器项目设计,为学生提供学习案例。冰城科技公司根据 CPLD 开发板资源提出信号发生器的具体设计任务书见表 7-1。

表 7-1 信号发生器设计任务书

项目 7	信号发生器设计	课程名称	EDA 技术应用
教学场所	EDA 技术实训室	学时	10
任务说明	利用 VHDL 语言和 CPLD 开发板,设计完成一个信号发生器。在 CPLD 开发板上进行调试,实现功能。 功能要求: (1)针对 CPLD 开发板实现项目的顶层调试。 (2)利用拨码开关实现正弦波、三角波、矩形波、正斜率锯齿波的输出切换。 (3)输出信号频率范围 1 kHz~60 kHz,频率分辨率为 1 kHz。 (4)输出信号频率幅度分辨率为 8 位。 (5)波形存储深度为 256 B		
器材设备	计算机、Quartus Ⅱ、CPLD/FPGA 开发板、多媒体教学系统		

设计调试	
调试说明	在 CPLD 开发板上,利用 CPLD 器件和 VHDL 语言,实现一个信号发生器的设计,能够达到任务书的功能要求

学习目标

(1)能使用 VHDL 语言设计正弦信号数据 ROM 模块;
(2)能使用 VHDL 语言设计三角波信号数据 ROM 模块;
(3)能使用 VHDL 语言设计矩形波信号数据 ROM 模块;
(4)能使用 VHDL 语言设计正斜率锯齿波信号数据 ROM 模块;
(5)能使用 Quartus Ⅱ 软件设计 LPM_ROM 宏模块;
(6)能使用 Quartus Ⅱ 软件中 SignalTap Ⅱ 工具对信号发生器在系统测试;
(7)能理解 DDS 信号发生器原理并完成信号发生器功能模块设计;
(8)能独立完成 DDS 信号发生器 EDA 项目开发并完成调试;
(9)能分析并解决遇到的硬件、软件及系统调试的问题;
(10)具备认真、严谨、规范、科学、高效的工作作风;
(11)具备团队合作意识,具有精益求精的工匠精神。

项目需求分析

本项目实现基于 DDS(直接数字频率合成)技术的任意波形信号发生器的设计。设计任务书提出实现的正弦波、矩形波、正斜率锯齿波、三角波信号输出即频率可调的功能要求。

DDS 的工作原理是以数控振荡器的方式产生频率、相位可控的正弦波。DDS 电路一般由参考时钟、频率控制输入模块、地址加法器、波形存储器、DA 转换器、低通滤波器等部分组成。具体结构框图如图 7-1 所示。

图 7-1 信号发生器原理框图

根据信号发生器工作原理可知,信号发生器的地址加法器、参考时钟、波形存储器可以在 CPLD 内部实现,频率控制字需要外部的拨码开关输入,数模转换器由 CPLD 开发板 D/A 转换模块实现。由于硬件平台资源有限,设计任务书中也未对波形的失真度和平坦度做具体要求,因此本设计中简化掉了低通滤波器。

根据上述分析,DDS 信号发生器设计项目硬件资源规划如图 7-2 所示。

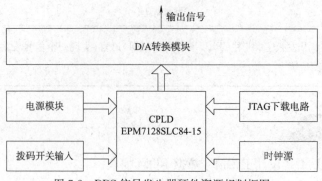

图 7-2 DDS 信号发生器硬件资源规划框图

项目实施

任务 1　信号发生器设计需求分析

任务解析

要实现信号发生器的功能,使输出信号的参数达到设计任务书要求,就需要分析信号发生器的工作原理;按照设计要求,结合 CPLD 硬件资源,计算信号发生器的工作参数,确定 DDS 信号发生器的设计参数。

知识链接

一、信号发生器简介

信号发生器是一种常用的信号源,广泛应用于电子电路、自动控制和科学实验等领域。作为一种为电子测量和计量提供电信号的设备,它和万用表、示波器、频率计等仪器一样,是最普通、最基本,也是应用最广泛的电子仪器之一,几乎所有电参量的测量都需要用到信号发生器。

传统的信号发生器一般基于模拟技术。它首先产生一定频率的正弦信号,然后再对这个正弦信号进行处理,从而输出其他波形信号(例如通过比较器可以输出矩形波信号,对矩形波信号通过积分器可以生成三角波信号等)。这种技术的关键在于如何产生特定频率的正弦信号。早期的信号发生器大都采用谐振法,后来出现采用锁相频率合成技术的信号发生器。但基于模拟技术的传统信号发生器能够产生的信号类型非常有限,一般只能生成正弦波、矩形波、三角波等少数的规则波形信号。如果需要产生较复杂的波形信号,电路的复杂度及设计难度都将大大增加。

随着科学实验和研究需求的不断发展,传统的信号发生器在一些特定的场合已经不能满足要求,因为在许多应用及研究领域,不但需要一些规则的信号,同时还需要一些不规则信号用于系统特性的研究，如某些电子设备的性能指标测试、系统中各种瞬变波形和电子设备中出现的各种干扰的模拟研究，就需要能提供一些非常规测试信号甚至是任意信号的信号源，即能产生现场所需波形的任意波形发生器（Arbitrary Waveform Generator，AWG）。任意波形发生器是现代电子测试领域应用最为广泛的通用仪器之一，它的功能远比函数发生器强，可以产生各种理想及非理想的波形信号，对存在的各种波形都可以模拟，广泛应用于测试、通信、雷达、导航、宇航等领域。

二、DDS 的基本结构

DDS 与大多数数字信号处理技术一样，它的基础仍然是奈奎斯特采样定理。奈奎斯特采样定理是任何模拟信号进行数字化处理的基础，它描述的是一个带限的模拟信号经抽样变成离散序列后可不可以由这些离散序列恢复出原始模拟信号的问题。

奈奎斯特采样定理告诉我们，当采样频率大于或等于模拟信号最高频率的两倍时，可以由采样得到的离散序列无失真地恢复出原始模拟信号。只不过在 DDS 技术中，该过程被颠倒过来了。DDS 不是对模拟信号进行采样，而是一个假定采样过程已经发生且采样值已经量化完成，如何通过某种方法把已经量化的数值重建原始信号的问题。

DDS 电路一般由参考时钟、相位累加器（地址累加器）、波形存储器、D/A 转换器（DAC）和低通滤波器（LPF）组成。其详细结构如图 7-3 所示。

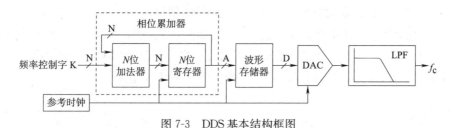

图 7-3　DDS 基本结构框图

其中，f_c 为参考时钟频率，K 为频率控制字，N 为相位累加器位数，A 为波形存储器地址位数，D 为波形存储器的数据位字长和 D/A 转换器位数。

DDS 系统中的参考时钟通常由一个高稳定度的晶体振荡器来产生，用来作为整个系统各个组成部分的同步时钟。频率控制字（Frequency Control Word，FCW）实际上是二进制编码的相位增量值，它作为相位累加器的输入。相位累加器由加法器和寄存器级联而成，它将寄存器的输出反馈到加法器的输入端实现累加的功能。在每一个时钟脉冲 f_c，相位累加器把频率字 K 累加一次，累加器的输出相应增加一个步长的相位增量，由此可以看出，相位累加器的输出数据实质上是以 K 为步长的线性递增序列（在相位累加器产生溢出以前），它反映了合成信号的相位信息。相位累加器的输出与波形存储器的地址线相连，相当于对波形存储器进行查表，这样就可以把存储在波形存储器中的信号采样值（二进制编码值）查出。在系统时钟脉冲的作用下，相位累加器不停地累加，即不停地查表。波形存储器的输出数据送到 D/A 转换器，D/A 转换器将数字量形式的波形幅度值转换成一定频率的模拟信号，从而将波形重新合成出来。若波形存储器中存放的是正弦波幅度量化数据，那么 D/A 转换器的输出是近似正弦波的阶梯波，还需要后级的低通平滑滤波器进一步抑制不必要的杂波就可以得到频谱比较纯净的正弦波信号。

由于受到字长的限制,相位累加器累加到一定值后,就会产生一次累加溢出,这样波形存储器的地址就会循环一次,输出波形循环一周。相位累加器的溢出频率即为合成信号的频率。可见,频率控制字 K 越大,相位累加器产生溢出的速度越快,输出频率也就越高。故改变频率字(即相位增量),就可以改变相位累加器的溢出时间,在参考频率不变的条件下就可以改变输出信号的频率。

根据傅立叶变换定理,任何满足 Dirichlet 条件的周期信号都可以分解为一系列正弦或者余弦信号之和。为了不失一般性,下面以正弦信号的产生为例来说明 DDS 的基本原理。正、余弦信号用可以用复数形式表示:

$$\cos(2\pi f_t) = \text{Re}(\text{Exp}(j2\pi f_t)) \tag{7-1}$$

$$\sin(2\pi f_t) = \text{Im}(\text{Exp}(j2\pi f_t)) \tag{7-2}$$

图 7-4 描述了矢量 R 绕原点沿正方向(逆时针)旋转时,其模值 R 与 x 轴夹角 $\theta(t)$(相位角)及 R 在 y 轴上的投影 S 三者之间的关系。当 R 连续地绕原点旋转,S 将取 $-R \sim +R$ 之间的任意值,$\theta(t)$ 将以 2π 为模取 $0 \sim 2\pi$ 之间的任意值。如果将 S 看作欲重构正弦信号的幅度值,则相位角 $\theta(t)$ 和 S 的关系为:$S = R\sin\theta(t)$。现将相位数字化(采样、量化),将 2π 量化成 M 等份,则相位量化的最小间隔为 $\Delta\theta = 2\pi/M$,这样造成的结果是重构信号的幅度值 S 也相应离散化:

$$n = 0, 1, 2, \cdots, M_1 \tag{7-3}$$

由式(7-3)可以看出,S 只能取与相位 $n \cdot \Delta\theta$ 对应的幅度值。

如图 7-5 所示,设此时 R 不是绕原点连续旋转,而是在系统时钟 f_c 的控制下以相位增量 $\Delta\alpha$ 进行阶跃式旋转(图 7-4 中 $\Delta\alpha = 2\Delta\theta$),很容易可以看出来,在相位周期变化的同时,输出信号的幅度 S 也在周期重复着,因此,重构信号的周期在幅度中也就体现出来了。

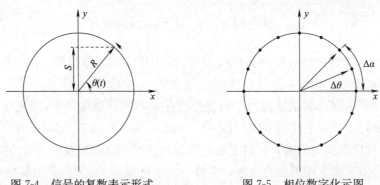

图 7-4 信号的复数表示形式　　　图 7-5 相位数字化示图

为了进一步探讨相位增量对输出信号频率的影响,分别以相位增量为 $\pi/4$ 和 $\pi/8$ 重构信号幅度,分别如图 7-6 和图 7-7 所示。在此,假设相位累加是在相同的系统时钟 f_c 下进行的,即对于不同的相位增量,f_c 是固定不变的,这是理解相位增量和重构信号频率关系的基础。

对比图 7-6 和图 7-7,很容易发现,当相位增量减少为原来的 1/2 时,输出信号的采样值密集度就成了原来的两倍,那么 R 旋转一周的时间自然也增大为原来的两倍,即 $T'_0 = 2T_0$。周期 T 与频率 f 成倒数关系,由此可得两种情况下重构信号的频率关系:$f_0 = 2f'_0$,如图 7-8 所示。

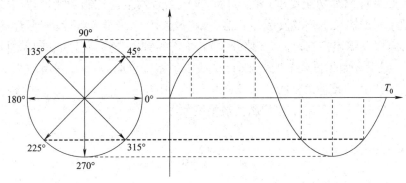

图 7-6 相位增量为 π/4 时相位幅度的映射关系

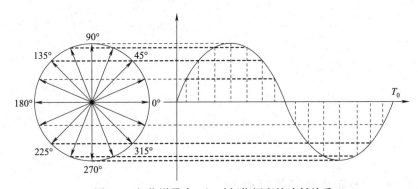

图 7-7 相位增量为 π/8 时相位幅度的映射关系

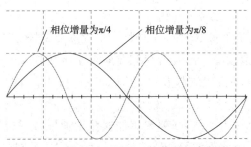

图 7-8 相位增量不同对重构信号频率的影响

分析到这里,可以得出结论,DDS 系统中,在参考时钟 f_c 固定不变的前提下,通过改变相位增量的值,就可以得到不同频率的重构信号。

任务实施

一、绘制 DDS 信号发生器控制功能框图

根据图 7-1 信号发生器原理框图、图 7-3 DDS 基本结构框图和信号发生器设计任务书中信号发生器核心功能要求,例如要实现正弦波、三角波、矩形波、正斜率锯齿波四种波形信号输出,不同

波形可以切换、频率可调等功能要求；分析可得 DDS 信号发生器控制功能模块应该包括分频器、地址加法器（频率累加器）、正弦波波形存储器、三角波波形存储器、矩形波波形存储器、正斜率锯齿波波形存储器，以及输出控制单元（多路开关）。参考时钟由分频器分频获得基准时钟。由于本设计的信号发生器没有做相位调节的要求，因此减少了相位累加器；由于没有波形失真度、平滑度的要求，因此外围减少了低通滤波器。

根据上述分析，DDS 信号发生器控制功能框图如图 7-9 所示。

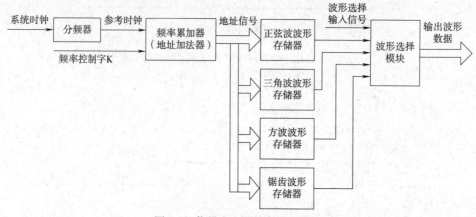

图 7-9 信号发生器控制功能框图

二、确定 DDS 信号发生器设计参数

设计任务书中要求，输出信号频率范围 1 kHz～60 kHz，频率分辨率为 1 kHz；输出信号频率幅度分辨率为 8 位；波形存储深度为 256 B。

设计要求波形存储深度为 256 B，则一个周期波形数据要采样 256 次，获得 256 个二进制数据存储到波形存储器中，待读取输出。即波形存储器应该至少包括 256 个存储单元，则波形存储器地址总线的宽度应该是 8 位（8 位二进制数 0000 0000～1111 1111，即十进制数 0～255，共 256 个存储单元）。

由于数据存储器地址总线为 8 位，则频率累加器输出地址数据应该为 8 位；同时功能参数要求信号频率分辨率为 8 位。因此频率累加器应该设计为 8 位二进制加法器。

由于输出信号频率范围为 1 kHz～60 kHz，因此频率设置输入数据采用 6 位二进制频率控制字即可（设置范围 000001～111111，十进制数 1～63）。

设计要求频率分辨率为 1 kHz。由于地址加法器为 8 位地址加法器，需 256 个系统周期可完成一个周期的信号数据输出，则参考时钟的频率应该是基准频率的 256 倍。即输出时钟信号经分频器分频后应该为 256 kHz（如需提高设计精度还可以采用精准分频、提高频率累加器的位数等方法实现，学生可查阅相关文献学习）。

幅度分辨率为 8 位，则要求信号输出数据为 8 位，则波形存储器的数据总线宽度为 8 位。设计时波形数据采样量化就需要转换为 8 位二进制数存储到波形存储器中。由于 CPLD 开发板已经设计了 8 位 D/A 转换模块，因此可以保证幅度分辨率。

任务 2　信号数据存储器及 ROM 模块设计

任务解析

按照设计要求需要设计正弦波、三角波、矩形波、正斜率锯齿波四种波形数据，就需要编写四种波形的数据存储器 ROM 模块 VHDL 程序。由于矩形波可以输出数据为 00000000 或 11111111 两种，因此可以通过判别地址加法器的值来分辨高低电平输出。这样矩形波数据存储器可以简化为 IF ELSE 语句的二值判断输出，提高设计效率，节约 CPLD 资源。正斜率锯齿波的波形数据是从 0000 0000 累加到 1111 1111，则可以通过 8 位加法器实现正斜率锯齿波的波形数据生成。

知识链接

一、LPM 宏模块应用

随着设计的数字系统越来越复杂，系统中的每个模块都要从头开始设计是非常困难的，这样不仅会延长设计周期，还会增加设计系统的不稳定性。IP 核（知识产权核）的出现使得设计过程变得简单。IP 核是指将一些在数字电路中常用的但比较复杂的功能块，设计成参数可修改的模块，让其他用户可以直接调用这些模块。用户可以在自己的 CPLD/FPGA 应用设计中使用这些严格测试和优化过的模块，减少设计和调试周期，降低开发成本，提高开发效率。IP 包括基本宏功能（Megafunction/LPM）和 MegaCore 两种，在 Altera 的开发工具 Quartus Ⅱ 中，有一些内置的基本宏功能模块可供用户使用。LPM 功能模块内容丰富，每一模块的功能、参数含义、使用方法、硬件描述语言模块参数设置及调用方法都可以在 Quartus Ⅱ 的 HELP 中查到，下面通过一些示例介绍 LPM 宏功能模块的使用方法。

1. **LPM 计数器模块调用**

本部分通过介绍 LPM 计数器 LPM_COUNTER 的调用和测试流程，给出 MegaWizard Plug-In Manager 管理器对同类宏模块的一般使用方法，此流程具有示范意义。对于其他模块则主要介绍不同的调用方法和不同特性的仿真测试方法。

(1) 计数器模块文本的调用与参数设置

首先介绍此模块的文本调用流程，包括以下步骤：

第一步：首先新建一个文件夹，如 D:\EDA\LPM_MD。打开 Quartus Ⅱ 工具，如图 7-10 所示，选择 Tools→MegaWizard Plug-In Manager 命令，弹出图 7-11 所示的对话框。

图 7-10　选择 MegaWizard Plug-In Manager 命令

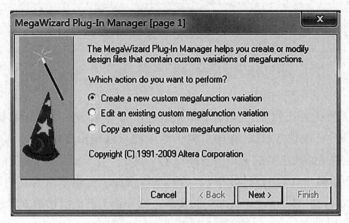

图 7-11 定制新的宏功能模块

选中 Create a new custom megafunction variation 单选按钮，定制一个新的宏功能模块。如果要修改一个已编辑好的宏功能模块，则选择 Edit an existing custom megafunction variation 单选按钮。

单击 Next 按钮，弹出图 7-12 所示的对话框，可以看到左侧栏中有各类功能的 LPM 模块选项目录。

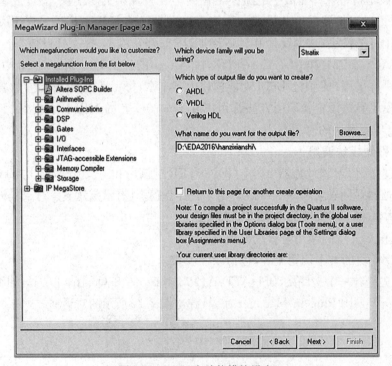

图 7-12 LPM 宏功能模块设定

选择 Arithmetic 选项，立即展示出许多 LPM 算术模块的选项。如图 7-13 所示，选择计数器 LPM_COUNTER。

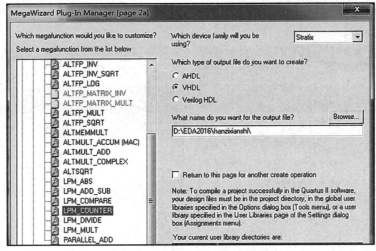

图 7-13　LPM_COUNTER 定制

在 Which device family will you be using 下拉列表中选择器件 Cyclone Ⅱ。(说明：EDA 开发板的核心器件。本项目中前部分的测试用 FPGA 开发板，核心器件为 Altera 公司的 Cyclone Ⅱ 系列的 EP2C8Q208C8，开发板的原理图及 PCB 板图资源见附录 D。学生在实现时请选择手中具备的 FPGA 开发板的目标编程器件。由于这部分资源和设计，包括嵌入式逻辑分析仪 SignalTap Ⅱ 的测试和分析都需要在 FPGA 的硬件系统下完成。如果没有 FPGA 开发板，可以做本部分的仿真测试，但无法实现 SignalTap Ⅱ 在线测试。)

如图 7-14 所示，选择输出文件方式为 VHDL。最后输入此模块文件存放的路径和文件名：D:\EDA\LPM_MD\CNT4B，单击 Next 按钮。

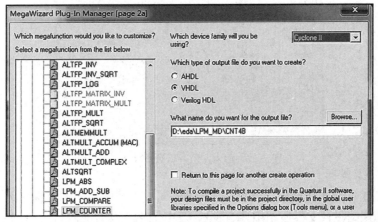

图 7-14　VHDL 文件定制

第二步：单击 Next 按钮，弹出图 7-15 所示对话框。在对话框中选择 4 位计数器，再选择 Create an updown input port to allow me to do both 单选按钮，创建一个可逆功能的计数器。

第三步：单击 Next 按钮，弹出图 7-16 所示对话框。这一步中选择 Modulus，with a count modulus of 12，表示创建模 12 的计数器，即从 0 加计数到 11(1011)，或从 11 减计数到 0(如果选择 Plain binary 单选按钮则是创建普通计数器)。然后选择时钟使能控制信号(Clock Enable)和进位信号(Carry-out)。

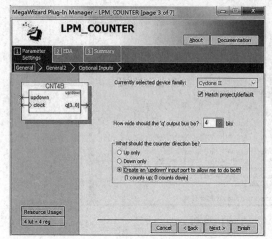 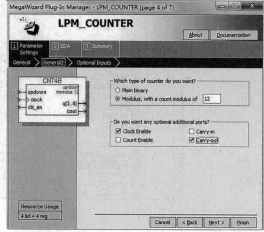

图 7-15　设 4 位可加减计数器　　　　　图 7-16　设定计数器,设定使能和进位信号

第四步:单击 Next 按钮,弹出图 7-17 所示对话框。选择 4 位数据同步加载控制 Load 和异步清零控制信号 Clear。最后依次单击 Next 按钮结束设置。

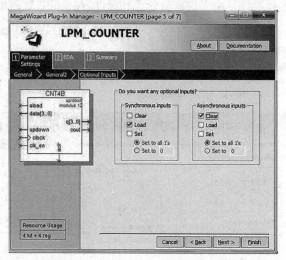

图 7-17　加入 4 位并行数据预置功能

以上流程设置生成了 LMP 计数器的 VHDL 文件 CNT4B.VHD(例 7-1),可被高层次的 VHDL 程序和原理图设计文件所调用,CNT4B.VHD 文件可以在工程目录 D:\EDA\LPM_MD\中找到。

【例 7-1】LPM_COUNTER 模块设计 CNT4B.VHD 例程

```
LIBRARY ieee;
USE ieee.std_logic_1164.all;
LIBRARY lpm;
```

```vhdl
USE lpm.all;
ENTITY CNT4B IS
    PORT
    (
        aclr     : IN STD_LOGIC ;
        clk_en   : IN STD_LOGIC ;
        clock    : IN STD_LOGIC ;
        data     : IN STD_LOGIC_VECTOR (3 DOWNTO 0);
        sload    : IN STD_LOGIC ;
        updown   : IN STD_LOGIC ;
        cout     : OUT STD_LOGIC ;
        q        : OUT STD_LOGIC_VECTOR (3 DOWNTO 0)
    );
END CNT4B;
ARCHITECTURE SYN OF cnt4b IS
    SIGNAL sub_wire0    : STD_LOGIC ;
    SIGNAL sub_wire1    : STD_LOGIC_VECTOR (3 DOWNTO 0);
    COMPONENT lpm_counter
    GENERIC (
        lpm_direction    : STRING;
        lpm_modulus      : NATURAL;
        lpm_port_updown  : STRING;
        lpm_type         : STRING;
        lpm_width        : NATURAL
    );
    PORT (
            sload    : IN STD_LOGIC ;
            clk_en   : IN STD_LOGIC ;
            aclr     : IN STD_LOGIC ;
            clock    : IN STD_LOGIC ;
            cout     : OUT STD_LOGIC ;
            q        : OUT STD_LOGIC_VECTOR (3 DOWNTO 0);
            data     : IN STD_LOGIC_VECTOR (3 DOWNTO 0);
            updown   : IN STD_LOGIC
    );
    END COMPONENT;
BEGIN
    cout    <= sub_wire0;
    q       <= sub_wire1(3 DOWNTO 0);
    lpm_counter_component : lpm_counter
    GENERIC MAP (
        lpm_direction =>"UNUSED",
```

```
            lpm_modulus =>12,
            lpm_port_updown =>"PORT_USED",
            lpm_type =>"LPM_COUNTER",
            lpm_width =>4
        )
        PORT MAP (
            sload =>sload,
            clk_en =>clk_en,
            aclr =>aclr,
            clock =>clock,
            data =>data,
            updown =>updown,
            cout =>sub_wire0,
            q =>sub_wire1
        );
END SYN;
```

例 7-1 是 Quartus Ⅱ 中根据以上设置系统自动生成的文件。例 7-1 中，语句 COMPONENT lpm_counter 例化的元件 lpm_counter 是可以从 LPM 库中调用的宏模块元件名，而 lpm_counter_component 则是在此文件中为使用和调用 lpm_counter 取的例化名称，即参数传递语句中的宏模块元件例化名；其中的 lpm_direction 等称为宏模块参数名，是被调用元件(lpm_counter)文件中已经定义的参数名，而"UNUSED"等是参数值，它们可以是整数、操作表达式、字符串或在当前模块中已定义的参数。使用时注意 GENERIC 语句只能将参数传递到比当前层次低一层的元件文件中，即当前的例化文件中，不能更深入进去。

为了能调用计数器文件 CNT4B.VHD，并测试和用硬件实现它，必须设计一个顶层程序来例化它(也可以用一个顶层原理图调用它)。例 7-2 程序就是顶层程序，它只是对 CNT4B.VHD 进行了例化。

【例 7-2】顶层调用文件。

```
LIBRARY IEEE;
USE IEEE.STD_LOGIC_1164.ALL;
ENTITY cnt4bit IS
PORT(clk,rst,ena,sld,ud:IN STD_LOGIC;
     din:IN STD_LOGIC_VECTOR(3 DOWNTO 0);
     dout:OUT STD_LOGIC_VECTOR(3 DOWNTO 0);
     cout:OUT STD_LOGIC);
END cnt4bit;
ARCHITECTURE translated OF cnt4bit IS
COMPONENT cnt4b
PORT(aclr,clk_en,clock,sload,updown:IN STD_LOGIC;
     data:IN STD_LOGIC_VECTOR(3 DOWNTO 0);
     cout:OUT STD_LOGIC;
```

```
        q:OUT STD_LOGIC_VECTOR(3 DOWNTO 0));
END COMPONENT;
BEGIN
  U1:cnt4b PORT MAP(sload=>sld,clk_en=>ena,aclr=>rst,cout=>cout,clock=>clk,
data=>din,updown=>ud,q=>dout);
END ARCHITECTURE translated;
```

(2)创建工程及仿真测试

首先新建工程 cnt4bit，并新建例 7-2 程序并保存为 cnt4bit.vhd，然后对其进行仿真。图 7-18 所示为其仿真波形图。提示：只有第二个 SLD 信号在时钟 CLK 上升沿时保持高电平，因此在此时刻置数，其他时刻没有 LOAD 数值，是因为置数信号是同步控制信号，设计要注意。

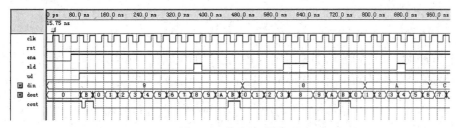

图 7-18　仿真波形图

本设计也可以用原理图的方式来完成。通过在顶层原理图工程文件中调用元件来实现。具体原理图如图 7-19 所示。

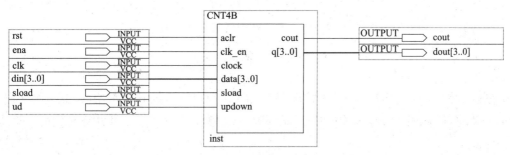

图 7-19　原理图输入设计

2. 乘法器的 VHDL 代码表述和相关属性设置

本部分探讨 VHDL 代码表述的乘法器。例 7-3 是 8×8 位的有符号数的乘法器的 VHDL 描述。

【例 7-3】乘法器设计。

```
LIBRARY IEEE;
USE IEEE.STD_LOGIC_1164.ALL;
USE IEEE.STD_LOGIC_ARITH.ALL;
ENTITY  mult8 IS
PORT(a1,b1:IN SIGNED(7 DOWNTO 0);
     r1:OUT SIGNED(15 DOWNTO 0));
END mult8;
```

```
ARCHITECTURE bhv OF mult8 IS
ATTRIBUTE  multstyle :STRING;
ATTRIBUTE multstyle OF r1:SIGNAL IS "LOGIC";
BEGIN
     r1<= a1* b1;
END bhv;
```

图 7-20 是例 7-3 程序的仿真波形图。分析时要注意乘法器对有符号数的运算规律。

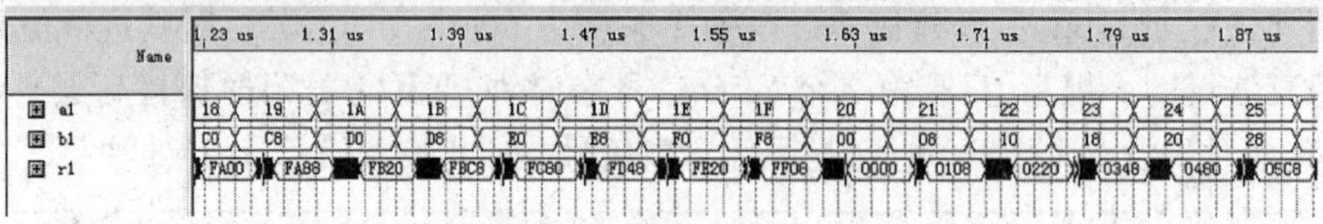

图 7-20　例 7-3 的仿真波形图

程序中的属性定义语句的功能是限定构建乘法器的电路使用逻辑单元(关键词 LOGIC)来完成。综合后的报告如图 7-21 所示,此乘法器耗用了 96 个逻辑宏单元。

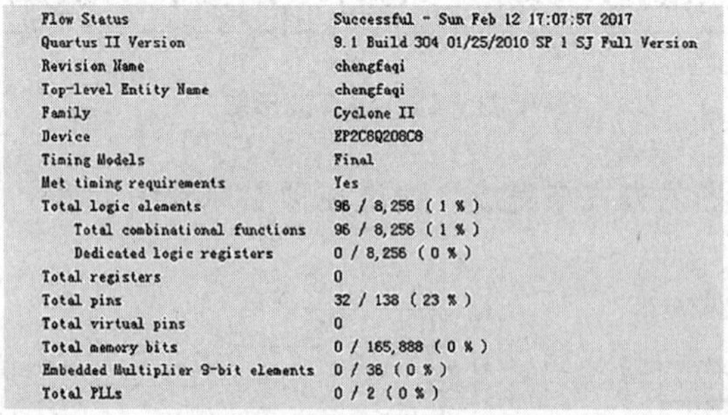

Flow Status	Successful - Sun Feb 12 17:07:57 2017
Quartus II Version	9.1 Build 304 01/25/2010 SP 1 SJ Full Version
Revision Name	chengfaqi
Top-level Entity Name	chengfaqi
Family	Cyclone II
Device	EP2C8Q208C8
Timing Models	Final
Met timing requirements	Yes
Total logic elements	96 / 8,256 (1 %)
Total combinational functions	96 / 8,256 (1 %)
Dedicated logic registers	0 / 8,256 (0 %)
Total registers	0
Total pins	32 / 138 (23 %)
Total virtual pins	0
Total memory bits	0 / 165,888 (0 %)
Embedded Multiplier 9-bit elements	0 / 36 (0 %)
Total PLLs	0 / 2 (0 %)

图 7-21　例 7-3 的编译报告

在实际开发中,最常用的方法是直接调用 FPGA 内部已嵌入的硬件乘法器,此类乘法器常用于 DSP 技术中,因此成为 DSP 模块。为了能调用 DSP 模块,可将例 7-3 属性定义中的 LOGIC 用 DSP 替换。

```
ATTRIBUTE multstyle OF r1:SIGNAL IS "DSP";
```

替换后的程序编译报告如图 7-22 所示,使用了 1 个 9 位 DSP 模块,0 个逻辑宏单元,这显然节省了大量的逻辑单元。

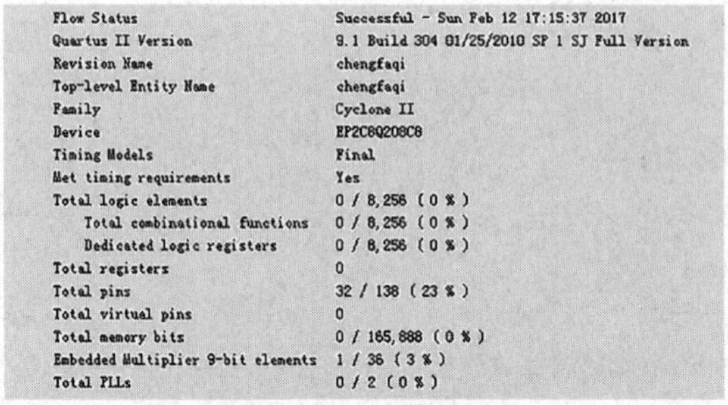

Flow Status	Successful - Sun Feb 12 17:15:37 2017
Quartus II Version	9.1 Build 304 01/25/2010 SP 1 SJ Full Version
Revision Name	chengfaqi
Top-level Entity Name	chengfaqi
Family	Cyclone II
Device	EP2C8Q208C8
Timing Models	Final
Met timing requirements	Yes
Total logic elements	0 / 8,256 (0 %)
Total combinational functions	0 / 8,256 (0 %)
Dedicated logic registers	0 / 8,256 (0 %)
Total registers	0
Total pins	32 / 138 (23 %)
Total virtual pins	0
Total memory bits	0 / 165,888 (0 %)
Embedded Multiplier 9-bit elements	1 / 36 (3 %)
Total PLLs	0 / 2 (0 %)

图 7-22　例 7-4 的编译报告

为了利用DSP模块,也可以通过Quartus II工具来设置。方法是选择Assignments→Setting命令,弹出图7-23所示对话框,在左侧列表框中选择Analysis & Synthesis Settings选项,在其对话框中单击More Settings按钮,在弹出对话框中对DSP Block Balancing选项选择DSP Blocks,即设置乘法器用DSP乘法器模块构建。

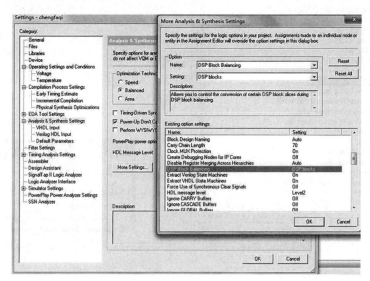

图7-23 器件设定

二、LPM 存储器的设置和调用

在涉及RAM和ROM等存储器应用的EDA技术开发中,调用LPM模块类存储器是最方便、最经济和最高效的途径。以下介绍利用Quartus II工具调用LPM_RAM的方法和相关技术,包括仿真测试、初始化配置文件生成等应用方法。

1. 存储器初始化文件简介

所谓存储器的初始化文件就是可配置于RAM或ROM中的数据或程序文件代码。在EDA设计中,通过EDA工具设计或设定的存储器中的代码文件必须由EDA工具软件在统一编译时自动调入。所以此类代码文件,即初始化文件的格式必须满足一定的要求。以下介绍两种格式的初始化文件及生成方法。

2. 常见的存储器初始化文件

1).mif格式文件

生成.mif格式文件的方法有多种。

(1)直接编辑法:首先在Quartus II工具中打开.mif文件编辑窗口,选择File→New命令,弹出New对话框,如图7-24所示。选择Memory Initialization File选项,单击OK按钮,弹出Number of Words & Word Size对话框,对存储器参数进行设置,如图7-25所示。

在此根据存储器的地址和数据宽度选择参数。如果对应地址总线宽度为7位,选择Number of words为128(即$2^7=128$),对应数据总线宽度为8位,选择Word size为8位。单击OK按钮,弹出.mif文件数据表格,如图7-26所示。然后在此窗口中输入数据。

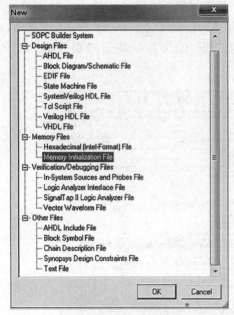

图 7-24 创建 .mif 文件

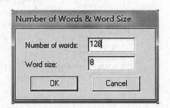

图 7-25 存储器数据文件参数设置

Addr	+0	+1	+2	+3	+4	+5	+6	+7
00	80	86	8C	92	98	9E	A5	AA
08	B0	B6	BC	C1	C6	CB	D0	D5
10	DA	DE	E2	E6	EA	ED	F0	F3
18	F5	F8	FA	FB	FD	FE	FE	FF
20	FF	FF	FE	FE	FD	FB	FA	F8
28	F5	F3	F0	ED	EA	E6	E2	DE
30	DA	D5	D0	CB	C6	C1	BC	B6
38	B0	AA	A5	9E	98	92	8C	86
40	7F	79	73	6D	67	61	5A	55
48	4F	49	43	3E	39	34	2F	2A
50	25	21	1D	19	15	12	0F	0C
58	0A	07	05	04	02	01	01	00
60	00	00	01	01	02	04	05	07
68	0A	0C	0F	12	15	19	1D	21
70	25	2A	2F	34	39	3E	43	49
78	4F	55	5A	61	67	6D	73	79

图 7-26 .mif 文件编辑窗口

详细数据如图 7-26 所示。表格中的地址和数据的进制可以通过右击窗口边缘的地址数据,在弹出的快捷菜单中进行选择,如图 7-27 所示。Address Radix 为地址数据的格式(进制),Memory Radix 为数据格式(进制)。Binary 为二进制,Hexadecimal 为十六进制,Octal 为八进制,Decimal 为十进制。本例中是十六进制格式。

表中的任一数据对应的地址为左列与顶行数之和。如最后一个数据 79(二进制 1111001)对应的存储器地址为 78+7=7F(1111111)。数据输入完成后,选择 File→Save As 命令,保存此数据文件,如命名为 data7X8.mif。

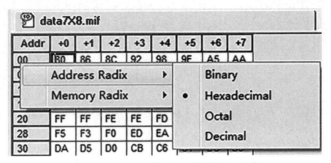

图 7-27 .mif 文件地址、数据格式选择

(2) 文件直接编辑法:使用 Quartus Ⅱ 工具以外的编辑器设计 .mif 文件。如用记事本编辑器编辑 .mif 文件。其格式如例 7-4 所示。其中地址和数据都为十六进制,冒号左边为地址值,右边为对应的数据,并以分号结尾。存盘以 .mif 为扩展名,如命名为 data7X8.mif。

【例 7-4】用记事本编写 .mif 程序。

```
DEPTH = 128;                        --数据深度,即存储的数据个数
WIDTH = 8;                          --输出数据宽度
ADDRESS_RADIX = HEX;                --地址数据类型,HEX 为十六进制
DATA_RADIX = HEX;                   --存储数据类型,HEX 为十六进制
CONTENT                             --关键词
    BEGIN                           --关键词
0000 : 0080;
0001 : 0086;
0002 : 008C;
0003 : 0092;
0004 : 0098;
……(数据略去)
007C : 0067;
007D : 006D;
007E : 0073;
007F : 0079;
END ;
```

(3) 高级语言生成法:使用 C 语言或 MATLAB 等高级语言工具生成。例如,例 7-5 给出的 C 语言程序生成了 π/4 周期的正弦信号数据。

【例 7-5】.mif 文件的 C 语言程序。

```
#include < stdio.h>
#include < math.h>
#define  PI 3.1415926
#define  width 11
```

```c
#define  depth 1024
main()
{
    double s,f;
    int i,j;
    FILE *fp;
    fp= fopen("sin.mif","w+");
    f= PI/2/(depth-1);
    fprintf(fp,"WIDTH=%d;\n",width);
    fprintf(fp,"DEPTH=%d;\n",depth);
    fprintf(fp,"ADDRESS_RADIX=HEX;\n");
    fprintf(fp,"DATA_RADIX=HEX;\n");
    fprintf(fp,"CONTENT BEGIN\n");
for(i=0;i<=(depth-1);i++)
{
s= cos(f*i);
j= (int)(s*(pow(2,width)-1));
fprintf(fp,"%x:%x;\n",i,j);
}
    fprintf(fp,"END;") ;
    fclose(fp);
}
```

2）.hex 格式文件

建立.hex 格式文件也有很多种方法，例如，可以在 New 窗口中选择 Hexacecimal(Intel-Format)File 选项，以.hex 格式文件存盘；或是用单片机编译器来产生，方法是利用汇编程序编辑器将数据编辑于汇编程序中，然后用汇编编译器生成.hex 格式文件。这里提到的.hex 格式文件的第二种生成方法很容易应用到 51 单片机、CPU 设计或程序 ROM 调用应用程序的设计技术中。

三、LPM_RAM 的设置和调用

为方便测试，首先仍然先新建一个工程，例如建立的工程目录为 E:\EDA\LPM_MIF，工程名称为 RAMMD。将 data7X8.mif 文件复制到工程目录中，并将该 mif 文件添加到工程中。新建一个原理图的顶层文件。在空白处双击，在弹出的对话框中，单击左下角的 MegWizard Plyg-In Manager 管理器按钮，进入图 7-28 所示对话框，在左侧栏中选择单口 RAM 模块，即 RAM:1-PORT，在右侧的目标器件下拉列表中选择 Cyclone Ⅱ（飓风Ⅱ），在创建的文件格式中选择 VHDL，输出文件名称命名为 RAM1P，存储在工程目录 E:\EDA\LPM_MIF 中。

单击 Next 按钮，弹出图 7-29 所示对话框，选择数据位为 8 位，数据深度为 128（7 位地址总线）。对应 Cyclone Ⅱ器件，存储器构建方式选择 M4K，再选择双时钟方式，即选中 Dual clock：use separate 'input' and 'output' clocks 单选按钮。

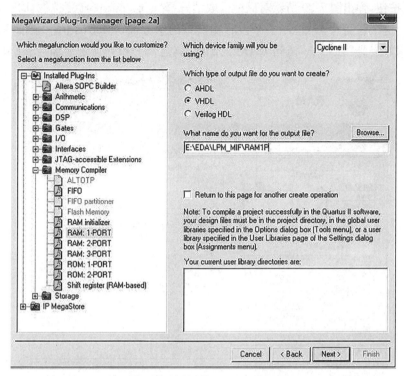

图 7-28 调用单口 LPM RAM

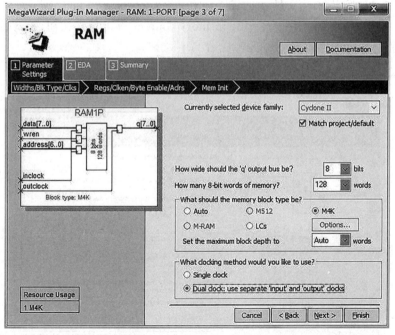

图 7-29 设定 RAM 参数

单击 Next 按钮,弹出图 7-30 所示对话框。取消选择'q'output port 复选框,即选择时钟只控制锁存输入信号。这个设置十分重要,由于没有输出口的锁存器,Quartus Ⅱ的 SignalTap Ⅱ工具通过 JTAG 接口可以轻易地"在系统"访问 RAM 内部数据(这部分操作方法后面会介绍)。

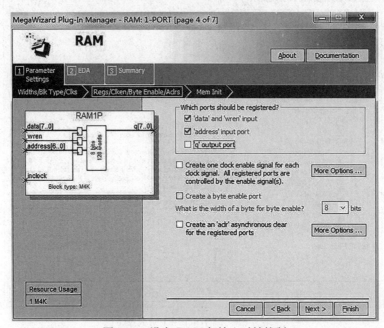

图 7-30 设定 RAM 仅输入时钟控制

单击 Next 按钮,弹出图 7-31 所示的窗口。在 Do you want to specify the initial content of the memory 栏中选中 Yes, use this file the memory content data 单选按钮,单击 Browse 按钮,选择工程目录中的初始化文件 data7X8.mif。

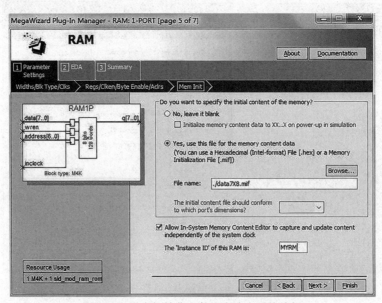

图 7-31 设定初始化文件和允许在系统编辑

其实,对于 RAM 来说,在普通应用中不一定要加初始化文件。但若是特殊应用,比如一些 CPU 应用系统设计中,则有重要作用。这时,如果选择调入初始化文件,则系统每次开电后,将自动向 LPM RAM 加载此.mif 文件。

在图 7-31 所示的对话框中如果选择 Allow In-System Memory Content Editor to Capture and update content independently of the system clock 复选框,并在 The 'Instance ID' of this RAM is 文本框中输入 MYRM,作为此 RAM 的 ID 名称。通过该设置,可以允许 Quartus Ⅱ 的 SignalTap Ⅱ 工具通过 JTAG 接口对下载于 FPGA 中的 RAM 进行"在系统"测试和读写。如果需要读写多个嵌入式的 LPM_RAM 或者 LPM_ROM,此 ID 号 MYRM 就作为此 RAM 的识别名称。最后单击 Finish 按钮完成 RAM 模块定制。如图 7-32 所示,在顶层原理图中添加新建的 RAM 模块,并添加相应的输入、输出端口。并进行相应的仿真验证。

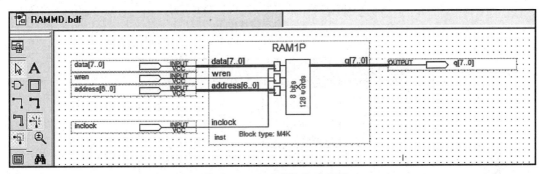

图 7-32 RAM 模块仿真验证

任务实施

一、基于 VHDL 语言的信号数据存储器设计

1. 信号数据存储器初始化文件

除了前述的.mif 文件的编辑方法之外,还有利用专用的.mif 文件生成器编辑的方法。本部分中介绍杭州康芯电子专用的波形数据生成工具 Guagle_wave_波形 Mif 文件生成工具:Guagle_wave.exe 软件(本软件可以在康芯电子公司网站上下载使用)。这个工具可以设置不同波形、不同数据格式、不同符号(有符号或无符号)、不同相位的.mif 文件。

1)正弦波数据

设计任务书要求信号发生器频率精度为 1 kHz,幅度精度要求分辨率为 8 位。频率精度要求与信号发生器的全局时钟以及地址信号和相位累加器有关,也和系统的板载资源有关。在系统资源充足的情况下,增加地址信号和相位累加器的位数越高越好,即 ROM 数据的存储单元个数(数据深度)越多越好。根据本项目需求,设定地址总线宽度为 8 位,即 256 个存储单元。幅度精度要求的分辨率也是位数越高越好,占用的存储容量也越大。本项目中要求幅度精度分辨率为 8 位,即数据总线宽度为 8 位。在 Guagle_wave 工具软件中波形全局参数如图 7-33 所示,设定数据长度为 256、数据位宽为 8 位、数据格式为十六进制、采样频率为 256。

如图 7-34 所示,设定正弦波波形,以此生成波形数据。

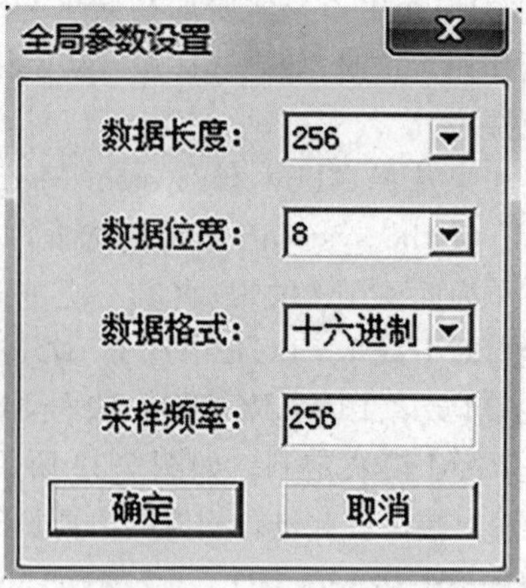

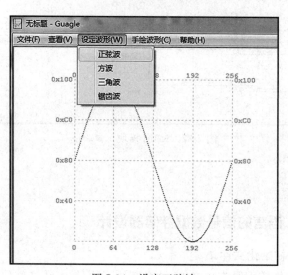

图 7-33 全局参数设定

图 7-34 设定正弦波

选择"文件"→"保存"命令,将数据文件保存为 sin.mif。生成的数据文件如例 7-6 所示。

【例 7-6】正弦波数据文件。

```
DEPTH = 256;
WIDTH = 8;
ADDRESS_RADIX = HEX;
DATA_RADIX = HEX;
CONTENT
    BEGIN
0000 : 0080;
0001 : 0083;
0002 : 0086;
0003 : 0089;
```

……（此处省略数据，具体数据学生可自行生成）
00FC : 0073;
00FD : 0076;
00FE : 0079;
00FF : 007C;
END ;

2) 矩形波数据

与正弦波数据设置相同，在 Guagle_wave.exe 软件下设定数据长度为 256、数据位宽为 8 位、数据格式为十六进制、采样频率为 256。如图 7-35 所示，设定波形为矩形波。

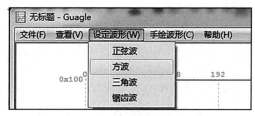

图 7-35　设定矩形波

将波形数据存储为 fangbo.mif 文件。生成的数据文件如例 7-7 所示。

【例 7-7】矩形波数据文件。

```
DEPTH = 256;
WIDTH = 8;
ADDRESS_RADIX = HEX;
DATA_RADIX = HEX;
CONTENT
    BEGIN
0000 : 0000;
0001 : 0000;
0002 : 0000;
……（此处省略数据，具体数据学生可自行生成）
007E : 0000;
007F : 0000;
0080 : 00FF;
0081 : 00FF;
……（此处省略数据，具体数据学生可自行生成）
00FF : 00FF;
END ;
```

3) 三角波数据

与正弦波数据设置相同，在 Guagle_wave.exe 软件下设定数据长度为 256、数据位宽为 8 位、数据格式为十六进制、采样频率为 256。选择波形为三角波。将波形数据存储为 sanjiaobo.mif 文件。生成的数据文件如例 7-8 所示。

【例 7-8】三角波数据文件。

```
DEPTH = 256;
WIDTH = 8;
ADDRESS_RADIX = HEX;
DATA_RADIX = HEX;
CONTENT
    BEGIN
0000 : 0000;
0001 : 0002;
……(此处省略数据,具体数据学生可自行生成)
007E : 00FB;
007F : 00FD;
0080 : 00FF;
0081 : 00FD;
……(此处省略数据,具体数据学生可自行生成)
00FE : 0004;
00FF : 0002;
END ;
```

4)正斜率锯齿波数据

与正弦波数据设置相同,在 Guagle_wave.exe 软件下设定数据长度为 256、数据位宽为 8 位、数据格式为十六进制、采样频率为 256。选择波形为正斜率锯齿波。将波形数据存储为 juchibo.mif 文件。生成的数据文件如例 7-9 所示。

【例 7-9】正斜率锯齿波数据文件。

```
DEPTH = 256;
WIDTH = 8;
ADDRESS_RADIX = HEX;
DATA_RADIX = HEX;
CONTENT
    BEGIN
0000 : 0000;
0001 : 0001;
……(此处省略数据,具体数据学生可自行生成)
00FE : 00FD;
00FF : 00FE;
END ;
```

2. 信号数据存储器数据及在系统数据测试

根据图 7-1 可知,为完成信号发生器测试,需要完成地址加法器和波形存储器的设计。波形存储器可以根据前面完成的 MIF 文件利用 LPM 宏模块完成。前面的设计中已经分析得到数据存储器地址为 8 位,深度为 256 个存储单元。因此,地址加法器的输出地址总线为 8 位。具体设计的 VHDL 程序如例 7-10 所示。

【例 7-10】 地址加法器 VHDL 程序。

```vhdl
LIBRARY IEEE;
USE IEEE.STD_LOGIC_1164.ALL;
USE IEEE.STD_LOGIC_UNSIGNED.ALL;
ENTITY counter IS
  PORT(clk:IN STD_LOGIC;
       dataout:OUT STD_LOGIC_VECTOR(7 DOWNTO 0));
END counter;
ARCHITECTURE behav OF counter IS
BEGIN
  PROCESS(clk)
    VARIABLE temp:STD_LOGIC_VECTOR(7 DOWNTO 0);
    BEGIN
    IF clk'EVENT AND clk='1' THEN
        temp:=temp+1;
    END IF;
    dataout<=temp;
  END PROCESS;
END behav;
```

本例程完成的是基本的 8 位地址加法器的设计，步长为 1，但频率不可调。如果需要频率可调则需要改变加法公式，每次增加的步长为一个可改变的值。如外部输入的一个步长值（频率增加值）。具体程序如例 7-11 所示。

【例 7-11】 频率累加器 VHDL 程序。

```vhdl
LIBRARY IEEE;
USE IEEE.STD_LOGIC_1164.ALL;
USE IEEE.STD_LOGIC_UNSIGNED.ALL;
ENTITY cntaddr IS
  PORT(clk:IN STD_LOGIC;
       sw:IN STD_LOGIC_VECTOR(7 DOWNTO 0);
       q:OUT STD_LOGIC_VECTOR(7 DOWNTO 0));
END cntaddr;
ARCHITECTURE behv1 OF cntaddr IS
SIGNAL qq:STD_LOGIC_VECTOR(8 DOWNTO 0);
BEGIN
  PROCESS(clk)
    BEGIN
    IF clk'EVENT AND clk='0' THEN
        qq<=qq+sw;
    END IF;
    q<=qq(7 downto 0);
  END PROCESS;
END behv1;
```

1) 正弦波数据测试

按照正弦波数据的设计方法,完成正弦波数据存储器 ROM 模块的设计,并完成顶层测试电路设计,依次完成仿真、信号在系统测试。具体方法如下:

新建工程文件夹 xinhaofashengqi,新建工程 xinhaofashengqi。如图 7-36 所示,将前面建立的数据文件 san.mif、sanjiaobo.mif、fangbo.mif、juchibo.mif 添加到工程项目中。

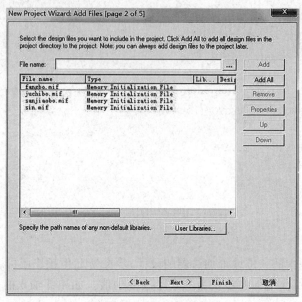

图 7-36 工程文件添加

目标器件如图 7-37 所示,选择 Cyclone Ⅱ 系列器件 EP2C8Q208C8(该器件取决于 FPGA 开发板的核心器件)。

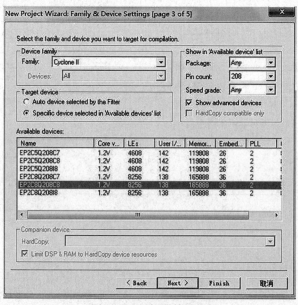

图 7-37 目标器件选择

新建顶层原理图,文件保存为 xinhaofashengqi.bdf。新建一个 VHDL 文件,输入地址加法器例 7-10 的 VHDL 程序,将文件保存为 counter.vhd,创建地址加法器元件 counter。

在顶层文件空白处双击,在弹出的添加元件对话框中单击 MegaWizard Plug-In Manager…按钮,在弹出的对话框中选择新建一个定制 Mega 功能模块。如图 7-38 所示,在左侧栏目中选择存储器模块 Memory Compiler 选项下的 ROM:1-PORT(1 端口的只读存储器 ROM 模块),在右侧选择目标器件 Cyclone Ⅱ,选择 VHDL 单选按钮,在文件名文本框中指定工程目录下的 sindata.vhd(正弦信号数据文件)。

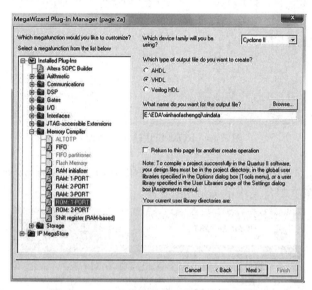

图 7-38 ROM 模块选择及输出文件名设置

如图 7-39 所示,设置输出数据为 8 位,存储单元个数为 256 个(8 位地址总线),单时钟输入。存储器模块类型选择 Auto(自动)。

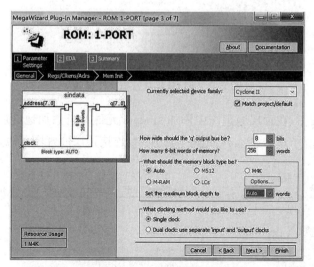

图 7-39 ROM 模块参数设置

如图 7-40 所示,取消输出锁存器设置。即取消选择'q' output port 复选项。单击 Next 按钮。

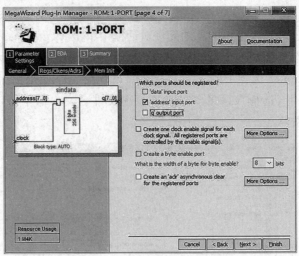

图 7-40　ROM 模块输出参数设置

弹出的对话框如图 7-41 所示,选择 Yes,use this file for the memory content data 单选按钮,单击 Browse 按钮,选择工程目录中的 sin.mif 文件。

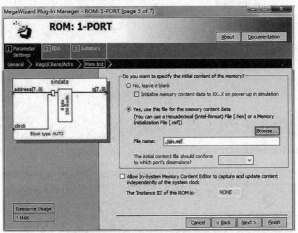

图 7-41　ROM 模块数据文件设置

依次单击 Next 按钮,在顶层原理图中添加 sindata 元件。再添加地址加法器模块 counter,添加输入信号 clk,输出信号 q[7..0],按照图 7-42 所示,连接顶层原理图,完成项目编译。

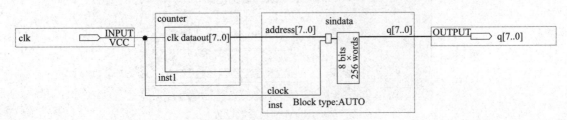

图 7-42　顶层原理图

新建仿真波形文件,添加输入信号 clk,添加输出信号 q(即 q[7..0])。设置仿真文件结束时间 End Time 为 30 μs,设置输入信号 clk 时钟周期为 30 ns。右击输出信号 q,弹出图 7-43 所示快捷菜单,选择 Display Format→Analog Waveform(模拟波形)命令。

如图 7-44 所示,在弹出的对话框中选择 Step 单选按钮,Display height 设置为 1。

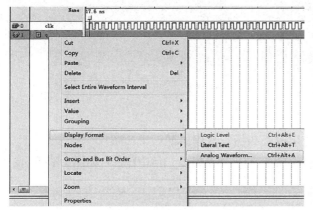

图 7-43 波形设置

图 7-44 波形显示设置

保存波形文件,单击"仿真"按钮对项目进行仿真。输出波形如图 7-45 所示。(如果输出波形与图 7-45 不同,重复图 7-43 所示设置即可)。

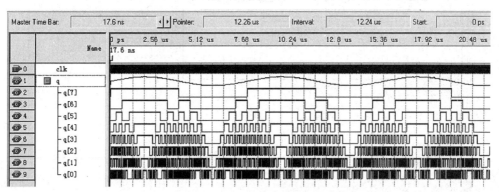

图 7-45 正弦仿真波形

通过这些仿真波形可以确定 sindata 数据文件的 sin.mif 文件的数据是否正确,但这些波形依然是仿真数据,不是硬件测试数据。

在硬件测试之前应该针对 FPGA 开发板进行硬件设置。将未使用引脚 Unused Pin 设置为输入高阻态。如图 7-46 所示,针对 FPGA 开发板进行引脚锁定。将 clk 锁定为 23 脚,将 q[7..0]分别锁定为 164、165、168、169、170、171、173、175 脚。

Quartus Ⅱ 软件中内置了 SignalTap Ⅱ 工具。SignalTap Ⅱ 是 Quartus Ⅱ 软件中内置的嵌入式逻辑分析仪。随着逻辑设计复杂性的不断增加,仅依赖于软件方式的仿真测试来了解系统设计的硬件功能已经远远不够,而需要重复进行的硬件系统的测试也变得更加困难。为了解决这一矛盾,Quartus Ⅱ 工具中设置了嵌入式逻辑分析仪 SignalTap Ⅱ。实际测试中 SignalTap Ⅱ 将测得的样本信号暂存于目标器件的嵌入式 RAM 中,然后通过器件的 JTAG 端口将采得的信息传出,送入计算机进行显示和分析。

		Node Name	Direction	Location	I/O Bank
1		clk	Input	PIN_23	1
2		q[7]	Output	PIN_175	2
3		q[6]	Output	PIN_173	2
4		q[5]	Output	PIN_171	2
5		q[4]	Output	PIN_170	2
6		q[3]	Output	PIN_169	2
7		q[2]	Output	PIN_168	2
8		q[1]	Output	PIN_165	2
9		q[0]	Output	PIN_164	2

图 7-46　引脚锁定图

嵌入式逻辑分析仪 SignalTap Ⅱ 的使用方法和操作流程如下：

选择 Tools→SignalTap Ⅱ Logic Analyzer 命令，打开 SignalTap Ⅱ 编辑窗口，如图 7-47 所示。

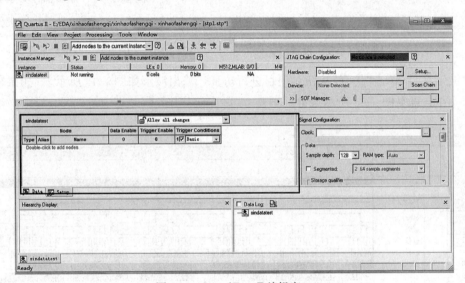

图 7-47　SignalTap Ⅱ 编辑窗口

更改 Instance 名字为 sindatatest。接下来调入待测信号。在 sindatatest 栏中双击添加待测信号。如同添加仿真测试信号，在 Node Finder 对话框的 Filter（过滤器）下拉列表中选择 Pins：all，单击 List 按钮。如图 7-48 所示，添加输出信号 q。注意不要将工程的全局主时钟信号 clk 调入到信号观察窗口。因为在本项测试项目中计划调用本工程的主频时钟信号 clk 兼做逻辑分析仪的采样时钟。此外如果有总线信号，只需调入总线信号名即可；慢速信号可不调入；调入信号的数量应根据实际需要来决定，不可随意调入过多的或没有实际意义的信号，这会导致 SignalTap Ⅱ 无谓地占用芯片内过多的存储资源。

接下来进行 SignalTap Ⅱ 参数设置。在 SignalTap Ⅱ 设置窗口中最大化窗口，单击 sindatatest 栏中的 Setup 标签，在窗口右侧的 Signal Configuration 栏中设置采样时钟。如图 7-49 所示，单击 Clock 输入栏右侧的"浏览"按钮…，弹出 Node Finder 对话框，添加 clk 时钟信号，在下面的 Data 栏的 Sample depth 下拉列表中选择采样深度为 2K 位（即 2 048 字节）。注意这个深度一旦确定，则 q 输出信号的每一位信号都获得同样的采样深度,所以必须根据待测信号采样要求及信号数量,以及本工程可能占用的 ESB/M4K 的规模,综合确定采样深度,以免发生 M4K 不够用的情况。

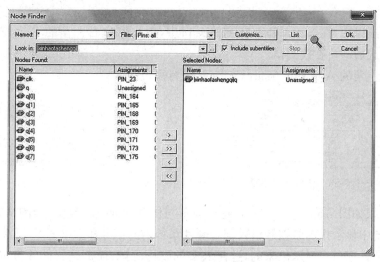

图 7-48　SignalTap Ⅱ 调入测试信号

在 Trigger 栏中设定采样深度中起始触发的位置,如选择前触发 Pre trigger position。最后是触发信号和触发方式选择。可以根据具体需求来选定。

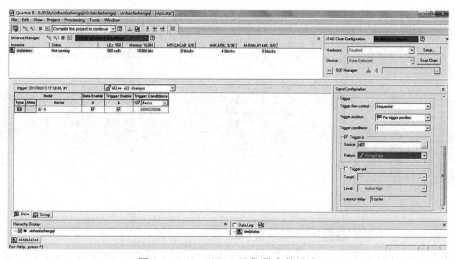

图 7-49　SignalTap Ⅱ 信号参数设定

如图 7-49 所示,在 Trigger 栏的 Trigger conditions 下拉列表中选择 1;选中 Trigger in 复选框,并在 Source 文本框中选择触发信号。此处选择 q[0]作为触发信号;在触发方式 Pattern 下拉列表中选择上升沿触发方式 Rising Edge。

连接 FPGA 开发板的电源和 USB 下载线。如图 7-50 所示,单击窗口右上角的 Setup 按钮,安装 USB-Blaster 下载线,然后单击下面的 Scan Chain,扫描核心 FPGA 芯片(FPGA 开发板已经上电),扫描结束后,出现 EP2C8 芯片信息。保存文件为 sinadatatest.stp。文件保存好要对项目重新编译一次,将 SignalTap Ⅱ 的测试文件的信号编译到工程项目中,然后下载文件测试。在实际产品开发时,在最后产品定型之后,要把 SignalTap Ⅱ 的测试文件从工程中移除然后再编译下载。

项目编程完成以后,在 SignalTap Ⅱ 测试窗口中,单击窗口右上角的 Program Device 按钮。项目文件下载完成后即可在线测试。

单击窗口左上角的 Autorun Analysis 按钮,进行系统在线测试,如图 7-51 所示。

图 7-50　项目文件下载

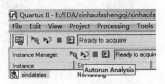

图 7-51　在线测试

实时测试结果如图 7-52 所示。注意:这个波形与仿真验证波形类似,但测试分析与仿真验证不同,所有在系统中显示出的数据和信号都是硬件系统中的信号和数据通过 JTAG 接口读到计算机中,并在工具软件窗口中显示出来的,这是真实的硬件测试,而不是软件的虚拟仿真验证,请学生认真体会。如果输出显示的 q 数据不是一个连续的模拟信号,可以在 q 信号上右击,在弹出的快捷菜单中选择 Bus Display Format(总线显示格式)→Unsigned Line Chart(无符号显示)命令。如果显示的波形还不是连续的模拟信号,可以根据项目数据格式的不同,选择不同的显示格式即可。

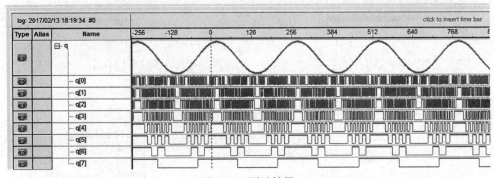

图 7-52　测试结果

学生可以在系统中看到数据不停地从硬件系统中读出并在软件中显示出来。学生可以通过单击左上角的 Stop 按钮,停止测试,对显示的数据和信号进行放大和分析,通过正弦信号曲线观察是否有一些点出现错误的跳变,就意味着对应的数据出现错误,在实际测试时也可以增加地址加法器输出信号显示,就可以对应到相应的存储单元,返回到系统中的 MIF 文件中,修改对应存储单元的数据即可。

这个项目中,频率是不可调的,学生可以将例 7-11 频率累加器的模块添加到项目中。新建一个 VHDL 文件,保存为 cntaddr.vhd,编译文件创建元件频率累加器 cntaddr 模块。在顶层原理图中删除地址加法器,添加频率累加器 cntaddr 模块,顶层原理图如图 7-53 所示。

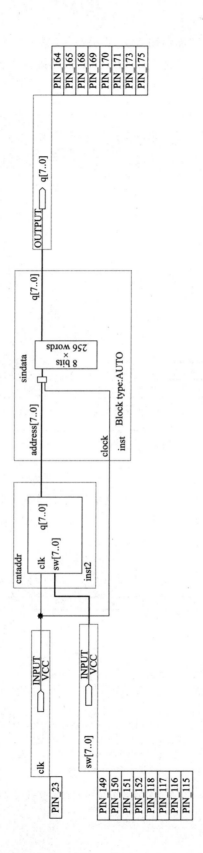

图 7-53 频率可调的正弦信号发生器顶层原理图

引脚锁定如图 7-54 所示。将新增加的输入引脚 SW7~SW0 依次锁定为 115、116、117、118、152、151、150、149 脚(这些引脚的锁定取决于 FPGA 开发板的硬件设计,本设计对应了 FPGA 开发板的 SW1~SW8)。

5		clk	Input	PIN_23
6		q[7]	Output	PIN_175
7		q[6]	Output	PIN_173
8		q[5]	Output	PIN_171
9		q[4]	Output	PIN_170
10		q[3]	Output	PIN_169
11		q[2]	Output	PIN_168
12		q[1]	Output	PIN_165
13		q[0]	Output	PIN_164
14		sw[7]	Input	PIN_115
15		sw[6]	Input	PIN_116
16		sw[5]	Input	PIN_117
17		sw[4]	Input	PIN_118
18		sw[3]	Input	PIN_152
19		sw[2]	Input	PIN_151
20		sw[1]	Input	PIN_150
21		sw[0]	Input	PIN_149
22		<<new node>>		

图 7-54　频率可调的正弦信号发生器引脚锁定

项目修改之后,重新编译即可下载。对于 STP 测试文件因为测试信号不需要改变,因此 STP 文件不用重新添加、删除信号了。在 SignalTap II 测试窗口中重新下载新的项目文件。单击 Autorun Analysis 按钮,进行系统在线测试。拨动拨码开关输入频率调节参数。

当 SW 输入为 00000001 时,测试信号如图 7-55 所示。

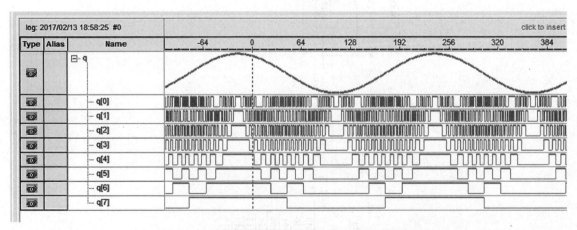

图 7-55　频率可调的正弦信号发生器在线测试信号图

当 SW 输入为 00000100 时,测试信号如图 7-56 所示。

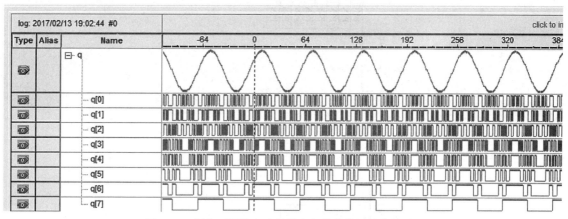

图 7-56　频率可调的正弦信号发生器在线测试信号图 1

当 SW 输入为 00010000 时,测试信号如图 7-57 所示。

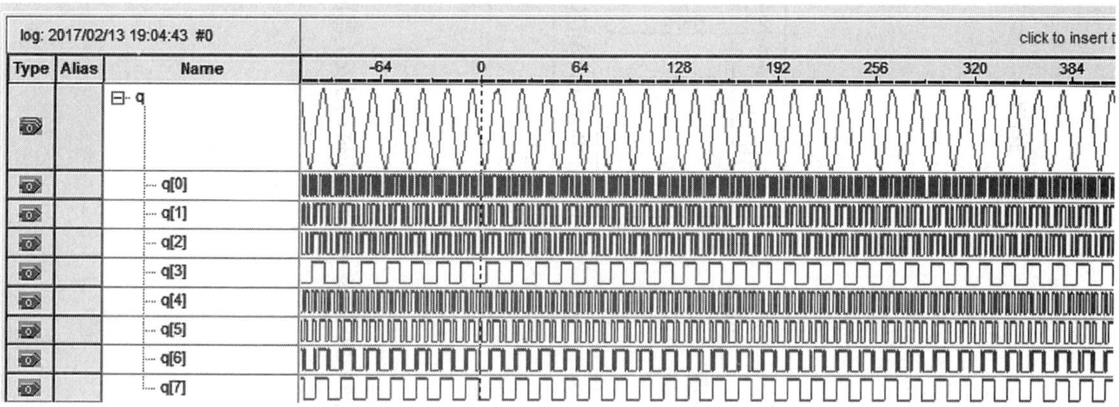

图 7-57　频率可调的正弦信号发生器在线测试信号图 2

拨动拨码开关,改变输入 SW 的值,可以很直观地看到频率在逐渐增加,当 SW 增大到一定值的时候,输出信号会出现失真。

同理可以测试矩形波、三角波、正斜率锯齿波的波形数据以及在系统测试。

2)矩形波数据测试

还是在相同的工程中,相同的顶层文件中利用宏模块创建向导添加 fangbodata.vhd,数据文件指向 fangbo.mif 文件。

用 fangbodata 模块替换原有的正弦数据 ROM 模块 sindata,实现顶层原理图如图 7-58 所示。其他设置不变重新编译项目,在 SignalTap Ⅱ 测试窗口中重新下载新的项目文件。单击 Autorun Analysis 按钮,进行系统在线测试。拨动拨码开关输入频率调节参数。

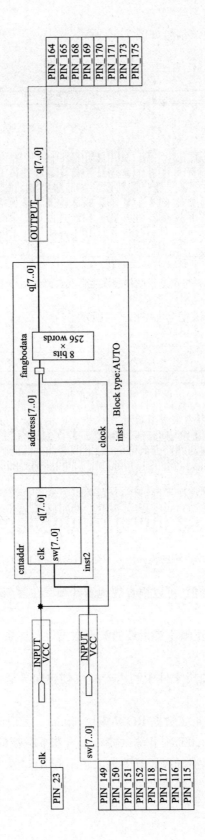

图 7-58 频率可调的矩形波信号发生器顶层原理图

当 SW 输入为 00000001 时，测试信号如图 7-59 所示。

图 7-59 频率可调的矩形波信号发生器在线测试信号图

当 SW 输入为 00000100 时，测试信号如图 7-60 所示。

图 7-60 频率可调的矩形波信号发生器在线测试信号图 1

当 SW 输入为 00010000 时，测试信号如图 7-61 所示。

图 7-61 频率可调的矩形波信号发生器在线测试信号图 2

3) 三角波数据测试

还是在相同的工程中，相同的顶层文件中利用宏模块创建向导添加 sanjiaobodata.vhd，数据文件指向 sanjiaobo.mif 文件。

用 sanjiaobodata 模块替换原有的矩形波数据 ROM 模块 fangbodata，实现顶层原理图如图 7-62 所示。其他设置不变重新编译项目，在 SignalTap Ⅱ测试窗口中重新下载新的项目文件。单击 Autorun Analysis 按钮，进行系统在线测试。拨动拨码开关输入频率调节参数。

252 EDA 技术应用

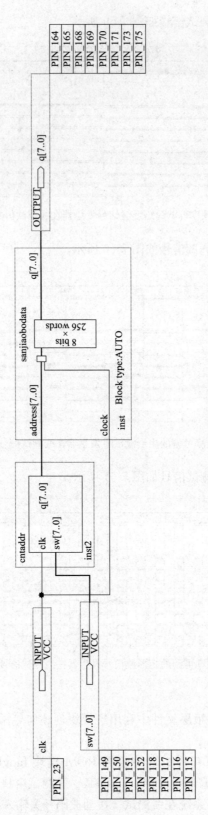

图 7-62 频率可调的三角波信号发生器顶层原理图

当 SW 输入为 00000001 时,测试信号如图 7-63 所示。

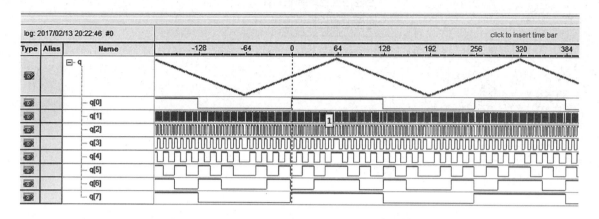

图 7-63　频率可调的三角波信号发生器在线测试信号图

当 SW 输入为 00010000 时,测试信号如图 7-64 所示。

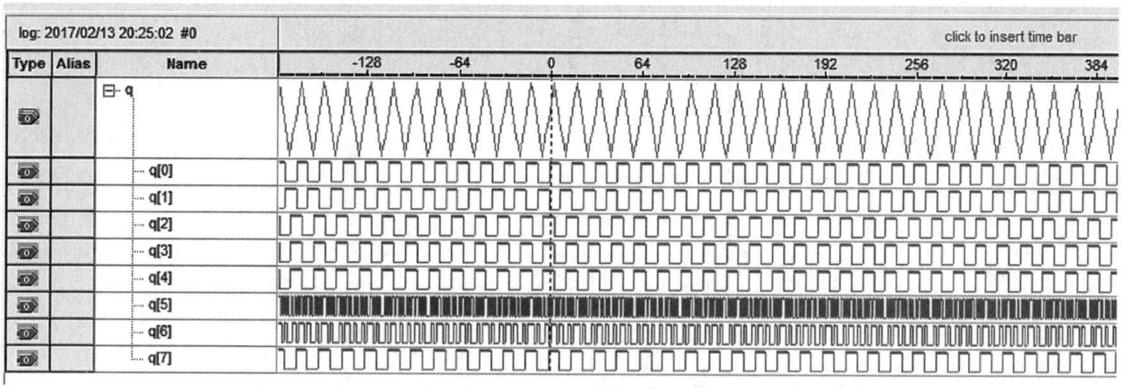

图 7-64　频率可调的三角波信号发生器在线测试信号图 1

4)正斜率锯齿波数据测试

还是在相同的工程中,相同的顶层文件中利用宏模块创建向导添加 juchibodata.vhd,数据文件指向 juchibo.mif 文件。

用 juchibodata 模块替换原有的三角波数据 ROM 模块 sanjiaobodata,实现顶层原理图如图 7-65 所示。其他设置不变重新编译项目,在 SignalTap Ⅱ 测试窗口中重新下载新的项目文件。单击 Autorun Analysis 按钮,进行系统在线测试。拨动拨码开关输入频率调节参数。

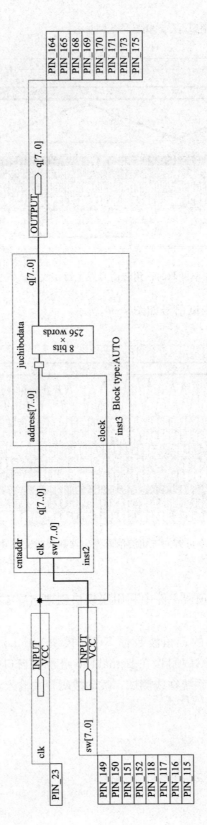

图 7-65 频率可调的正斜率锯齿波信号发生器顶层原理图

当 SW 输入为 00000001 时,测试信号如图 7-66 所示。

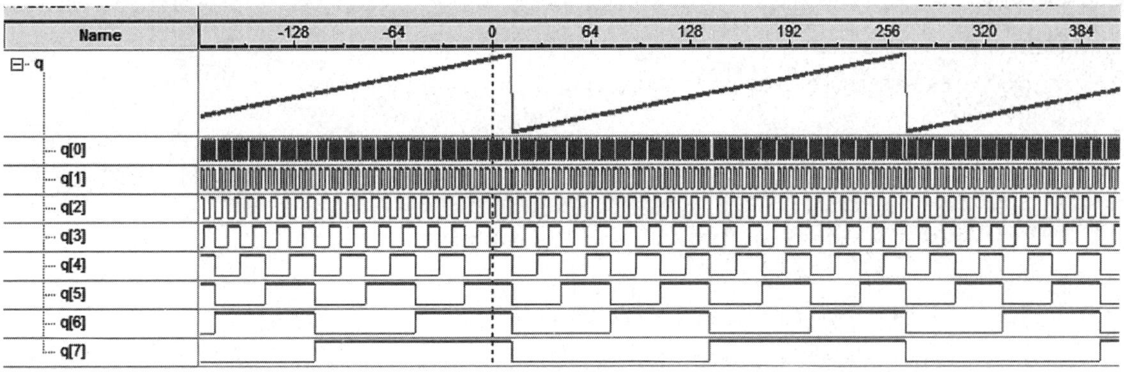

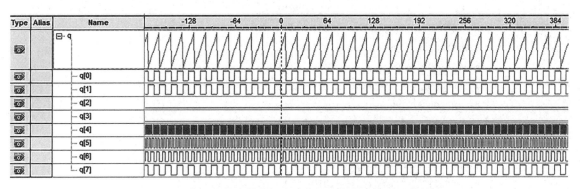

图 7-66 频率可调的正斜率锯齿波信号发生器在线测试信号图

当 SW 输入为 00010000 时,测试信号如图 7-67 所示。

图 7-67 频率可调的正斜率锯齿波信号发生器在线测试信号图 1

二、基于 VHDL 语言的 ROM 模块的设计与测试

在基于 CPLD 的设计中由于 CPLD 中没有片内的 RAM 和 ROM 模块,因此无法使用 LPM 宏功能模块的设计方法来实现,因此需要利用 ROM 模块设计的方法,利用 VHDL 语言自行设计相应的 ROM 模块。

1. 正弦波 ROM 模块的 VHDL 设计

依据前面生成的 sin.mif 文件中的数据自行设计正弦波 ROM 模块,具体 VHDL 程序如例 7-12 所示。

【例 7-12】正弦波 ROM 模块 VHDL 程序。

```
LIBRARY IEEE;
USE IEEE.STD_LOGIC_1164.ALL;
ENTITY rom32 IS
  PORT(clk,rd:IN STD_LOGIC;
       addr:IN STD_LOGIC_VECTOR(8 DOWNTO 1);
```

```vhdl
                dout:OUT STD_LOGIC_VECTOR(7 DOWNTO 0));
END rom32;
ARCHITECTURE a OF rom32 IS
  SIGNAL data:STD_LOGIC_VECTOR(7 DOWNTO 0);
BEGIN
    p1:PROCESS(clk)
      BEGIN
      IF clk'EVENT AND clk='1' THEN
        CASE addr IS
            WHEN "00000000"=>data<= "10000000";
            WHEN "00000001"=>data<= "10000011";
            WHEN "00000010"=>data<= "10000110";
            WHEN "00000011"=>data<= "10001001";
            WHEN "00000100"=>data<= "10001100";
            WHEN "00000101"=>data<= "10001111";
            WHEN "00000110"=>data<= "10010010";
            WHEN "00000111"=>data<= "10010101";
            WHEN "00001000"=>data<= "10011000";
            WHEN "00001001"=>data<= "10011011";
            WHEN "00001010"=>data<= "10011110";
            WHEN "00001011"=>data<= "10100010";
            WHEN "00001100"=>data<= "10100101";
            WHEN "00001101"=>data<= "10100111";
            WHEN "00001110"=>data<= "10101010";
            WHEN "00001111"=>data<= "10101101";
            WHEN "00010000"=>data<= "10110000";
            WHEN "00010001"=>data<= "10110011";
            WHEN "00010010"=>data<= "10110110";
            WHEN "00010011"=>data<= "10111001";
            WHEN "00010100"=>data<= "10111100";
            WHEN "00010101"=>data<= "10111110";
            WHEN "00010110"=>data<= "11000001";
            WHEN "00010111"=>data<= "11000100";
            WHEN "00011000"=>data<= "11000110";
            WHEN "00011001"=>data<= "11001001";
            WHEN "00011010"=>data<= "11001011";
            WHEN "00011011"=>data<= "11001110";
            WHEN "00011100"=>data<= "11010000";
            WHEN "00011101"=>data<= "11010011";
            WHEN "00011110"=>data<= "11010101";
            WHEN "00011111"=>data<= "11010111";
```

```
WHEN "00100000"=>data<= "11011010";
WHEN "00100001"=>data<= "11011100";
WHEN "00100010"=>data<= "11011110";
WHEN "00100011"=>data<= "11100000";
WHEN "00100100"=>data<= "11100010";
WHEN "00100101"=>data<= "11100100";
WHEN "00100110"=>data<= "11100110";
WHEN "00100111"=>data<= "11101000";
WHEN "00101000"=>data<= "11101010";
WHEN "00101001"=>data<= "11101011";
WHEN "00101010"=>data<= "11101101";
WHEN "00101011"=>data<= "11101110";
WHEN "00101100"=>data<= "11110000";
WHEN "00101101"=>data<= "11110001";
WHEN "00101110"=>data<= "11110011";
WHEN "00101111"=>data<= "11110100";
WHEN "00110000"=>data<= "11110101";
WHEN "00110001"=>data<= "11110110";
WHEN "00110010"=>data<= "11111000";
WHEN "00110011"=>data<= "11111001";
WHEN "00110100"=>data<= "11111010";
WHEN "00110101"=>data<= "11111010";
WHEN "00110110"=>data<= "11111011";
WHEN "00110111"=>data<= "11111100";
WHEN "00111000"=>data<= "11111101";
WHEN "00111001"=>data<= "11111101";
WHEN "00111010"=>data<= "11111110";
WHEN "00111011"=>data<= "11111110";
WHEN "00111100"=>data<= "11111110";
WHEN "00111101"=>data<= "11111111";
WHEN "00111110"=>data<= "11111111";
WHEN "00111111"=>data<= "11111111";
WHEN "01000000"=>data<= "11111111";
WHEN "01000001"=>data<= "11111111";
WHEN "01000010"=>data<= "11111111";
WHEN "01000011"=>data<= "11111111";
WHEN "01000100"=>data<= "11111110";
WHEN "01000101"=>data<= "11111110";
WHEN "01000110"=>data<= "11111110";
WHEN "01000111"=>data<= "11111101";
WHEN "01001000"=>data<= "11111101";
```

```
            WHEN "01001001"=>data<= "11111100";
            WHEN "01001010"=>data<= "11111011";
            WHEN "01001011"=>data<= "11111010";
            WHEN "01001100"=>data<= "11111010";
            WHEN "01001101"=>data<= "11111001";
            WHEN "01001110"=>data<= "11111000";
            WHEN "01001111"=>data<= "11110110";
            WHEN "01010000"=>data<= "11110101";
            WHEN "01010001"=>data<= "11110100";
            WHEN "01010010"=>data<= "11110011";
            WHEN "01010011"=>data<= "11110001";
            WHEN "01010100"=>data<= "11110000";
            WHEN "01010101"=>data<= "11101110";
            WHEN "01010110"=>data<= "11101101";
            WHEN "01010111"=>data<= "11101011";
            WHEN "01011000"=>data<= "11101010";
            WHEN "01011001"=>data<= "11101000";
            WHEN "01011010"=>data<= "11100110";
            WHEN "01011011"=>data<= "11100100";
            WHEN "01011100"=>data<= "11100010";
            WHEN "01011101"=>data<= "11100000";
            WHEN "01011110"=>data<= "11011110";
            WHEN "01011111"=>data<= "11011100";
            WHEN "01100000"=>data<= "11011010";
            WHEN "01100001"=>data<= "11010111";
            WHEN "01100010"=>data<= "11010101";
            WHEN "01100011"=>data<= "11010011";
            WHEN "01100100"=>data<= "11010000";
            WHEN "01100101"=>data<= "11001110";
            WHEN "01100110"=>data<= "11001011";
            WHEN "01100111"=>data<= "11001001";
            WHEN "01101000"=>data<= "11000110";
            WHEN "01101001"=>data<= "11000100";
            WHEN "01101010"=>data<= "11000001";
            WHEN "01101011"=>data<= "10111110";
            WHEN "01101100"=>data<= "10111100";
            WHEN "01101101"=>data<= "10111001";
            WHEN "01101110"=>data<= "10110110";
            WHEN "01101111"=>data<= "10110011";
            WHEN "01110000"=>data<= "10110000";
            WHEN "01110001"=>data<= "10101100";
```

```vhdl
WHEN "01110010"=>data<= "10101010";
WHEN "01110011"=>data<= "10100111";
WHEN "01110100"=>data<= "10100101";
WHEN "01110101"=>data<= "10100010";
WHEN "01110110"=>data<= "10011110";
WHEN "01110111"=>data<= "10011011";
WHEN "01111000"=>data<= "10011000";
WHEN "01111001"=>data<= "10010101";
WHEN "01111010"=>data<= "10010010";
WHEN "01111011"=>data<= "10001111";
WHEN "01111100"=>data<= "10001100";
WHEN "01111101"=>data<= "10001001";
WHEN "01111110"=>data<= "10000110";
WHEN "01111111"=>data<= "10000011";
WHEN "10000000"=>data<= "01111111";
WHEN "10000001"=>data<= "01111100";
WHEN "10000010"=>data<= "01111001";
WHEN "10000011"=>data<= "01110110";
WHEN "10000100"=>data<= "01110011";
WHEN "10000101"=>data<= "01110000";
WHEN "10000110"=>data<= "01101101";
WHEN "10000111"=>data<= "01101010";
WHEN "10001000"=>data<= "01100111";
WHEN "10001001"=>data<= "01100100";
WHEN "10001010"=>data<= "01100001";
WHEN "10001011"=>data<= "01011101";
WHEN "10001100"=>data<= "01011010";
WHEN "10001101"=>data<= "01011000";
WHEN "10001110"=>data<= "01010101";
WHEN "10001111"=>data<= "01010010";
WHEN "10010000"=>data<= "01001111";
WHEN "10010001"=>data<= "01001100";
WHEN "10010010"=>data<= "01001001";
WHEN "10010011"=>data<= "01000110";
WHEN "10010100"=>data<= "01000011";
WHEN "10010101"=>data<= "01000001";
WHEN "10010110"=>data<= "00111110";
WHEN "10010111"=>data<= "00111011";
WHEN "10011000"=>data<= "00111001";
WHEN "10011001"=>data<= "00110110";
WHEN "10011010"=>data<= "00110100";
```

```
WHEN "10011011"=>data<= "00110001";
WHEN "10011100"=>data<= "00101111";
WHEN "10011101"=>data<= "00101100";
WHEN "10011110"=>data<= "00101010";
WHEN "10011111"=>data<= "00101000";
WHEN "10100000"=>data<= "00100101";
WHEN "10100001"=>data<= "00100011";
WHEN "10100010"=>data<= "00100001";
WHEN "10100011"=>data<= "00011111";
WHEN "10100100"=>data<= "00011101";
WHEN "10100101"=>data<= "00011011";
WHEN "10100110"=>data<= "00011001";
WHEN "10100111"=>data<= "00010111";
WHEN "10101000"=>data<= "00010101";
WHEN "10101001"=>data<= "00010100";
WHEN "10101010"=>data<= "00010010";
WHEN "10101011"=>data<= "00010001";
WHEN "10101100"=>data<= "00001111";
WHEN "10101101"=>data<= "00001110";
WHEN "10101110"=>data<= "00001100";
WHEN "10101111"=>data<= "00001011";
WHEN "10110000"=>data<= "00001010";
WHEN "10110001"=>data<= "00001001";
WHEN "10110010"=>data<= "00000111";
WHEN "10110011"=>data<= "00000110";
WHEN "10110100"=>data<= "00000101";
WHEN "10110101"=>data<= "00000101";
WHEN "10110110"=>data<= "00000100";
WHEN "10110111"=>data<= "00000011";
WHEN "10111000"=>data<= "00000010";
WHEN "10111001"=>data<= "00000010";
WHEN "10111010"=>data<= "00000001";
WHEN "10111011"=>data<= "00000001";
WHEN "10111100"=>data<= "00000001";
WHEN "10111101"=>data<= "00000000";
WHEN "10111110"=>data<= "00000000";
WHEN "10111111"=>data<= "00000000";
WHEN "11000000"=>data<= "00000000";
WHEN "11000001"=>data<= "00000000";
WHEN "11000010"=>data<= "00000000";
WHEN "11000011"=>data<= "00000000";
```

```
WHEN "11000100"=>data<= "00000001";
WHEN "11000101"=>data<= "00000001";
WHEN "11000110"=>data<= "00000001";
WHEN "11000111"=>data<= "00000010";
WHEN "11001000"=>data<= "00000010";
WHEN "11001001"=>data<= "00000011";
WHEN "11001010"=>data<= "00000100";
WHEN "11001011"=>data<= "00000101";
WHEN "11001100"=>data<= "00000101";
WHEN "11001101"=>data<= "00000110";
WHEN "11001110"=>data<= "00000111";
WHEN "11001111"=>data<= "00001001";
WHEN "11010000"=>data<= "00001010";
WHEN "11010001"=>data<= "00001011";
WHEN "11010010"=>data<= "00001100";
WHEN "11010011"=>data<= "00001110";
WHEN "11010100"=>data<= "00001111";
WHEN "11010101"=>data<= "00010001";
WHEN "11010110"=>data<= "00010010";
WHEN "11010111"=>data<= "00010100";
WHEN "11011000"=>data<= "00010101";
WHEN "11011001"=>data<= "00010111";
WHEN "11011010"=>data<= "00011001";
WHEN "11011011"=>data<= "00011011";
WHEN "11011100"=>data<= "00011101";
WHEN "11011101"=>data<= "00011111";
WHEN "11011110"=>data<= "00100001";
WHEN "11011111"=>data<= "00100011";
WHEN "11100000"=>data<= "00100101";
WHEN "11100001"=>data<= "00101000";
WHEN "11100010"=>data<= "00101010";
WHEN "11100011"=>data<= "00101100";
WHEN "11100100"=>data<= "00101111";
WHEN "11100101"=>data<= "00110001";
WHEN "11100110"=>data<= "00110100";
WHEN "11100111"=>data<= "00110110";
WHEN "11101000"=>data<= "00111001";
WHEN "11101001"=>data<= "00111011";
WHEN "11101010"=>data<= "00111110";
WHEN "11101011"=>data<= "01000001";
WHEN "11101100"=>data<= "01000011";
```

```
            WHEN "11101101"=>data<= "01000110";
            WHEN "11101110"=>data<= "01001001";
            WHEN "11101111"=>data<= "01001100";
            WHEN "11110000"=>data<= "01001111";
            WHEN "11110001"=>data<= "01010010";
            WHEN "11110010"=>data<= "01010101";
            WHEN "11110011"=>data<= "01011000";
            WHEN "11110100"=>data<= "01011010";
            WHEN "11110101"=>data<= "01011101";
            WHEN "11110110"=>data<= "01100001";
            WHEN "11110111"=>data<= "01100100";
            WHEN "11111000"=>data<= "01100111";
            WHEN "11111001"=>data<= "01101010";
            WHEN "11111010"=>data<= "01101101";
            WHEN "11111011"=>data<= "01110000";
            WHEN "11111100"=>data<= "01110011";
            WHEN "11111101"=>data<= "01110110";
            WHEN "11111110"=>data<= "01111001";
            WHEN "11111111"=>data<= "01111100";
            WHEN OTHERS=>NULL;
        END CASE;
    END IF;
  END PROCESS p1;
p2:PROCESS(data,rd)
BEGIN
    IF rd= '1' THEN
        dout<= data;
    ELSE
        dout<= "ZZZZZZZZ";
    END IF;
END PROCESS p2;
END a;
```

在工程项目中新建 VHDL 文件,输入例 7-12 所示的 VHDL 代码,保存为 rom32.vhd 文件,创建正弦波 ROM 模块 rom32。

在顶层文件中替换波形数据模块为 rom32。具体原理图如图 7-68 所示。

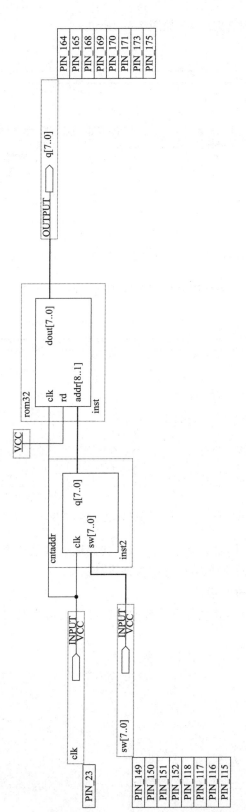

图 7-68 频率可调的正弦波信号发生器原理图

当 SW 输入为 00000001 时,测试信号如图 7-69 所示。

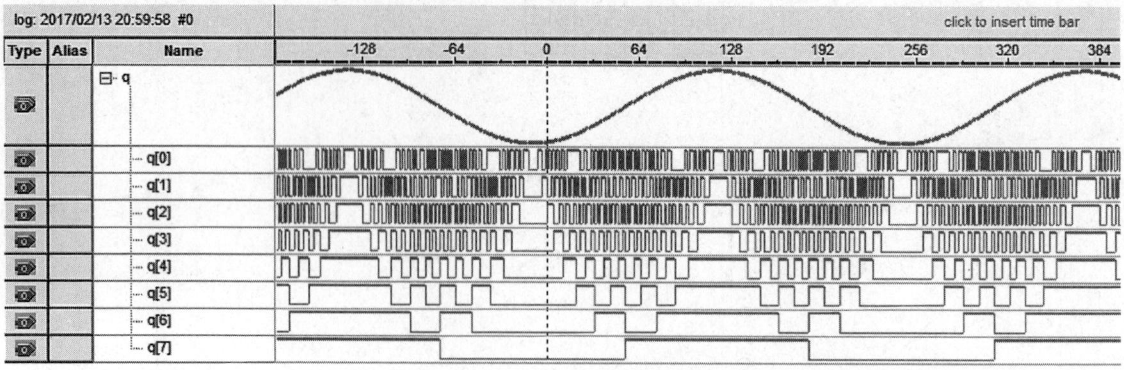

图 7-69　频率可调的正弦波信号发生器(自定义 ROM 模块)在线测试信号图

当 SW 输入为 00010000 时,测试信号如图 7-70 所示。

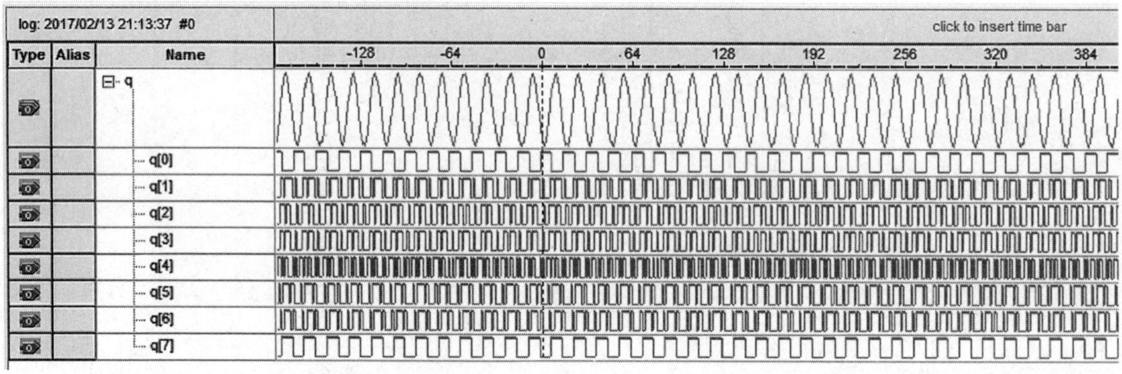

图 7-70　频率可调的正弦波信号发生器(自定义 ROM 模块)在线测试信号图 1

因为是自定义的 ROM 模块,数据都是一行一行代码输入到系统中的,因此在线测试时一定要通过放大信号,认真检查数据的准确性,才能保证设计正确。

2. 三角波 ROM 模块的 VHDL 设计

依据前面生成的 sanjiaobo.mif 文件中的数据自行设计三角波 ROM 模块,具体 VHDL 程序如例 7-13 所示。

【例 7-13】 三角波 ROM 模块 VHDL 程序。

```
LIBRARY IEEE;
USE IEEE.STD_LOGIC_1164.ALL;
ENTITY sanjiaobo IS
  PORT(clk,rd:IN STD_LOGIC;
       addr:IN STD_LOGIC_VECTOR(8 DOWNTO 1);
       dout:OUT STD_LOGIC_VECTOR(7 DOWNTO 0));
```

```
END sanjiaobo;
ARCHITECTURE a OF sanjiaobo IS
    SIGNAL data:STD_LOGIC_VECTOR(7 DOWNTO 0);
BEGIN
    p1:PROCESS(clk)
      BEGIN
        if clk'EVENT AND clk= '1' THEN
          CASE addr IS
              WHEN "00000000"=>data<= "00000000";
              WHEN "00000001"=>data<= "00000010";
              WHEN "00000010"=>data<= "00000100";
              ……(数据略去,代码学生可以根据 MIF 文件填充)
              WHEN "11111110"=>data<= "00000100";
              WHEN "11111111"=>data<= "00000010";
              WHEN OTHERS=>NULL;
          END CASE;
        END IF;
    END PROCESS p1;
p2:PROCESS(data,rd)
BEGIN
    IF rd= '1' THEN
        dout<= data;
    ELSE
        dout<= "ZZZZZZZZ";
    END IF;
END PROCESS p2;
END a;
```

在工程项目中新建 VHDL 文件,输入例 7-13 所示的 VHDL 代码,保存为 sanjiaobo.vhd 文件,创建三角波 ROM 模块 sanjiaobo。

在顶层文件中替换波形数据模块为 sanjiaobo。具体原理图如图 7-71 所示。

当 SW 输入为 00000001 时,测试信号如图 7-72 所示。

当 SW 输入为 00010000 时,测试信号如图 7-73 所示。

因为是自定义的 ROM 模块,数据都是一行一行代码输入到系统中的,因此在线测试时一定要通过放大信号,认真检查数据的准确性,才能保证设计正确。

3. 矩形波 ROM 模块的 VHDL 设计

依据前面生成的 fangbo.mif 文件中的数据自行设计矩形波 ROM 模块,具体 VHDL 程序如例 7-14 所示。

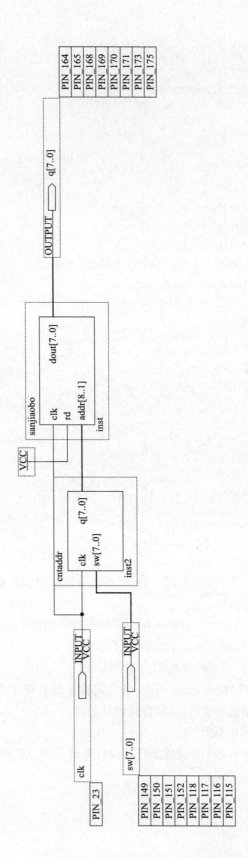

图 7-71 频率可调的三角波信号发生器原理图

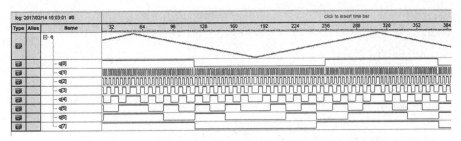

图 7-72 频率可调的三角波信号发生器(自定义 ROM 模块)在线测试信号图

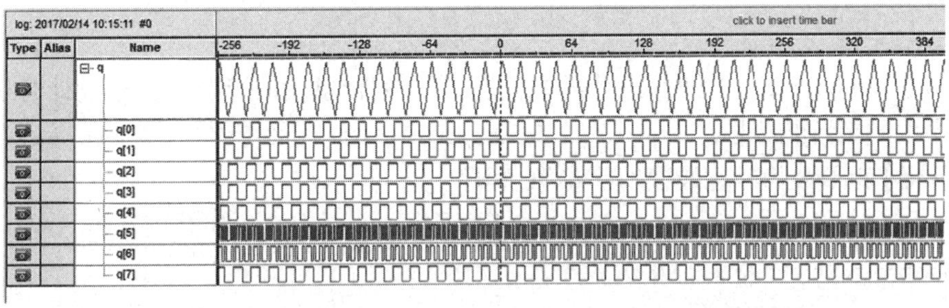

图 7-73 频率可调的三角波信号发生器(自定义 ROM 模块)在线测试信号图 1

【例 7-14】矩形波 ROM 模块 VHDL 程序。

```
LIBRARY IEEE;
USE IEEE.STD_LOGIC_1164.ALL;
ENTITY fangbo IS
  PORT(clk,rd:IN STD_LOGIC;
       addr:IN STD_LOGIC_VECTOR(8 DOWNTO 1);
       dout:OUT STD_LOGIC_VECTOR(7 DOWNTO 0));
END fangbo;
ARCHITECTURE a OF fangbo IS
  SIGNAL data:STD_LOGIC_VECTOR(7 DOWNTO 0);
BEGIN
    p1:PROCESS(clk)
      BEGIN
      if clk'EVENT AND clk= '1' THEN
        CASE addr IS
            WHEN "00000000"=>data<= "00000000";
            WHEN "00000001"=>data<= "00000000";
            ……(数据略去,代码学生可以根据 MIF 文件填充)
            WHEN "01111111"=>data<= "00000000";
            WHEN "10000000"=>data<= "11111111";
            ……(数据略去,代码学生可以根据 MIF 文件填充)
            WHEN "11111111"=>data<= "11111111";
            WHEN OTHERS=>NULL;
        END CASE;
```

```
            END IF;
        END PROCESS p1;
p2:PROCESS(data,rd)
BEGIN
        IF rd='1' THEN
            dout<= data;
        ELSE
            dout<= "ZZZZZZZZ";
        END IF;
END PROCESS p2;
END a;
```

单独测试 fangbo.vhd 文件时,设计需要耗费 13 个逻辑单元的资源。实际设计时还可以通过例 7-15 程序生成矩形波信号。

【例 7-15】矩形波信号生成模块 VHDL 程序。

```
LIBRARY IEEE;
USE IEEE.STD_LOGIC_1164.ALL;
USE IEEE.STD_LOGIC_UNSIGNED.ALL;
ENTITY fangbo IS
PORT (datain: IN STD_LOGIC_VECTOR(8 DOWNTO 1);
      q: OUT STD_LOGIC_VECTOR(7 DOWNTO 0));
END fangbo;
ARCHITECTURE arch OF fangbo IS
    BEGIN
        PROCESS(datain)
        BEGIN
            IF datain< "10000000" THEN
                q<= "00000000";
            ELSE
                q<= "11111111";
            END IF;
    END PROCESS;
END arch;
```

单独测试 fangbo.vhd 文件时,例 7-15 程序设计需要耗费 8 个逻辑单元的资源。因此推荐例 7-15 程序实现矩形波信号。

在工程项目中新建 VHDL 文件,输入例 7-15 所示的 VHDL 代码,保存为 fangbo.vhd 文件,创建矩形波 ROM 模块 fangbo。

在顶层文件中替换波形数据模块为 fangbo。具体原理图如图 7-74 所示。

当 SW 输入为 00000001 时,测试信号如图 7-75 所示。

当 SW 输入为 00010000 时,测试信号如图 7-76 所示。

4. 正斜率锯齿波模块的 VHDL 设计

锯齿波可以分为正斜率的锯齿波和反斜率的正斜率锯齿波两种。本项目要求实现正斜率锯齿波。

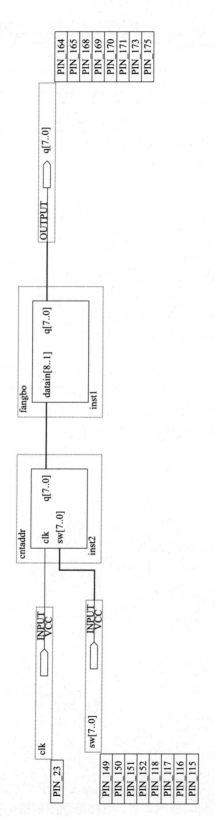

图 7-74 频率可调的矩形波信号发生器原理图

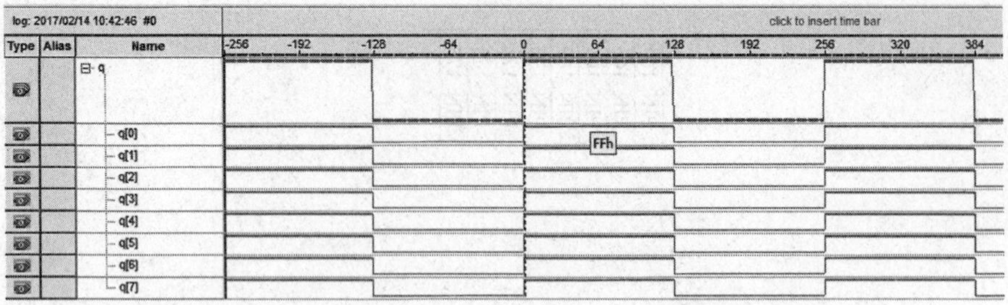

图 7-75 频率可调的矩形波信号发生器在线测试信号图

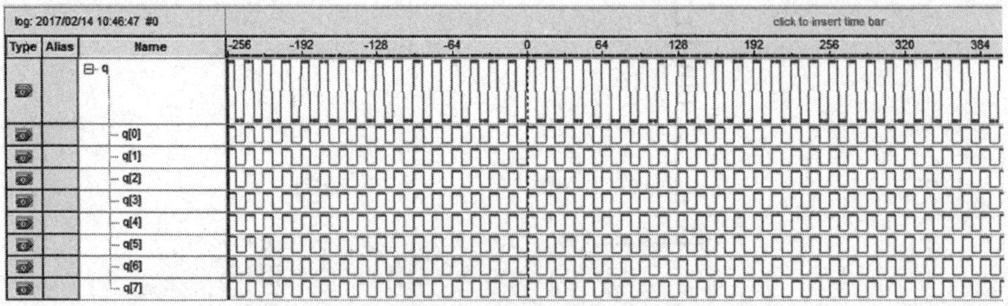

图 7-76 频率可调的矩形波信号发生器在线测试信号图 1

从以前的设计和测试中可以知道在实现加法计数器设计时实现的是一个正斜率的信号。因为信号的数据深度为 256,幅度的分辨率为 8 位,因此设计的地址加法器就可以实现该功能,不需要单独额外设计一个正斜率锯齿波发生器模块。具体程序如例 7-16 所示。

【例 7-16】正斜率锯齿波信号生成模块 VHDL 程序。

```
LIBRARY IEEE;
USE IEEE.STD_LOGIC_1164.ALL;
USE IEEE.STD_LOGIC_UNSIGNED.ALL;
ENTITY cntaddr IS
  PORT(clk:IN STD_LOGIC;
    sw:IN STD_LOGIC_VECTOR(7 DOWNTO 0);
    q:OUT STD_LOGIC_VECTOR(7 DOWNTO 0));
END cntaddr;
ARCHITECTURE behv1 OF cntaddr IS
SIGNAL qq:STD_LOGIC_VECTOR(8 DOWNTO 0);
BEGIN
  PROCESS(clk)
    BEGIN
    IF clk'EVENT AND clk='0' THEN
      qq<= qq+ sw;
    END IF;
    q<= qq(7 downto 0);
  END PROCESS;
END behv1;
```

实际测试时,将数据存储器 ROM 删除即可。具体原理图如图 7-77 所示。

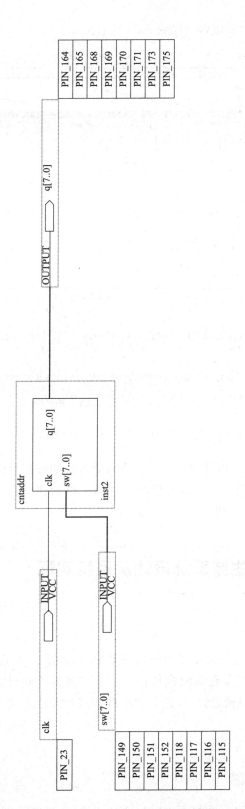

图 7-77 频率可调的正斜率锯齿波信号发生器原理图

当 SW 输入为 00000001 时，测试信号如图 7-78 所示。

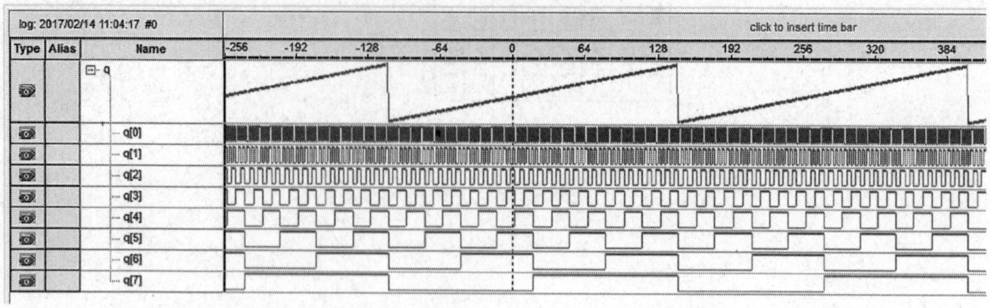

图 7-78　频率可调的正斜率锯齿波信号发生器在线测试信号图

当 SW 输入为 00010001 时，测试信号如图 7-79 所示。

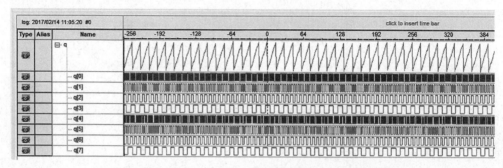

图 7-79　频率可调的正斜率锯齿波信号发生器在线测试信号图 1

至此信号发生器的正弦波、三角波、矩形波、正斜率锯齿波的数据及信号、频率调节功能的设计和调试都已实现。接下来只需在 CPLD 开发板上将以上设计移植到基于 EPM7128SLC84-15 的 CPLD 器件上，实现系统设计和调试即可。

任务 3　信号发生器系统设计及系统实现

任务解析

前面两个任务已经分析了信号发生器的硬件规划和功能划分，确定了系统设计方案；完成了正弦波、三角波、矩形波、正斜率锯齿波模块设计。本任务补充设计分频器、频率累加器、波形切换多路开关模块，完成系统顶层设计，进行软硬件调试和系统测试，验证设计功能。

知识链接

一、频率累加器改进思路

根据前面设计、调试过程可知，系统时钟经过 256 个时钟周期之后，地址加法器（频率累加器）

完成一个周期的循环,因此要想获得 1 kHz 精度的频率信号,需要 256 kHz 的系统时钟源。又为保证频率调节范围为 1 kHz～60 kHz,频率控制字需要 6 位二进制数(即 $2^6=64$),最大范围为 1 kHz～64 kHz 范围调节。根据前面信号的"在系统"测试和调试可知,频率控制字越大,信号失真越明显。如果不对地址加法器(频率累加器)进行改进设计,当频率控制字为 111111 时,一个信号周期可读出的波形存储器的点是 4 个,远远无法保证输出信号的平滑描绘。假设描述一个周期的信号的点 16 个以上可以让输出信号比较平滑,失真度满足需求,因此需要改进频率累加器。

改进频率累加器的方法是,提高频率累加器的位数为 10 位累加器,累加器中有 6 位频率控制字输入,频率累加器取 10 位累加器的高 8 位作为地址数据送波形存储器,通过这种方法既提高了频率调节精度,又保证了频率调节范围。

二、信号发生器 DA 转换模块准备

CPLD 开发板选用 DAC0832 作为 8 位 DA 模块的数模转换芯片。如项目 1 中图 1-29 所示,DA 模块后的反馈电路设计采用单电源设计。通过 DAC0832 数据手册可知,$V_{out} = +2.5V_{DC}(1+\frac{R_2}{R_1})(\frac{D}{256})$。

在实际设计时选择运算放大器 LM324 作为核心转换芯片,具体电路如图 7-80 所示。

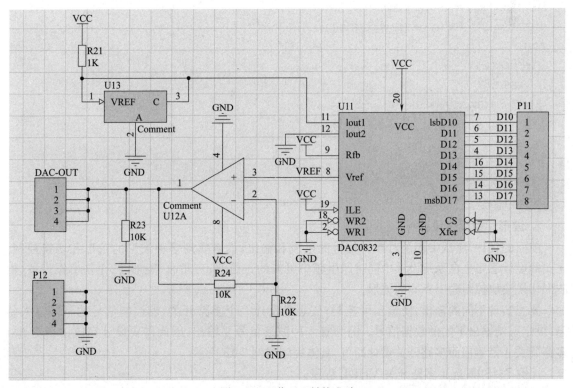

图 7-80　8 位 DA 转换电路

一、发生器的其他模块补充设计

根据图 7-1 可知,信号发生器的核心模块中地址加法器、频率累加器、波形存储器是必须完成的,在前面的设计准备中已经实现并通过测试。模数转换模块在实施 CPLD 开发板硬件设计时已经完成,本项目中可直接使用。因此需要对整个项目进行系统设计。

1. 频率累加器的 VHDL 改进设计

具体程序如例 7-17 所示。

【例 7-17】频率累加器 VHDL 程序改进设计。

```vhdl
LIBRARY IEEE;
USE IEEE.STD_LOGIC_1164.ALL;
USE IEEE.STD_LOGIC_UNSIGNED.ALL;
ENTITY cntaddr IS
  PORT(clk:IN STD_LOGIC;
    sw:IN STD_LOGIC_VECTOR(6 DOWNTO 1);
    q:OUT STD_LOGIC_VECTOR(7 DOWNTO 0));
END cntaddr;
ARCHITECTURE behv1 OF cntaddr IS
SIGNAL qq:STD_LOGIC_VECTOR(9 DOWNTO 0);
BEGIN
  PROCESS(clk)
    BEGIN
    if clk'EVENT AND clk= '0' then
      qq<= qq+ sw;
    END IF;
    q<= qq(9 downto 2);
  END PROCESS;
END behv1;
```

2. 波形切换程序设计

前面的设计、测试中都是对单一信号的生成和输出,没有实现多种波形的输出和切换控制。主要的设计思路是在系统设计中同时产生频率可调的正弦波、三角波、矩形波、正斜率锯齿波,由波形切换模块控制输出不同的波形。

要想实现不同的输出,使输出可控,核心是设计一个多路开关,能控制信号的不同输入状态,决定系统输出不同的数据信号。因为有 4 种波形信号要输出,因此需要设计完成一个 4 选 1 多路开关。借鉴前面多路开关设计即可,具体程序如例 7-18 所示。

【例 7-18】4 选 1 多路开关 VHDL 程序。

```vhdl
LIBRARY IEEE;
USE IEEE.STD_LOGIC_1164.ALL;
```

```vhdl
USE IEEE.STD_LOGIC_UNSIGNED.ALL;
ENTITY max41 IS
PORT(a,b,c,d:IN STD_LOGIC_vector(7 downto 0);
     s:in std_logic_vector(1 downto 0);
     q:OUT STD_LOGIC_vector(7 downto 0));
END max41;
ARCHITECTURE bhv OF max41 IS
BEGIN
  PROCESS(s)
BEGIN
    CASE s IS
        WHEN"00"=>q<= a;
        WHEN"01"=>q<= b;
        WHEN"10"=>q<= c;
        WHEN"11"=>q<= d;
        WHEN OTHERS=>NULL;
    END CASE;
  END PROCESS;
END bhv;
```

二、信号发生器系统顶层设计

信号发生器系统的顶层原理图如图 7-81 所示。

整个系统包括一个 10 分频模块,将系统的 10 MHz 有源晶振 10 分频之后获得 1024 kHz 的时钟信号,经过 10 位频率的累加器之后即可获得 1024 个周期的信号。(10 位频率累加器经过 $2^{10}=1024$ 个时钟周期之后,可以获得一个地址输出循环,即获得一个周期的波形存储数据输出。)

频率累加器输出的 8 位地址数据分别送正弦波波形存储器、三角波波形存储器、矩形波波形发生器、最后一路直接送 4 选 1 多路开关的最后一路数据输入信号(作为正斜率锯齿波波形数据)。

频率累加器的频率控制字采用总线标号的方式连接到输入信号的 SW1~SW6,4 选 1 多路开关的两路选择信号 S,采用总线标号的方式连接到输入信号的 SW7~SW8。

系统的器件引脚锁定如图 7-82 所示。

将系统时钟 clk 锁定为 83 脚,将数据输出 output[7..0]中 output[0]锁定为 15 脚、output[1]锁定为 16 脚、output[2]锁定为 17 脚、output[3]锁定为 18 脚、output[4]锁定为 20 脚、output[5]锁定为 21 脚、output[6]锁定为 22 脚、output[7]锁定为 24 脚,将 SW[8..1]中 SW[1]锁定为 4 脚、SW[2]锁定为 5 脚、SW[3]锁定为 6 脚、SW[4]锁定为 8 脚、SW[5]锁定为 9 脚、SW[6]锁定为 10 脚、SW[7]锁定为 11 脚、SW[8]锁定为 12 脚。

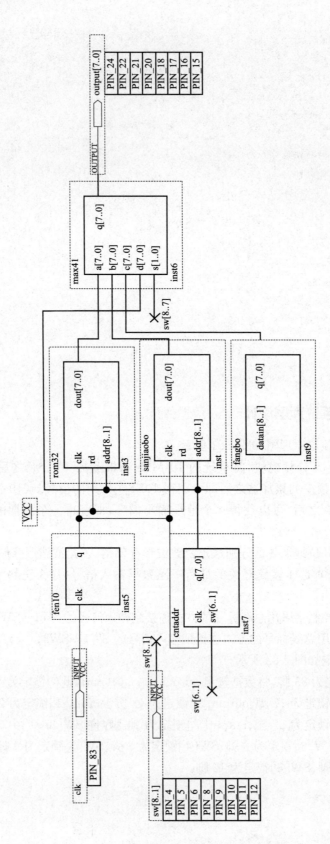

图 7-81 信号发生器系统顶层设计原理图

	Node Name	Direction	Location
1	clk	Input	PIN_83
2	output[7]	Output	PIN_24
3	output[6]	Output	PIN_22
4	output[5]	Output	PIN_21
5	output[4]	Output	PIN_20
6	output[3]	Output	PIN_18
7	output[2]	Output	PIN_17
8	output[1]	Output	PIN_16
9	output[0]	Output	PIN_15
10	sw[8]	Input	PIN_12
11	sw[7]	Input	PIN_11
12	sw[6]	Input	PIN_10
13	sw[5]	Input	PIN_9
14	sw[4]	Input	PIN_8
15	sw[3]	Input	PIN_6
16	sw[2]	Input	PIN_5
17	sw[1]	Input	PIN_4

图 7-82　信号发生器系统引脚锁定图

三、系统调试

利用杜邦线将 CPLD 开发板的 I/O 1～I/O 8 与拨码开关的 SW1～SW8 连接,将 I/O 9～I/O 16 与 DAC0832 的输入端连接,连接 CPLD 开发板的电源线、USB-Blaster 下载线。打开 CPLD 开发板电源开关。将系统下载文件 xinhao.pof 下载到 EPM7128 芯片中。

断开电源,拔下 USB-Blaster 下载线。连接示波器探头到 DAC0832 输出端。重新给系统上电,打开示波器电源。

正弦信号发生器调试如下。

将 SW1～SW2 拨到 ON 状态,即输入"00",将 SW8 拨到 OFF 状态,波形选择矩形波。SW3～SW7 拨到 ON 状态,即输入"000001",频率控制字为 1,即输出信号频率为 1 kHz。系统调试如图 7-83 所示。

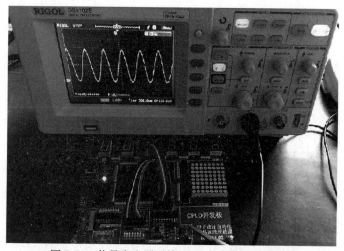

图 7-83　信号发生器系统调试(正弦信号发生器)

改变 SW2～SW6 的拨码状态,可以看到输出正弦信号频率的变化,频率控制字每加 1,输出频率增加 1 kHz,记录测量结果,分析数据。

三角波信号发生器调试如下。

将 SW8 拨到 ON 状态，SW7 拨到 OFF 状态，即输入"01"，波形选择三角波。将 SW1 拨到 OFF 状态，SW2～SW6 拨到 ON 状态，即输入"000001"，频率控制字为 1，即输出信号频率为 1 kHz。系统调试如图 7-84 所示。

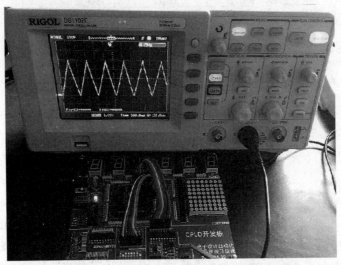

图 7-84　信号发生器系统调试（三角波信号发生器）

改变 SW2～SW6 的拨码状态，可以看到输出三角波信号频率的变化，频率控制字每加 1，输出频率增加 1 kHz，记录测量结果，分析数据。

矩形波信号发生器调试如下。

将 SW8 拨到 OFF 状态，SW7 拨到 ON 状态，即输入"10"，波形选择矩形波。将 SW1 拨到 OFF 状态，将 SW2～SW6 拨到 ON 状态，即输入"000001"，频率控制字为 1，即输出信号频率为 1 kHz。系统调试如图 7-85 所示。

图 7-85　信号发生器系统调试（矩形波信号发生器）

改变 SW2～SW6 的拨码状态，可以看到输出矩形波信号频率的变化，频率控制字每加 1，输出频率增加 1 kHz，记录测量结果，分析数据。

正斜率锯齿波信号发生器调试如下。

将 SW8 拨到 OFF 状态,SW7 拨到 OFF 状态,即输入"11",波形选择正斜率锯齿波。将 SW1 拨到 OFF 状态。将 SW2~SW6 拨到 ON 状态,即输入"000001",频率控制字为 1,即输出信号频率为 1 kHz。系统调试如图 7-86 所示。

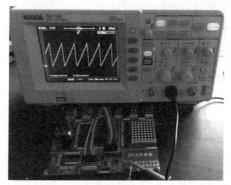

图 7-86　信号发生器系统调试(正斜率锯齿波信号发生器)

改变 SW2~SW6 的拨码状态,可以看到输出正斜率锯齿波信号频率的变化状态,频率控制字每加 1,输出频率增加 1 kHz,记录测量结果,分析数据。项目测试时需提交测试记录及误差分析。

项目测试

项目实施过程可采用分组学习的方式,学生 2~3 人组成项目团队,团队协作完成项目,项目完成后按照附录 C 中设计报告样例撰写项目设计报告,按照测试表 7-2 所示完成设计作品测试,教师可以抽查学生测试结果,考核操作过程、仪器仪表使用、职业素养等。

表 7-2　信号发生器测试评分表

项 目		主要内容	分数
设计报告	系统方案	比较与选择 方案描述	5
	理论分析与设计	参考基准时钟计算、频率累加器精度计算 功能模块控制程序流程图绘制	5
	电路与程序设计	功能电路选择 控制程序设计	10
	测试方案与测试结果	合理设计测试方案及恰当的测试条件 测试结果完整性 测试结果分析	10
	设计报告结构及规范性	摘要 设计报告正文的结构 图表的规范性	5
	总分		35

功能实现	完成完整的 EDA 设计流程,开展软、硬件调试	5
	正弦信号输出稳定,频率可调	5
	正弦波、三角波、矩形波、正斜率锯齿波 4 种信号可切换输出	20
	输出信号频率可调范围为 1 kHz～60 kHz	10
	输出信号频率幅度分辨率为 8 位;波形存储深度为 256 B	10
完成过程	能阅读参考文献,能团队合作确定合理的设计方案和设计参数	5
	在教师的指导下,能团队合作解决遇到的问题	5
	设计过程中的操作规范、团队合作、职业素养和工作效率等	5
	总分	65

项目总结

本项目设计完成了一个基于 CPLD 的信号发生器。在本设计中首先介绍了利用 FPGA 完成一个数据存储器的设计方法以及利用 SignalTap Ⅱ 工具实现一个嵌入式的在系统测试方法;然后又介绍了利用 VHDL 语言实现只读存储器的设计方法以及利用 VHDL 语言实现一个波形存储器的设计方法;最后介绍了利用 EDA 技术实现系统设计的方法。相比较前几个设计项目而言,本项目的设计相对比较复杂,利用 CPLD 的资源也达到了 80% 以上,也有利于让学生体会硬件系统的设计资源如何限制设计本身,对学生在今后的设计工作中前期的系统分析和设计规划、资源规划提供很好的设计经验。也有利于学生熟练掌握利用 EDA 技术实现复杂数字系统的设计方法。

润物无声

实践出真知

2018 年 5 月 2 日习近平总书记在北京大学师生座谈会上的讲话中指出:"纸上得来终觉浅,绝知此事要躬行。"学到的东西,不能停留在书本上,不能只装在脑袋里,而应该落实到行动上,做到知行合一、以知促行、以行求知,正所谓"知者行之始,行者知之成"。每一项事业,不论大小,都是靠脚踏实地、一点一滴干出来的。"道虽迩,不行不至;事虽小,不为不成。"这是永恒的道理。做人做事,最怕的就是只说不做,眼高手低。不论学习还是工作,都要面向实际、深入实践,实践出真知;都要严谨务实,一分耕耘一分收获,苦干实干。广大青年要努力成为有理想、有学问、有才干的实干家,在新时代干出一番事业。我在长期工作中最深切的体会就是:社会主义是干出来的。

我们要响应习总书记的号召,争做新时代有理想、有学问、有才干的实干家。本书主要学习的是 EDA 技术和 EDA 技术的应用实践方法,教材除了介绍 EDA 平台知识和设计方法外,还通过流水灯、数字钟等项目将可编程逻辑器件工作原理、硬件描述语言语法、EDA 工具软件使用方法、EDA 设计流程等内容完整地呈现给大家,让大家对于一些典型数字系统的 EDA 设计方法有了了解,具备了一定的设计经验。可以说实践是本书的核心,无论学习到了多么高深、复杂的理论,最终都要落实到应用实践上。在实践中还要养成严谨求实的科学态度,热于奉献、诚实守信的工作态度、团结协作、爱岗敬业的职业精神,精益求精、勇于创新、百折不挠的工匠精神,遵纪守法的价值取向,较强的标准意识、环保意识、安全意识、责任意识,肯于钻研、乐观向上、永攀高峰的开拓进取精神。

项目拓展

分析由于基准时钟带来的系统误差,提出改进设计并实现(改进分频器设计,以期待获得精准的 256 kHz 基准时钟信号)。

(1)提高项目设计精度要求,例如频率分辨率为 0.5 Hz,最大输出频率为 1 MHz,幅度要求 0~5 V 可设置,幅度精度要求 10 位,具有 0~100 kHz 扫频功能,等等,学生可自己规划设计目标,优化设计。

(2)利用波形编辑工具,生成任意波形数据,实现任意波形信号生成与输出功能,要求频率可调。

附录 A
CPLD 开发板总原理图及 PCB 板图、3D 模型图

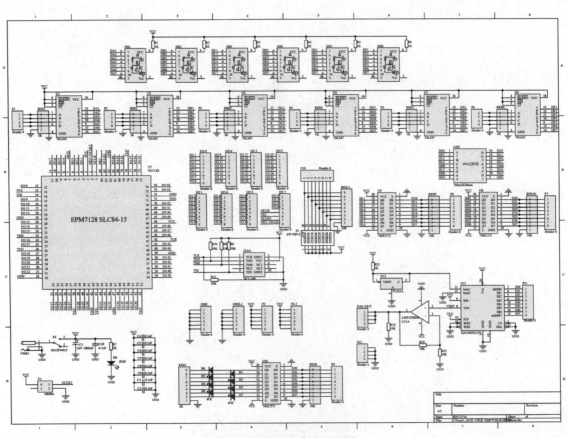

CPLD 开发板电路总原理图

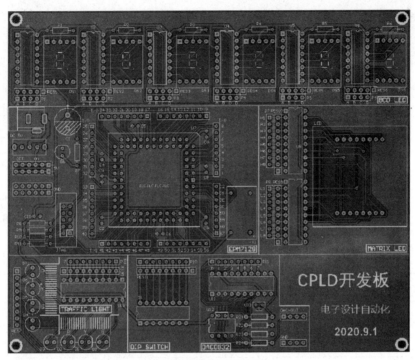

CPLD 开发板 PCB 板图

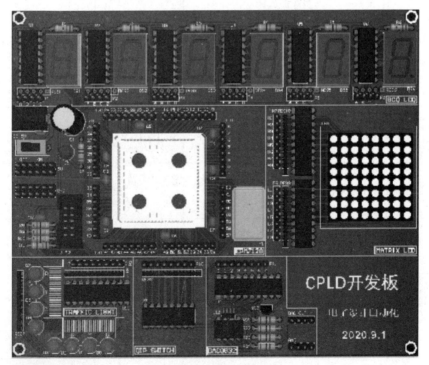

CPLD 开发板 3D 模型图

附录 B
CPLD 开发板器件清单

序号	标志	名称	规格	封装	数量
1	P1,P2,P3,P4,P5,P6,DAC-OUT,GND	单排针	4-Pin	2.54 mm	8
2	5V,GND	单排针	6-Pin	2.54 mm	4
3	I/O 1,I/O 2,I/O 3,I/O 4,I/O 5,I/O 6,I/O 7,I/O 8,P7,P8,P9,P10,P11	单排针	8-Pin	2.54 mm	13
4	C1	电解电容	16 V 1 000 μF	Φ10 mm,5.08 mm	1
5	C2,C3,C4,C5,C6,C7,C8,C9,C10	瓷片电容	0.1 μF 50 V	直插	9
6	D0,D1,D2,D3,D4,D5,D6,D7	直插发光二极管	红*2、黄*2、绿*2、蓝*2	φ5 mm	8
7	D8	直插发光二极管	红	φ5 mm	1
8	DS1,DS2,DS3,DS4,DS5,DS6	共阳数码管	5161BH	0.56 英寸	6
9	S1	拨码开关	8P	2.54 mm	1
10	S2	拨动开关	SS12F44	1P2T	1

续表

序号	标志	名称	规格	封装	数量
11	JTAG	简易牛角座	DC3-10P	10P 2.54 mm	1
12	LED	共阳点阵	8×8 3.75 mm	38 mm×38 mm	1
13	PWR1	电源插座	DC-005	直插	1
14	R1,R2,R3,R4,R5,R6,R7,R21	电阻	1 kΩ	直插	8
15	R8, R9, R10, R11, R22, R23, R24	电阻	10 kΩ	直插	7
16	RES7	排阻	1 kΩ 9-Pin	直插	1
17	RES11	排阻	10 kΩ 9-Pin	直插	1
18	U1,U2,U3,U4,U5,U6	译码器	74LS47	DIP-16	6
19	U7	IC座	84 Pin	PLCC-84	1
20	U8,U9,U10	锁存器	74LS573	DIP-20	3
21	U11	数模转换器	DAC0832	DIP-20	1
22	U12	运算放大器	LMV358	DIP-8	1
23	U13	电压基准	TL431	TO-92A	1
24	Y1	有源晶振	10 MHz	直插 4P	1
25	U7	CPLD	EPM7128SLC 84-15	PLCC-84	1

附录 C
设计报告模板

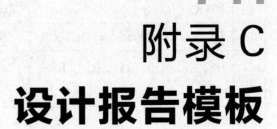

设计项目名称

班级、公司、设计团队等

姓名

日期

摘　要

本文基于×××……

关键词:关键词 1;关键词 2;关键词 3;

一、设计任务

1. *** 基本原理图

*** 基本模型如图 1 所示。

图 1 *** 基本原理

2. *** 装置的组成

(1) ***。

(2) ***。

3. *** 设计任务的具体要求

(1) ***。

(2) ***。

二、方案论证

1. 总体方案论证与比较

方案一：如图 x 所示 ***

特点：***。

方案二：如图 xx 所示 ***

特点：***。

***

方案 N：如图 xxx 所示 ***

综合以上分析实际情况，我们采用方案二。

2. *** 模块设计方案

方案一：***。

方案二：***。

***

三、分析与计算

1. ****

(1) ***

****

(2) ***

***

2. ***
****
3. ***
***

四、硬件系统设计

1. 总电路

（电路描述）， 总电路如图 xxxx 所示。

图 xxxx *** 总电路图

2. * 模块（单元）电路**

（电路描述、设计原理阐述）， 电路如图 xxxxx 所示。

图 xxxxx *** 电路图

***

n. 元器件清单（部分）

序号	名称	规格	封装	数量
1	CPLD	EPM7128SLC84-15	PLCC-84	1个
2	共阳数码管	5161BS	0.56 英寸	6个
3	共阳数码管译码芯片	74LS47	0.56 英寸	6个
*	***	***	***	*

五、软件系统设计

*** 对于控制系统设计整体描述，主程序是什么、各子程序是什么，具体的设计思路。

1. 主程序

***（主程序的设计思路、主程序流程图）

2. * 子程序**

***（子程序的设计思路、子程序流程图）

六、测试

1. ****测试

方法：****。

表1 ****

测试项目	测试仪器	测试结果

测试结果分析：

2. ****

测试一：***。方法：****

表2 ****测试结果

测试次数	测试项目	测试仪器	测试结果

测试二：***。

方法：

表2 *****测试结果

测试次数	测试项目	测试仪器	测试结果

七、创新点

*****。

八、心得体会

******

九、附件

程序（略）

附录 D

FPGA 开发板原理图及 PCB 板图

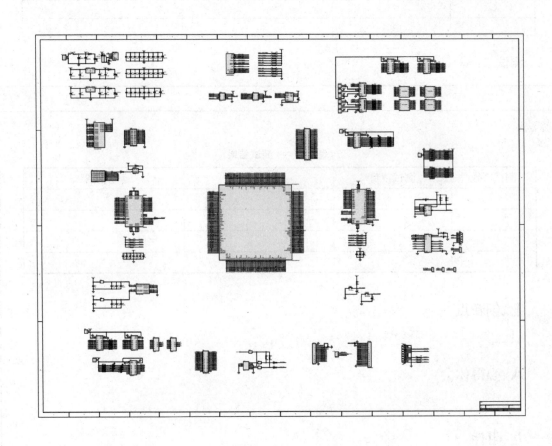

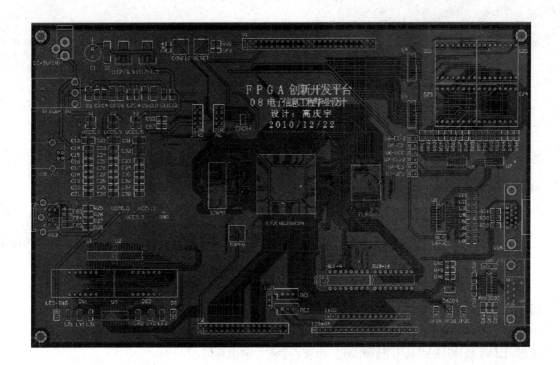

参考文献

[1] 潘松,黄继业. EDA 技术与 VHDL[M]. 4 版. 北京:清华大学出版社,2013.
[2] 焦素敏. EDA 技术基础[M]. 2 版. 北京:清华大学出版社,2014.
[3] 杨健. EDA 技术与 VHDL 基础[M]. 北京:清华大学出版社,2013.
[4] 王永强. EDA 技术与 VHDL 项目化教程[M]. 哈尔滨:黑龙江人民出版社,2017.
[5] 路而红. 电子设计自动化应用技术[M]. 2 版. 北京:高等教育出版社,2019.